数控编程与加工实训教程

赵成喜 于吉鲲 主 编
荣治明 孟 政 赵书强 梁 焕 副主编

清华大学出版社
北京

内 容 简 介

本书介绍了数控机床的基本知识、数控车削编程及仿真加工、加工中心零件的编程及仿真加工、数控生产实例和基于CAXA的自动编程。全书按照内容完整、少而精，兼顾课堂教学和自学需要的原则进行内容选材和组织，全书共分5个项目，融理论教学、实践操作和生产实例为一体，使学生在完成项目的过程中掌握数控编程与操作的技术技能。

本书紧扣"应用能力"的主题，条理清晰，实例丰富，书中内容按难易程度划分功能模块和工作任务，仿真与实操相结合，循序渐进，更好地将"教、学、做"融为一体。

本书可作为应用型本科、高职高专机械类专业及相关专业的教材，也可作为成人高校、培训机构和工程技术人员进行数控技术、技能学习的参考书。

本书封面贴有清华大学出版社防伪标签，无标签者不得销售。
版权所有，侵权必究。举报: 010-62782989, beiqinquan@tup.tsinghua.edu.cn。

图书在版编目(CIP)数据

数控编程与加工实训教程/赵成喜，于吉鲲主编. —北京: 清华大学出版社，2020.3(2025.1重印)
(CAD/CAM/CAE工程应用与实践丛书)
ISBN 978-7-302-53987-2

Ⅰ. ①数… Ⅱ. ①赵… ②于… Ⅲ. ①数控机床－程序设计－教材 ②数控机床－加工－教材 Ⅳ. ①TG659.022

中国版本图书馆CIP数据核字(2019)第230741号

责任编辑: 闫红梅　赵晓宁
封面设计: 刘　键
责任校对: 焦丽丽
责任印制: 刘　菲

出版发行: 清华大学出版社
　　　　网　　址: https://www.tup.com.cn, https://www.wqxuetang.com
　　　　地　　址: 北京清华大学学研大厦A座　　　　邮　编: 100084
　　　　社 总 机: 010-83470000　　　　　　　　　　邮　购: 010-62786544
　　　　投稿与读者服务: 010-62776969, c-service@tup.tsinghua.edu.cn
　　　　质量反馈: 010-62772015, zhiliang@tup.tsinghua.edu.cn
　　　　课件下载: https://www.tup.com.cn, 010-83470236
印 装 者: 涿州市般润文化传播有限公司
经　　销: 全国新华书店
开　　本: 185mm×260mm　　　印　张: 19.25　　　字　数: 492千字
版　　次: 2020年6月第1版　　　　　　　　　　　　印　次: 2025年1月第6次印刷
印　　数: 2701～3000
定　　价: 59.00元

产品编号: 078872-01

前 言

当前,我国正处于从"世界制造大国"向"世界制造强国"转型的关键时期,数控设备作为保证产品加工质量的重要技术措施,为企业带来了较大的经济效益。随着数控机床的广泛应用,数控技术在机械制造业中的地位与作用越来越重要,制造业对高素质数控技术人才的需求也更为迫切。数控技术应用型人才一方面需要具有数控基础理论知识,另一方面还需要具有解决实际问题的能力。因此,如何处理好理论与实践的关系,注重实际应用能力的培养,是造就高素质、高技能数控技术人才的关键。本书以"理论知识够用,教学内容实用,实训项目驱动"为原则,以实际生产中应用较为广泛的 FANUC 系统的数控车床、数控铣床和加工中心为主线,对其编程和操作进行了详细介绍,书中所选实例具有较强的代表性和实用性,所有实例均经过仿真模拟验证,供读者参考,以期达到举一反三的目的。针对目前较为流行的 CAD/CAM 的实用编程技术,重点讲解了 CAXA 2013 铣削加工。内容的组织充分考虑教学规律,实例分析典型全面,由浅入深,图文并茂,使初学者能够直观、准确地操作,从而尽快上手,提高学习效率。本书紧扣"应用能力"的主题,条理清晰,实例丰富,讲解详细,方便读者更快地掌握学习内容。

本书具有以下特点。

(1) 按照"教学做一体化"的模式编写,精心筛选典型项目作为教学内容载体。

(2) 本书紧扣"应用能力"的主题,按照难易程度划分功能模块和工作任务,难度层层推进,有序实现教材的总体目标。

(3) 根据企业的岗位需求,以国家职业资格标准为依据来设计功能模块和工作任务的内容。

(4) 在每个项目中采用了"学习目标""任务描述""相关知识""任务实施""同步训练"的结构进行内容整合,每一单元最后都有同步训练项目,便于读者巩固所学知识与技能。

(5) 仿真与实操相结合,熟悉机床基本操作后进行生产设备实习,提高学生的编程、加工操作技能。

(6) 增加的 CAM 应用模块,通过方法和实例的统一,使本书的内容既有操作上的针对性,又有方法上的普遍性,实例叙述实用,能够开拓读者思路,使其掌握方法,提高对知识的综合运用能力。

本书参考学时为 84 学时,建议采用理论教学与实训一体的教学模式,读者可以根据自身需求进行选读。各项目参考学时如下:

项目设计	任务设计	建议学时	课内实训学时	总学时
项目1 数控机床的基本知识	任务1 了解数控机床	1	1	2
	任务2 数控机床的结构	4	2	6
	任务3 插补原理	4		4
项目2 数控车削编程及仿真加工	任务1 认识数控车加工	2	1	3
	任务2 台阶轴零件的编程及仿真加工	2	1	3
	任务3 成型面零件的编程及仿真加工	2	1	3
	任务4 螺纹零件的编程及仿真加工	2	2	4
	任务5 中等复杂轴类零件的编程及仿真加工	2	2	4
	任务6 盘套类零件的编程及仿真加工	2	2	4
项目3 加工中心零件的编程及仿真加工	任务1 槽类零件的编程及仿真加工	2	1	3
	任务2 凸台零件的编程及仿真加工	2	1	3
	任务3 型腔零件的编程及仿真加工	2	2	4
	任务4 孔系零件的编程及仿真加工	2	2	4
项目4 数控生产实例	任务1 数控车生产加工案例	2	4	6
	任务2 加工中心零件生产实例	2	4	6
	任务3 车铣复合零件生产实例	2	4	6
项目5 基于CAXA的自动编程	任务1 端盖零件的加工	2	2	4
	任务2 五角星零件的加工	3	2	5
	任务3 鼠标零件的加工	3	2	5
	任务4 吊钩零件的加工	3	2	5

  本书由大连海洋大学应用技术学院赵成喜、于吉鲲担任主编,荣治明、孟政、赵书强、梁焕担任副主编。全书共分5个项目,具体编写分工如下:赵成喜编写项目二的任务1～任务6,项目3的任务4;于吉鲲编写项目4的任务1～任务3;荣治明编写项目3的任务1～任务3;孟政编写了项目5的任务1～任务4;赵书强编写了项目1的任务1和任务3,梁焕编写了项目1的任务2。本书由赵成喜统稿,在编写过程中参考和借鉴了诸多同行的相关资料,大连海洋大学应用技术学院张永春老师审阅了全稿,并提出了许多宝贵的意见和建议,清华大学出版社的编辑对本书的策划和出版做了大量工作,在此一并表示诚挚谢意!

  由于时间仓促和编者水平有限,书中难免有不足之处,恳请广大读者批评指正。

编 者

2020年1月

目 录

项目 1 数控机床的基本知识 1
  1.1 任务 1 了解数控机床 1
    1.1.1 数控和数控机床的基本概念 1
    1.1.2 数控机床的组成 1
    1.1.3 数控机床的工作原理 2
    1.1.4 数控机床的分类 3
  1.2 任务 2 数控机床的结构 5
    1.2.1 数控机床的机械结构组成及其特点 6
    1.2.2 数控机床主传动系统的机械结构 7
    1.2.3 数控机床进给传动系统的机械结构 11
    1.2.4 进给系统消除间隙的传动结构 16
    1.2.5 数控机床导轨 19
    1.2.6 数控回转工作台 22
  1.3 任务 3 插补原理 25
    1.3.1 插补定义 25
    1.3.2 逐点比较法直线插补原理 25
    1.3.3 数字积分插补原理 29

项目 2 数控车削编程及仿真加工 34
  2.1 任务 1 认识数控车加工 34
  2.2 任务 2 台阶轴零件的编程及仿真加工 48
  2.3 任务 3 成型面零件的编程及仿真加工 58
  2.4 任务 4 螺纹零件的编程及仿真加工 67
  2.5 任务 5 中等复杂轴类零件的编程及仿真加工 79
  2.6 任务 6 盘套类零件的编程及仿真加工 88

项目 3 加工中心零件的编程及仿真加工 101
  3.1 任务 1 槽类零件的编程及仿真加工 101

3.2　任务2　凸台零件的编程及仿真加工 …… 114
3.3　任务3　型腔零件的编程及仿真加工 …… 123
3.4　任务4　孔系零件的编程及仿真加工 …… 131

项目4　数控生产实例 …… 149

4.1　任务1　数控车生产加工案例 …… 149
4.2　任务2　加工中心零件生产实例 …… 169
4.3　任务3　车铣复合零件生产实例 …… 186

项目5　基于CAXA的自动编程 …… 203

5.1　任务1　端盖零件的加工 …… 203
5.2　任务2　五角星零件的加工 …… 237
5.3　任务3　鼠标零件的加工 …… 257
5.4　任务4　吊钩零件的加工 …… 277

参考文献 …… 299

项目 1

数控机床的基本知识

1.1 任务1 了解数控机床

【学习目标】
(1) 了解数控机床在机械制造产业中的重要性。
(2) 理解数控技术和数控机床的概念。
(3) 熟悉数控机床的分类。
(4) 掌握数控机床的基本组成及工作原理。

1.1.1 数控和数控机床的基本概念

随着社会生产和科学技术的不断进步,各类工业新产品层出不穷。机械制造产业作为工业的基础,其产品更是日趋精密复杂,特别是在航空、航天、军事等领域所需的机械零件,精度要求更高,形状更为复杂且往往批量较小。加工这类产品需要经常改装或调整设备,普通机床或专业化程度高的自动化机床显然无法适应这些要求。同时,随着市场竞争的日益加剧,企业生产也迫切需要进一步提高其生产效率和产品质量,降低生产成本。由于要解决这些矛盾,满足多品种、小批量、高精度的自动化生产,因此迫切需要一种灵活的、通用的、能够适应产品频繁变化的柔性自动化机床。数控机床就是在这样的背景下产生与发展起来的。它极其有效地解决了上述一系列矛盾,为单件、小批量生产的精密复杂零件提供了自动化加工手段。

1. 数字控制技术的定义

数字控制技术(Numerical Control Technology,NCT)是一种借助数字化信息(数字、字符)对某一工作过程(如加工、测量、装配等)发出指令并实现自动控制的技术。

2. 数控机床的定义

数控机床(Numerical Control Machine Tools)是采用数字控制技术对机床的加工过程进行自动控制的一种机床,是一种装有程序控制系统(数控系统)的高效自动化机床,是数控技术典型应用的实例。

1.1.2 数控机床的组成

数控机床的组成如图1-1所示。

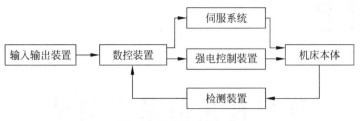

图 1-1 数控机床的组成

1. 输入输出装置

包括键盘、显示器、USB 接口和 CF 卡接口等,主要用于输入数控程序和数据、显示信息、打印数据等。

2. 数控装置

数控装置(CNC)是数控机床的核心,用以接收输入装置传送的信息,经过编译、运算和逻辑处理,输出控制数控机床的指令。

3. 伺服系统

接收数控装置的指令信号,经过运算比较将指令信息进行功率放大,驱动伺服驱动装置,带动各轴准确移动。

4. 强电控制装置

介于数控装置与机床机械、液压部件之间的控制系统,接收数控装置输出的主运动变速、刀具选择交换、辅助装置动作等指令信号,经运算放大后直接驱动相应的电气动作,以完成规定的动作。

5. 检测装置

检测装置可以实现进给伺服系统的闭环控制,将检测结果转化为电信号反馈给数控装置,通过比较,计算实际位置与指令位置之间的偏差,并发出偏差指令控制执行部件的进给运动。

6. 机床本体

机床的机械部件,包括主运动部件、进给运动执行部件、辅助装置部件等,是切削加工的主体设备。

1.1.3 数控机床的工作原理

将编制好的数控指令通过操作面板及输入输出装置(控制介质)输入到数控系统(Computerized Numerical Control,CNC)中,CNC 通过译码、数字运算及逻辑运算完成插补、刀补、位置控制运算后,将相应的控制信号发送到 PLC(Programmable Logic Controller,可编程逻辑控制器)、进给伺服单元,并通过 PLC、进给伺服单元以及相应动作的 I/O 驱动控制装置,控制机床主轴、进给轴、辅助装置的协调运动,完成零件的自动加工。

在数控机床上加工零件的整个工作过程如下。

(1) 零件图工艺处理。拿到零件加工图纸后,应根据图纸对工件的形状、尺寸、位置关系、技术要求进行分析,然后确定合理的加工方案、加工路线、装夹方式、刀具及切削参数、对刀点、换刀点,同时还要考虑所用数控机床的指令功能。

(2) 数学处理。在工艺处理后,应根据加工路线、图纸上的几何尺寸,计算刀具中心运动轨迹,获得刀位数据。如果数控系统有刀具补偿功能,则需要计算出轮廓轨迹上的坐标值。

(3) 数控编程。根据加工路线、工艺参数、刀位数据及数控系统规定的功能指令代码及程序段格式,编写数控加工程序。程序编完后,可存放在控制介质(如软盘、磁带)上。

(4) 程序输入。数控加工程序通过输入装置输入到数控系统。目前采用的输入方法主要有软驱、USB接口、RS-232C接口、MDI(Manul Data Input)手动输入、分布式数字控制(Direct Numerical Control,DNC)接口、网络接口等。数控系统一般有两种不同的输入工作方式:一种是边输入边加工,DNC即属于此类工作方式;另一种是一次将零件数控加工程序输入计算机内部的存储器,加工时再由存储器一段一段地往外读出,软驱、USB接口即属于此类工作方式。

(5) 译码。输入的程序中含有零件的轮廓信息(如直线的起点和终点坐标;圆弧的起点、终点、圆心坐标;孔的中心坐标、孔的深度等)、切削用量(进给速度、主轴转速)、辅助信息(换刀、冷却液开与关、主轴顺转与逆转等)。数控系统以一个程序段为单位,按照一定的语法规则把数控程序解释、翻译成计算机内部能识别的数据格式,并以一定的数据格式存放在指定的内存区内。在译码的同时还完成对程序段的语法检查。一旦有错,立即给出报警信息。

(6) 数据处理。数据处理程序一般包括刀具补偿、速度计算以及辅助功能的处理程序。刀具补偿有刀具半径补偿和刀具长度补偿。刀具半径补偿的任务是根据刀具半径补偿值和零件轮廓轨迹计算出刀具中心轨迹。刀具长度补偿的任务是根据刀具长度补偿值和程序值计算出刀具轴向实际移动值。速度计算是根据程序中所给的合成进给速度计算出各坐标轴运动方向的分速度。辅助功能的处理主要完成指令的识别、存储、设标志,这些指令大都是开关量信号,现代数控机床可由PLC控制。

(7) 插补。数控加工程序提供了刀具运动的起点、终点和运动轨迹,而刀具从起点沿直线或圆弧运动轨迹走向终点的过程则要通过数控系统的插补软件来控制。插补的任务就是通过插补计算程序,根据程序规定的进给速度要求,完成在轮廓起点和终点之间的中间点的坐标值计算,即数据点的密化工作。

(8) 伺服控制与加工。伺服系统接收插补运算后的脉冲指令信号或插补周期内的位置增量信号,经放大后驱动伺服电机,带动机床的执行部件运动,从而加工出零件。

1.1.4 数控机床的分类

1. 按运动控制方式分类

1) 点位控制

点位控制数控机床的特点为:仅实现刀具相对于工件从一点到另一点的精确定位运动;对轨迹不做控制要求;运动过程中不进行任何加工。图1-2所示为点位控制数控机床加工示意图。适用范围为数控钻床、数控镗床、数控冲床和数控测量机。

2) 点位直线控制

点位直线控制数控机床的特点是将点位控制和直线控制结合起来,同时具有点位控制和直线控制的功能。它在加工过程中不仅要保证点与点之间的准确定位,还要保证两点之间的运动轨迹是一条直线,而且在走直线的过程中可以进行切削加工,也可以不加工。其对走直线的速度是可以控制的。图1-3所示为点位直线控制数控机床加工示意图。

3) 轮廓控制

轮廓控制数控机床又称连续控制机床。这类数控机床的

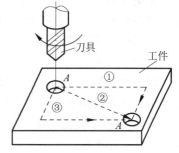

图1-2 点位控制数控机床
加工示意图

特点是能够对两个或两个以上运动坐标的位移及速度进行连续严格的控制,以加工任意斜率的直线、圆弧、抛物线。配以自动编程,可加工形状复杂的曲线和曲面。图 1-4 所示为轮廓控制数控机床加工示意图。属于这种典型的轮廓控制数控机床的有数控铣床、功能完善的数控车床、数控磨床和数控电加工机床等。

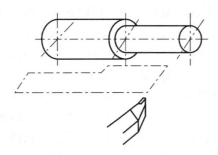 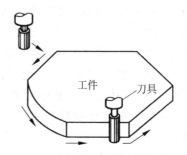

图 1-3　点位直线控制数控机床加工示意图　　　图 1-4　轮廓控制数控机床加工示意图

2. 按伺服系统的控制方式分类

数控机床按伺服控制方式不同可分为开环控制和闭环控制两种。在闭环控制系统中,根据检测反馈装置安放的位置不同可分为全闭环控制和半闭环控制两种。

1) 开环控制数控机床

开环控制数控机床的特点是没有位置检测反馈装置,伺服驱动装置主要是步进电动机。数控装置将工件加工程序处理后输出指令脉冲信号,通过环形分配器和步进电动机功率放大器、步进电动机,再经过减速齿轮、滚珠丝杠、螺母副驱动执行部件(工作台)作直线移动。数控装置按程序加工要求控制指令脉冲的数量、频率和通电顺序,达到控制执行部件运动的位移量、速度和运动方向的目的。在该系统中,指令信息单方向传送并且指令发出后,不再反馈回来,故该系统被称为开环控制系统,如图 1-5 所示。

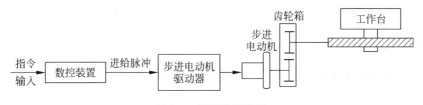

图 1-5　开环数控系统

开环控制系统由于没有工作台位移检测装置,没有位置反馈和纠正偏差的能力,因此,它的加工精度不高。但由于其结构简单、调试方便、维修容易、成本低廉等优点,被广泛应用于精度要求不高的中小型机床及对旧机床的数控化改造。

2) 全闭环控制数控机床

全闭环控制数控机床的特点是机床上装有位置检测装置,直接对工作台的位移量进行测量。伺服驱动装置主要是直流伺服电动机或交流伺服电动机。在加工过程中,安装在工作台上的检测元件将测量到的工作台的实际位移经反馈回路送回控制系统和伺服系统,与所要求的指令位移进行比较,用比较的差值进行控制,直到差值消除,最终实现精确定位。图 1-6 所示为闭环数控系统。

特点:带有位置检测装置,安装在机床刀架或工作台等执行部件上,随时检测执行部件的实际位置。差值控制,误差修正,直到消除。加工精度很高,但由于它将丝杠螺母副及工作台导轨副这些大惯量环节放在闭环之内，系统稳定性受到影响，调试困难，且结构复杂，价格昂贵。全闭环控制主要用在精度要求较高的镗铣床、超精密车床、超精密铣床、加工中心等。

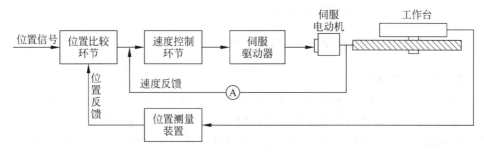

图 1-6　全闭环数控系统

3）半闭环控制数控机床

半闭环控制数控机床的特点是位置检测装置安装在进给丝杠的端部或伺服电动机轴上，不直接反馈机床的直线位移量，而是用角位移测量元件（旋转变压器、脉冲编码器等）、丝杠或电动机的旋转角度，从而推算出机床移动部件的位移量。所得位移量经反馈回路送回控制系统和伺服系统，并与所要求的指令值相比较，用比较的差值进行控制。由于该系统只对中间环节进行反馈控制，丝杠和螺母副部分还在控制环节之外，故称半闭环控制系统。图 1-7 所示为半闭环数控系统。

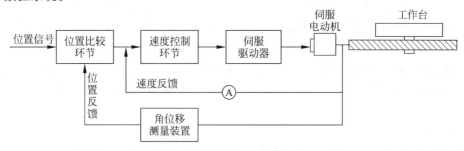

图 1-7　半闭环数控系统

特点：由于半闭环系统的闭环电路内不包括丝杠、螺母副及工作台，因此，这类机床的精度较闭环控制差。但其稳定性好，成本较低，调试维修也比较容易，兼顾了开环和闭环两者的特点，因此，大多数数控机床采用半闭环伺服系统，如数控车床、数控铣床、加工中心等。

【思考与练习】

(1) 简述数控技术的基本概念。

(2) 简述数控机床的组成、工作原理及特点。

(3) 简述开环、全闭环和半闭环数控系统的特点。

1.2　任务 2　数控机床的结构

【学习目标】

(1) 了解数控机床的机械组成和特点。

(2) 熟悉数控机床机械结构的特点。

(3) 掌握数控机床主传动系统的主要机械结构。

(4) 掌握数控机床进给传动系统的主要机械结构。
(5) 熟悉常见导轨的类型和特点。
(6) 了解数控回转工作台的结构原理。

1.2.1 数控机床的机械结构组成及其特点

1. 数控机床的机械结构

在数控机床发展的初期，机械结构与普通机床的结构模式相同，只是在自动变速、刀架和工作台自动转位和手柄操作等方面做些改变。但近年来，随着电主轴、直线电动机等新技术、新产品在数控机床上的推广使用，数控机床的机械结构正在发生重大的变化。现今，数控机床有着独特的机械结构，除机床基础件(床身、底座、立柱、横梁、工作台等)外，主要由以下各部分组成。

(1) 主传动系统。
(2) 进给传动系统。
(3) 实现某些部件动作和辅助功能的系统和装置，如液压、气动、润滑、冷却等系统，排屑、防护等装置，刀架和自动换刀装置，自动托盘交换装置。
(4) 特殊功能装置，如刀具破损监视、对刀仪、精度检测和控制装置等。

2. 数控机床的机械结构特点及要求

1) 高刚度

因为数控机床要在高速和重切削条件下工作，因此数控机床的床身、工作台、主轴、立柱、刀架等主要部件均需有很高的刚度，工作中无变形和振动。例如，床身各部分合理分布加强肋，以承受重载与重切削力；主轴在高速下运转应具有较高的径向转矩和轴向推力；工作台与拖板应具有足够的刚性，以承受工件重量，并使工作平稳；刀架在切削加工中应平稳而无振动等。接触刚度也应受到足够重视，主轴轴承、滚动导轨、滚珠丝杠副等必须进行预紧，以加大实际受力面积。

2) 高灵敏度

数控机床在自动状态下工作，精度要求比普通机床高，因而运动部件应具有高灵敏度。导轨部件通常用滚动导轨、静压导轨等，以减少摩擦力，消除在低速运动时的爬行现象。数控机床的工作台、刀架等部件的移动由步进、直流或交流伺服电动机驱动，经滚珠丝杠传动。主轴既要在高刚度、高速下回转，又要有高灵敏度，因而多数采用滚动轴承和静压轴承。

3) 高抗振性

数控机床的一些运动部件，除了应具有高刚度、高灵敏度，还应具有高抗振性。在高速、重切削情况下应无振动，以保证加工工件的高精度和低表面粗糙度。另外，特别要避免切削时的谐振。

4) 热变形小

在内外热源的影响下，机床各部件将发生不同程度的热变形，使工件与刀具之间的相对运动关系遭到破坏，也使机床精度下降。对于数控机床来说，因为全部加工过程由计算的指令控制，热变形的影响就更为严重。

为保证部件的运动精度，要求数控机床的主轴、工作台、刀架等运动部件的发热量小，以防止产生热变形。

5) 高精度保持性

在高速、强力切削下满载工作时，为保证数控机床长期具有稳定的加工精度，要求数控机床具有较高的精度保持性,故要正确选择有关零件的材料,防止使用中的变形和快速磨损。另外还要采取一些工艺性措施,如淬火、磨削导轨、粘贴抗磨塑料导轨等,以提高运动部件的耐磨性。

6) 高可靠性

数控机床在连续工作条件下要有较高的可靠性。数控机床要最大限度地预防运动部件的故障,以及频繁动作的刀库、换刀机构等部件的故障,以便使数控机床能长期而可靠地工作。

1.2.2 数控机床主传动系统的机械结构

1. 数控机床的主轴传动方式

数控机床的主轴传动要求有较大的调速范围,以保证加工时选用合理的切削用量,从而获得最佳的生产率、加工精度和表面质量。数控机床的变速是按照控制指令自动进行的,因此变速机构必须适应自动操作的要求,大多数数控机床采用无级变速系统。主轴传动系统主要有以下几种传动方式。

1) 具有变速齿轮的主传动

这是大、中型数控机床采用较多的一种变速方式。通过几对齿轮降速,增大输出扭矩,以满足主轴输出扭矩特性的要求,滑移齿轮的移位大都采用液压缸和拨叉或直接由液压缸带动齿轮来实现,如图1-8(a)所示。一部分小型数控机床也采用此种传动方式,以获得强力切削时所需要的扭矩。

2) 通过带传动的主传动

如图1-8(b)所示,这种传动方式主要用于转速较高、变速范围不大的数控机床,其结构简单,安装调试方便,但只能适用于低扭矩特性要求的主轴,可避免齿轮传动时引起的振动与噪声,如图1-9(a)所示。多联V带综合了V带和平带的优点,与带轮的接触好,负载分配均匀,运转平稳,发热少,但在安装时需要较大的张紧力,使主轴和电动机承受较大的径向负载。

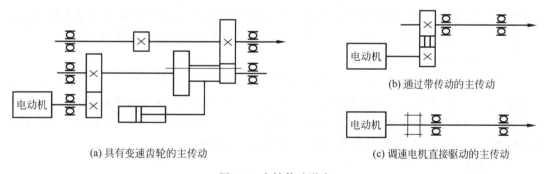

(a) 具有变速齿轮的主传动　　(b) 通过带传动的主传动　　(c) 调速电机直接驱动的主传动

图1-8　主轴传动形式

同步齿形带传动是一种综合了带、链传动优点的新型传动方式,根据齿形的不同分为梯形齿和圆弧形齿,如图1-9(b)~图1-9(d)所示。梯形齿一般仅在转速不高的运动传动或小功率的动力传动中使用,而圆弧齿多用在数控加工中心等要求较高的数控机床主传动系统中。与一般带传动相比,同步齿形带传动具有传动比准确、传动效率高、无滑动、传动平稳、噪声小、使用和维修保养方便等优点。同步齿形带传动的缺点是安装时中心距要求严格,带与带轮的制造工艺比较复杂,成本较高。

3) 调速电机直接驱动的主传动

如图1-8(c)所示,这种主传动方式大大简化了主轴箱体与主轴的结构,有效地提高了主轴

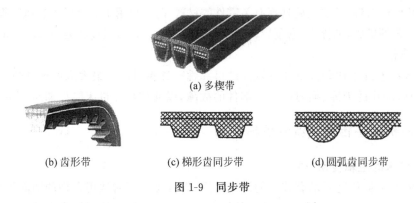

(a) 多楔带

(b) 齿形带　　　　　(c) 梯形齿同步带　　　　　(d) 圆弧齿同步带

图 1-9　同步带

部件的刚度,但主轴输出扭矩小,电机发热对主轴影响较大。

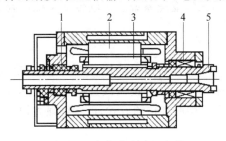

图 1-10　内装式电动机主轴

1—后轴承；2—定子；3—转子；4—前轴承；5—主轴

内装式电动机主轴,即主轴与电动机转子合为一体,如图 1-10 所示。其优点是主轴组件结构紧凑,重量轻,惯量小,可提高起动、停止的响应特性,并利于控制振动和噪声。缺点是电动机运转产生的热量也使主轴产生热而变形。因此,温度控制和冷却是使用内装电动机主轴的关键问题。日本研制的立式加工中心主轴组件,其内装电动机最高转速可达 20 000r/min。

2. 对主轴部件的性能要求

机床加工时,主轴带动工件或刀具直接参与表面的成型运动,所以主轴部件的精度、刚度和热变形对加工质量和生产率等有着重要的影响。主轴组件由主轴、主轴支承、装在主轴上的传动件和密封件等组成。对于具有自动换刀装置的数控机床,为实现刀具在主轴上的自动装卸,还必须有刀具的自动装夹装置、主轴准停装置和主轴孔的清洁装置等结构。

1) 回转精度高

主轴的回转精度是指装配后在无载荷、低速转动的条件下,主轴安装工件或刀具部位的定心表面(如车床轴端的定位短锥、锥孔、铣床轴端的 7∶24 锥孔等)的径向和轴向跳动。回转精度取决于各主要部件如主轴、轴承、壳体孔等的制造、装配和调整精度。工件回转下的回转精度还取决于主轴的转速、轴承的性能、润滑剂和主轴组件的平衡。

2) 刚度大

主轴组件的刚度是指受外力作用时,主轴组件抵抗变形的能力。主轴组件的刚度越大,主轴受力的变形越小。主轴组件的刚度不足,在切削力及其他力的作用下主轴将产生较大的弹性变形,不仅影响工件的加工质量,还会破坏齿轮、轴承的正常工作条件,使其加快磨损,降低精度。主轴部件的刚度与主轴结构尺寸、支承跨距、所选用的轴承类型及配置形式、轴承间隙的调整、主轴上传动部件的位置等有关。

3) 抗振性强

主轴组件的抗振性是指切削加工时主轴保持平稳地运转而不发生振动的能力。主轴组件抗振性能差,工作时容易产生振动,不仅降低加工质量,而且限制了机床生产率的提高,使刀具耐用度下降。提高主轴抗振性必须提高主轴组件的静刚度,常采用较大阻尼比的前轴承,以及在必要时安装阻尼(消振)器,使主轴的固有频率远远大于激振力的频率。

4) 温升低

主轴组件在运转中,温升过高会引起两方面的不良结果:一是主轴组件和箱体因热膨胀而变形,使得主轴的回转中心线和机床其他零件的相对位置发生变化,直接影响加工精度;二是轴承等元件会因温度过高而改变已调好的间隙和破坏正常润滑条件,影响轴承的正常工作,严重时甚至会发生"抱轴"现象。数控机床在解决温升时,一般采用恒温主轴箱。

5) 耐磨性好

主轴组件必须有足够的耐磨性,以便能长期地保持精度。主轴上易磨损的地方是刀具或工件的安装部位以及移动式主轴的工作表面。为了提高耐磨性,主轴的上述部位应该淬硬或者经过氮化处理,以提高其硬度,增加耐磨性。主轴轴承也需有良好的润滑,提高其耐磨性。

3. 加工中心主轴刀具自动卡紧吹屑装置

在某些带有刀具库的数控机床中,主轴部件除具有较高的精度和刚度外,还带有刀具自动装卸装置和主轴孔内的切削清除装置。如图1-11所示,主轴前端有7:24的锥孔,用于装夹锥柄刀具。

端面键既做刀具定位用,又可以通过它传递扭矩。为了实现刀具的自动装卸,主轴内设有刀具自动夹紧装置。从图中可以看出,该机床是由拉紧机构拉紧锥柄刀夹尾端的轴颈来实现刀夹的定位夹紧的。夹紧刀夹时,液压缸上腔接通回油,弹簧推活塞上移,处于图示位置,拉杆在碟形弹簧的作用下向上移动。由于此时装在拉杆前端径向孔中的四个钢球进入主轴孔中直径较小的 d_2 处(见图1-11(b)),被迫径向收拢而卡进拉钉的环形凹槽内,因而刀杆拉紧,依靠摩擦力紧固在主轴上。

换刀前需将刀夹松开,压力油进入液压缸上腔,活塞推动拉杆向下移动,碟形弹簧被压缩;当钢球随拉杆一起下移至进入主轴孔中直径较大的 d_1 处时,它就不再能约束拉钉的头部,紧接着拉杆前端内孔的抬肩端面碰到拉钉,把刀夹顶松。此时行程开关发出信号,换刀机械手随即将刀夹取下。与此同时,压缩空气由管接头经活塞和拉杆的中心通孔吹入主轴装刀孔内,把切屑或脏物清除干净,以保证刀具的装夹精度。机械手把新刀装上主轴后,液压缸接通回油,碟形弹簧又拉紧刀夹。自动清除主轴孔中的切屑和尘埃是换刀操作中的一个不容忽视的问题。如果在主轴锥孔中掉进了切屑或其他污物,在拉紧刀杆时,主轴锥孔表面和刀杆的锥柄就会被划伤,使刀杆发生偏斜,破坏刀具的正确定位,影响加工零件的精度,甚至使零件报废。为了保证主轴锥孔的清洁,常用压缩空气吹屑。图1-11(a)中活塞的心部钻有压缩空气通道,当活塞向左移动时,压缩空气经拉杆吹出,将锥孔清理干净。喷气小孔设计有合理的喷射角度,并均匀分布,以提高吹屑效果。

4. 主轴的准停

主轴的准停功能又称主轴定位功能(Spindle Specified Position Stop),其作用是使主轴每次都能准确地停止在固定的圆周位置上,以保证换刀时主轴上的端面能对准刀夹上的键槽,同时使每次装刀时刀夹与主轴的相对位置保持不变,提高刀具的重复安装精度,从而提高加工时孔径的一致性,如图1-12所示。

主轴准停可分为机械准停和电气准停。

(1) 机械准停采用机械凸轮等机构和光电盘方式进行初定位,然后由定位销(液压或气动)插入主轴上的销孔或销槽完成定位,换刀后定位销退出,主轴才可旋转。采用此方法定向比较可靠、准确,但结构复杂。

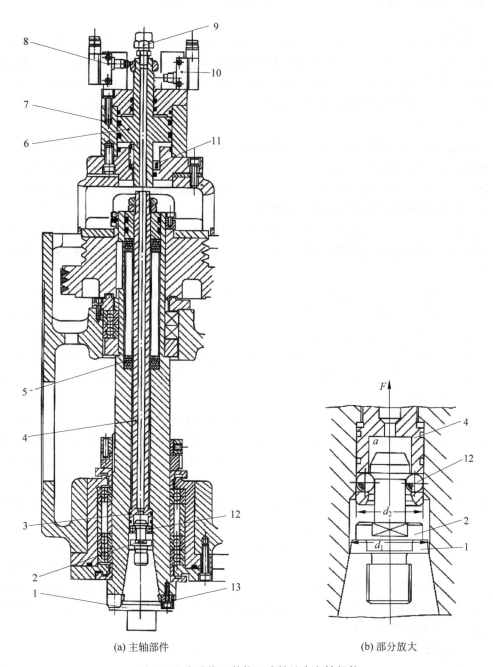

(a) 主轴部件　　　　(b) 部分放大

图 1-11　自动换刀数控立式铣镗床主轴部件

1—刀夹；2—拉钉；3—主轴；4—拉杆；5—碟形弹簧；6—活塞；7—液压缸拉杆；8—行程开关；
9—压缩空气管接头；10—行程开关；11—弹簧；12—钢球；13—端面键

(2) 电气准停有磁传感器准停、编码器型准停和数控系统准停。常用的磁传感器准停装置如图 1-13 所示，它是在主轴上安装一个发磁体，使之与主轴一起旋转，在距离发磁体旋转外轨迹 1～2mm 处固定一个磁传感器。磁传感器经过放大器与主轴控制单元连接，当主轴需要定向准停时，便控制主轴停止在调整好的位置上。

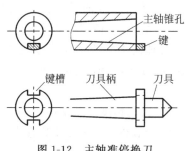
图 1-12 主轴准停换刀

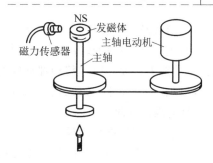
图 1-13 磁传感器准停

1.2.3 数控机床进给传动系统的机械结构

1. 数控机床对进给传动系统的要求

为确保数控机床进给系统的传动精度和工作平稳性等,在设计机械传动装置时,提出如下要求。

1) 高的传动精度与定位精度

数控机床进给传动装置的传动精度和定位精度对零件的加工精度起着关键性的作用,对采用步进电动机驱动的开环控制系统尤其如此。无论对点位、直线控制系统,还是轮廓控制系统,传动精度和定位精度都是表征数控机床性能的主要指标。设计中通过在进给传动链中加入减速齿轮,以减小脉冲当量,预紧传动滚珠丝杠,消除齿轮、蜗轮等传动件的间隙等方法,可达到提高传动精度和定位精度的目的。由此可见,机床本身的精度,尤其是伺服传动链和伺服传动机构的精度是影响工作精度的主要因素。

2) 宽的进给调速范围

伺服进给系统在承担全部工作负载的条件下,应具有很宽的调速范围,以适应各种工件材料、尺寸和刀具等变化的需要,工作进给速度可达 3～6000mm/min。为了完成精密定位,伺服系统的低速趋近速度达 0.1mm/min。为了缩短辅助时间,提高加工效率,快速移动速度应高达 15m/min。在多坐标联动的数控机床上,合成速度维持常数是保证表面粗糙度要求的重要条件。为保证较高的轮廓精度,各坐标方向的运动速度也要配合适当,这是对数控系统和伺服进给系统提出的共同要求。

3) 响应速度要快

所谓快速响应特性是指进给系统对指令输入信号的响应速度及瞬态过程结束的迅速程度,即跟踪指令信号的响应要快;定位速度和轮廓切削进给速度要满足要求;工作台应能在规定的速度范围内灵敏而精确地跟踪指令,进行单步或连续移动,在运行时不出现丢步或多步现象。进给系统响应速度的大小不仅影响机床的加工效率,而且影响加工精度。设计中应使机床工作台及其传动机构的刚度、间隙、摩擦以及转动惯量尽可能达到最佳值,以提高进给系统的快速响应特性。

4) 无间隙传动

进给系统的传动间隙一般指反向间隙,即反向死区误差。它存在于整个传动链的各传动副中,直接影响数控机床的加工精度。因此,应尽量消除传动间隙,减小反向死区误差。设计中可采用消除间隙的联轴节及有消除间隙措施的传动副等方法。

5) 稳定性好、寿命长

稳定性是伺服进给系统能够正常工作的最基本的条件,特别是在低速进给情况下不产生爬行,并能适应外加负载的变化而不发生共振。稳定性与系统的惯性、刚性、阻尼及增益等都有关系,适当选择各项参数,并能达到最佳的工作性能,是伺服系统设计的目标。所谓进给系统的寿命,主要指其保持数控机床传动精度和定位精度的时间长短,及各传动部件保持其原来制造精度的能力。设计中各传动部件应选择合适的材料及合理的加工工艺与热处理方法,对于滚珠丝杠和传动齿轮,必须具有一定的耐磨性和适宜的润滑方式,以延长其寿命。

6) 使用维护方便

数控机床属高精度自动控制机床,主要用于单件、中小批量、高精度及复杂件的生产加工,机床的开机率相应就高,因此,进给系统的结构设计应便于维护和保养,最大限度地减小维修工作量,以提高机床的利用率。

2. 滚珠丝杠螺母副

数控机床中,无论是开环还是闭环伺服进给系统,为了达到上述提出的要求,机械传动装置的设计中都应尽量采用低摩擦的传动副,如滚珠丝杠等,以减小摩擦力。通过选用最佳降速比来降低惯量;采用预紧的办法来提高传动刚度;采用消隙的办法来减小反向死区误差,提高位移精度等。滚珠丝杠螺母副是回转运动与直线运动相互转换的一种新型传动装置,在数控机床上得到了广泛的应用。

1) 滚珠丝杠螺母副的结构特点

滚珠丝杠螺母副的结构原理如图 1-14 所示。它由丝杠、螺母、滚珠、和反向器(滚珠循环反向装置)等组成,具有螺旋槽的丝杠螺母间装有滚珠作为中间传动件,以减少摩擦,丝杠和螺母上都磨有圆弧形的螺旋槽,这两个圆弧形的螺旋槽对合起来就形成螺旋线滚道,在滚道内装有滚珠。当丝杠回转时,滚珠相对于螺母上的滚道滚动,因此丝杠与螺母之间基本上为滚动摩擦。为了防止滚珠从螺母中滚出来,在螺母的螺旋槽两端设有回程引导装置,构成一个闭合的回路,使滚珠能循环流动。

滚珠丝杠的螺旋滚道法向截面有单圆弧和双圆弧两种不同的形状,分别如图 1-15(a)和图 1-15(b)所示。其中单圆弧工艺简单,双圆弧性能较好。

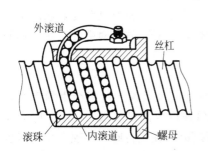

图 1-14 滚珠丝杠螺母副工作原理图

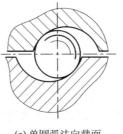

(a) 单圆弧法向截面

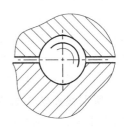

(b) 双圆弧法向截面

图 1-15 螺纹滚道法向截面形式

滚珠丝杠螺母副的特点如下。

(1) 传动效率高,摩擦损失小。滚珠丝杠螺母副的传动效率 η 为 0.92~0.96,比常规的丝杠螺母副提高 3~4 倍。因此,功率消耗只相当于常规的丝杠螺母副的 1/4~1/3。

(2) 给予适当预紧,可消除丝杠和螺母的螺纹间隙,反向时就可以消除空行程死区,定位精度高,刚度好。

(3) 运动平稳,无爬行现象,传动精度高。

(4) 运动具有可逆性,可以从旋转运动转换为直线运动,也可以从直线运动转换为旋转运动,即丝杠和螺母都可以作为主动件。

(5) 磨损小,使用寿命长。

(6) 制造工艺复杂。滚珠丝杠和螺母等元件的加工精度要求较高,表面粗糙度也要求高,故制造成本高。

(7) 不能自锁。特别是对于垂直丝杠,由于自重惯力的作用,下降时当传动切断后,不能立刻停止运动,故常需添加制动装置。

2) 滚珠的循环方式

滚珠的循环方式分为外循环和内循环两种方式。

(1) 外循环。滚珠在循环过程结束后,通过螺母外表面上的螺旋槽或插管返回丝杠间重新进入循环。图1-16(a)所示为插管式,它用弯管作为返回管道,这种形式结构工艺性好,但由于管道突出于螺母体外,径向尺寸较大。图1-16(b)所示为螺旋槽式,它是在螺母外圆上铣出螺旋槽,槽的两端钻出通孔并与螺纹滚道相切,形成返回通道。这种形式的结构比插管式结构径向尺寸小,但制造较复杂。

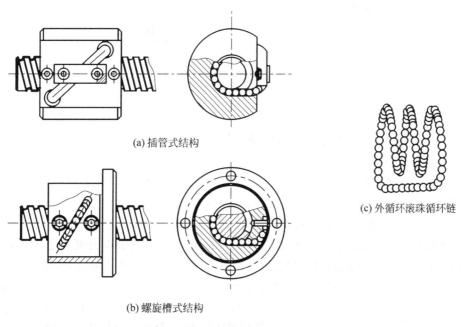

图 1-16 外循环滚珠丝杠

(2) 内循环。图1-17所示为内循环滚珠丝杠的结构。在螺母的侧面孔内装有接通相邻滚道的反向器,借助反向器引导滚珠越过丝杠的牙顶进入相邻滚道,实现循环。一般在同一螺母上装有2~4个反向器,沿螺母圆周均匀分布,利用反向器相邻滚道,每一个循环回路称为一列。内循环方式的优点是滚珠循环的回路短、流畅性好、效率高、螺母的径向尺寸也较小,但制造精度要求高。

3) 滚珠丝杠螺母副轴向间隙的调整

滚珠丝杠螺母副轴向间隙是负载在滚珠与滚道型面接触点的弹性变形所引起的螺母位移量和螺母原有轴向间隙的综合。为了保证滚珠丝杠螺母副的传动刚度和反向传动精度,必须要消除其轴向间隙。消除间隙和预紧的方法通常采用双螺母结构,其原理是使两个螺母间产生相对轴向位移,使两个螺母中的滚珠分别在螺旋管道的两个相反侧面上,以达到消除间隙、产生预紧力的目的。滚珠丝杠螺母副用预紧方法消除轴向间隙时,应注意预紧力不宜过大,否

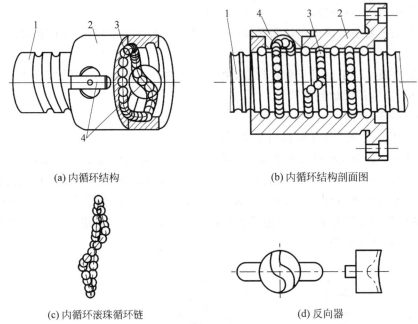

(a) 内循环结构　　　　(b) 内循环结构剖面图

(c) 内循环滚珠循环链　　　　(d) 反向器

图 1-17　内循环滚珠丝杠

1—丝杠；2—螺母；3—钢珠；4—反向器

则会使摩擦阻力增大，从而降低传动效率，缩短使用寿命。

常用的螺母丝杠消除间隙方法如下。

(1) 垫片调隙式。如图 1-18 所示，调整垫片厚度使左右两螺母不能相对旋转，只产生轴向位移，即可消除间隙和产生预紧力。这种方式结构简单，刚性好，调整时需要卸下调整垫圈修磨，滚道有磨损时不能随时消除间隙和进行预紧。

(2) 螺纹调隙式。如图 1-19 所示，滚珠丝杠左右两螺母副以平键与外套相连，用平键限制螺母在螺母座内的转动。调整时，只要拧动圆螺母即可消除间隙并产生预紧力，然后用锁紧螺母锁紧。这种调整方法具有结构简单、工作可靠、调整方便等优点，但预紧力大小不易准确控制。

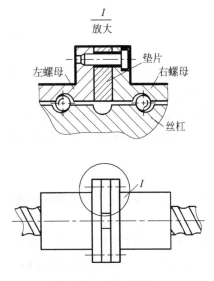

图 1-18　垫片调隙式

(3) 齿差调隙式。如图 1-20 所示，在两个螺母的凸缘上各制有圆柱外齿轮，分别与固紧在套筒两端的内齿圈相啮合，其齿数分别为 z_1 和 z_2，并相差一个齿。调整时，先取下内齿圈，让两个螺母相对于套筒同方向都转动一个齿，然后再插入内齿圈，则两个螺母便产生相对角位移，其轴向位移量 $s=(1/z_1-1/z_2)t$。例如，$z_1=81$，$z_2=80$，滚珠丝杠的导程为 $t=6$mm 时，$s=6/6480\approx 0.001$mm。这种调整方法能精确调整预紧量，调整方便可靠，但结构尺寸较大，多用于高精度的传动。

(4) 单螺母变位螺距预加负荷。如图 1-21 所示，它是在滚珠螺母体内的两列循环滚珠链之间使用螺纹滚道在轴向产生一个 ΔL_0 的导程突变量，从而使两列滚珠在轴向错位实现预紧。这种调隙方法结构简单，但负荷量须预先设定且不能改变。

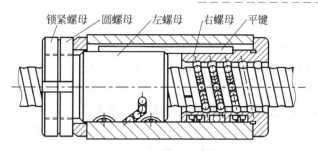

图 1-19 螺纹调隙式

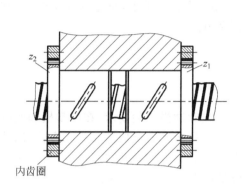

图 1-20 齿差调隙式

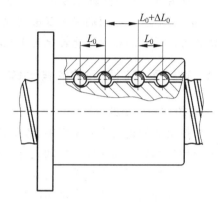

图 1-21 单螺母变位螺距式

4) 滚珠丝杠的支承方式

数控机床的进给系统要获得较高的传动刚度,除了加强滚珠丝杠螺母本身的刚度外,滚珠丝杠的正确安装及其支承的结构刚度也是不可忽视的因素。螺母座、丝杠端部的轴承及其支承加工的不精确性和它们在受力后的过量变形,都会给进给系统的传动刚度带来影响。因此,螺母座的孔与螺母之间必须保持良好的配合,并应保证孔对端面的垂直度,螺母座应增加适当的肋板,并加大螺母座和机床结合部件的面积,以提高螺母座的局部刚度和接触刚度。滚珠丝杠的不正确安装及支承结构的刚度不足,会使滚珠丝杠的寿命大大下降。因此要注意轴承的选用和组合,尤其是轴向刚度要求较高时。为了提高支承的轴向刚度,选择适当的滚动轴承及其支承方式是十分重要的。常用的支承方式如图 1-22 所示。

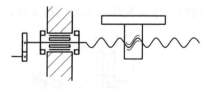

(a) 一端装止推轴承

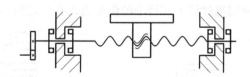

(b) 一端装止推轴承,另一端装深沟球轴承

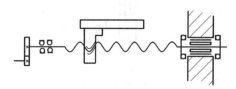

(c) 两端装止推轴承

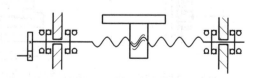

(d) 两端装双重止推轴承及深沟球轴承

图 1-22 滚珠丝杠的支承结构

(1) 一端装止推轴承(固定-自由式)。这种安装方式如图 1-22(a)所示,其承载能力小,轴向刚度低,仅适用于短丝杠,如用于数控机床的调整环节或升降台式数控机床的垂直坐标中。

(2) 一端装止推轴承,另一端装深沟球轴承(固定-支承式)。这种安装方式如图 1-22(b)所示,当滚珠丝杠较长时,一端装止推轴承固定,另一端由深沟球轴承支承。为了减小丝杠热变的影响,止推轴承的安装位置应远离热源(如液压电动机)。

(3) 两端装止推轴承。这种安装方式如图 1-22(c)所示,将止推轴承装在滚珠丝杠的两端,并施加预紧拉力,有助于提高传动刚度。但这种安装方式对热伸长较为敏感。

(4) 两端装双重止推轴承及深沟球轴承(固定-固定式)。这种安装方式如图 1-22(d)所示,为了提高刚度,丝杠两端采用双重支承,如止推轴承和深沟球轴承,并施加预紧拉力。这种结构形式可使丝杠的热变形能转化为止推轴承的预紧力。

1.2.4 进给系统消除间隙的传动结构

1. 齿轮传动间隙的消除

在数控机床的进给驱动系统中,考虑到惯量、转矩或脉冲当量的要求,在电动机和丝杠之间加入齿轮传动副。而齿轮等传动副存在的间隙会使进给运动的反向滞后于指令信号,从而影响其驱动精度。因此必须采取措施消除齿轮传动中的间隙,以提高数控机床进给系统的驱动精度。下面介绍几种实践中常用的齿轮间隙消除结构形式。

1) 直齿圆柱齿轮传动副

(1) 偏心套间隙调整法。图 1-23(a)所示为偏心套间隙调整结构。电机是通过偏心轴套装到壳体上,通过转动偏心轴套的转角,就能够方便地调整两啮合齿轮的中心距,从而消除了圆柱齿轮正、反转时的齿侧隙。

(2) 锥度齿轮调整法。图 1-23(b)所示为带锥度的齿轮间隙调整结构。将假想的分度圆柱面改变成带有小锥度的圆锥面,使其齿厚在齿轮的轴向稍有变化(其外形类似于插齿刀)。装配时只要改变垫片的厚度就能调整两个齿轮的轴向相对位置,从而消除了齿侧间隙。但如增大圆锥面的角度,则将使啮合条件恶化。

(3) 双向薄齿轮错齿调整法。图 1-23(c)所示为斜齿圆柱齿轮轴向垫片间隙调整结构。与宽齿轮同时啮合的两个薄片齿轮,用键与轴相连接,彼此不能相对转动。两个薄片齿轮的轮齿是拼装在一起进行加工的,加工时在它们之间垫入一定厚度的垫片。装配时将厚度比加工时所用垫片稍大或稍小的垫片垫入它们之间,并用螺母拧紧,于是两薄片齿轮的螺旋齿产生错

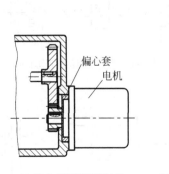
(a) 偏心套间隙调整结构

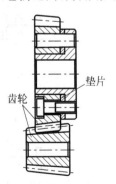
(b) 带锥度的齿轮间隙调整结构

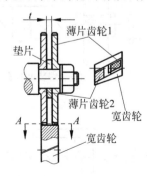
(c) 斜齿圆柱齿轮间隙调整结构

图 1-23 圆柱齿轮间隙的几种调整结构

位,分别与宽齿轮的左、右齿侧贴紧,从而消除了它们之间的齿侧间隙。显然,采用这种调整结构,无论齿轮正转或反转,都只有一个薄片齿轮承受载荷。

上述几种齿侧间隙的调整方法,结构比较简单,传动刚性好,但调整之后间隙不能自动补偿,且必须严格控制齿轮的齿厚和齿距公差,否则将影响传动的灵活性。

齿侧间隙可自动补偿的调整结构如图1-24所示。相互啮合的一对齿轮中的一个做成两个薄片齿轮,两薄片齿轮套装在一起,彼此可做相对运动。两个齿轮的端面上分别装有螺纹凸耳,拉簧的一端钩在一个凸耳上,另一端钩在穿过另一个凸耳后的螺钉上,在拉簧的拉力作用下,两薄片齿轮的轮齿相互错位,分别贴紧在与之啮合的齿轮左、右齿廓面上,消除了它们之间的齿侧间隙,拉簧的拉力大小,可用调整螺母调整。这种调整方法能自动补偿间隙,但结构复杂,传动刚度差,能传递的转矩小。

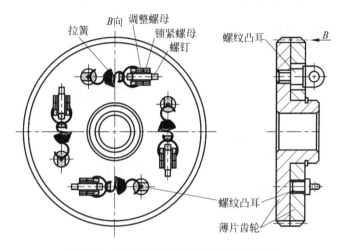

图1-24 双齿轮拉簧错齿间隙的调整结构

2) 斜齿轮传动

消除斜齿轮传动齿轮侧隙的方法与上述错齿调整法基本相同,也是用两个薄片齿轮与一个宽齿轮啮合,只是在两个薄片斜齿轮的中间隔开了一小段距离,这样它的螺旋线便错开了。图1-25(a)所示为薄片错齿调整机构,其特点是结构比较简单,但调整较费时,且齿侧间隙不能自动补偿,图1-25(b)所示为轴向压簧错齿调整机构,其特点是齿侧隙可以自动补偿,但轴向尺寸较大,结构欠紧凑。

3) 锥齿轮传动

(1) 轴向压簧调整法。轴向压簧调整法原理如图1-26所示,在锥齿轮的传动轴上装有压簧,其轴向力大小由螺母调节。锥齿轮在压簧的作用下可轴向移动,从而消除了其与啮合的锥齿轮之间的齿侧间隙。

(2) 周向弹簧调整法。周向弹簧调整法原理如图1-27所示,将与锥齿轮3啮合的齿轮做成大小两片,在大片锥齿轮上制有三个周向圆弧槽,小片锥齿轮的端面制有三个可伸入槽的凸爪。弹簧装在槽中,一端顶在凸爪上,另一端顶在镶在槽中的镶块上。止动螺钉装配时用,安装完毕将其卸下,则大小片锥齿轮在弹簧力作用下错齿,从而达到消除间隙的目的。

4) 齿轮齿条传动机构

在机电一体化产品中,对于大行程传动机构往往采用齿轮齿条传动,因为其刚度、精度和工作性能不会因行程增大而明显降低,但它与其他齿轮传动一样也存在齿侧间隙,应采取消隙

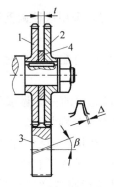 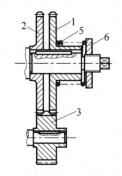 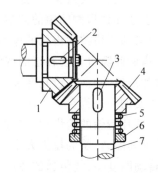

(a) 薄片错齿调隙机构　　(b) 轴向压簧错齿调隙机构

图 1-25　斜齿轮调隙机构　　　　　　　图 1-26　锥齿轮轴向压簧调隙机构

1、2—薄片齿轮；3—宽齿轮；4—调整螺母；　　　1、4—锥齿轮；2、3—键；5—压簧；
5—弹簧；6—垫片　　　　　　　　　　　　　　6—螺母；7—轴

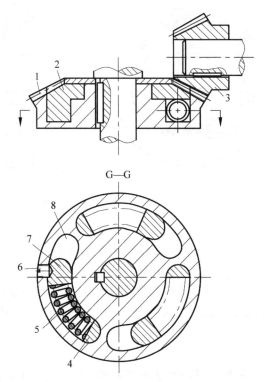

图 1-27　锥齿轮周向弹簧调隙机构

1—大片锥齿轮；2—小片锥齿轮；3—锥齿轮；4—镶块；5—弹簧；6—止动螺钉；7—凸爪；8—槽

措施。当传动负载小时，可采用双片薄齿轮错齿调整法，使两片薄齿轮的齿侧分别紧贴齿条的齿槽两相应侧面，以消除齿侧间隙。当传动负载大时，可采用双齿轮调整法。如图1-28所示，小齿轮分别与齿条啮合，与小齿轮同轴的大齿轮分别与齿轮啮合，通过预载装置向齿轮上预加负载，使大齿轮同时向两个相反方向转动，从而带动小齿轮转动，其齿面便分别紧贴在齿条上齿槽的左、右侧，消除了齿侧间隙。

2. 键连接间隙补偿机构

数控机床进给传动装置中，齿轮等传动件与轴键的配合间隙，如同齿侧间隙一样，也会影响工件的加工精度,需将其消除。图1-29所示为消除键连接间隙的两种方法,图1-29(a)为双键连接结构,用紧定螺钉顶紧消除键的连接间隙,图1-29(b)为楔形销键连接结构,用螺母拉紧楔连销,以消除键的连接间隙。

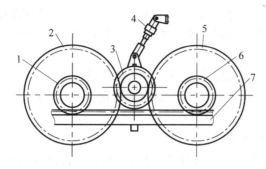

图1-28 齿轮齿条的双齿轮调隙机构

1、6—小齿轮;2、5—大齿轮;3—齿条;4—预载装置;7—齿条

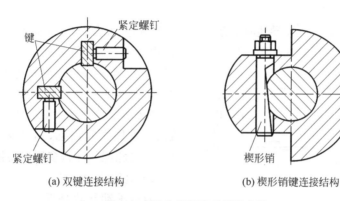

(a) 双键连接结构　　　　(b) 楔形销键连接结构

图1-29 键连接间隙的消除方法

图1-30所示为一种可获得无间隙传动的无键连接结构。内锥形胀套和外锥形胀套是一对相互配研、接触良好的弹性锥形胀套。当拧紧螺钉,用两个圆环将它们压紧时,内锥形胀套的内孔缩小,外锥形胀套的外圆胀大,依靠摩擦力将传动件和轴连接在一起。根据所需传递的转矩大小,锥形胀套可以是一对或几对。

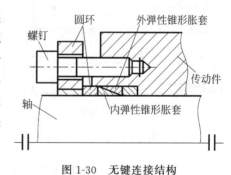

图1-30 无键连接结构

1.2.5 数控机床导轨

1. 对导轨的要求

机床导轨起导向及支承作用,它的精度、刚度及结构形式等对机床的加工精度和承载能力有直接影响。作为机床进给系统的重要环节,数控机床对导轨的要求更高。

(1) 导向精度高。导向精度是指运动部件沿导轨移动的直线度和圆度,以及它与有关基面间的相互位置的准确性。影响导向精度的主要因素有导轨的几何精度、导轨的结构形式、动导轨及静导轨的刚度和热变形,以及导轨的制造精度和装配质量等。

(2) 运动轻便平稳。工作时,应轻便省力,速度均匀,低速时应无爬行现象。

（3）良好的耐磨性。导轨的耐磨性是指导轨长期使用后仍保持一定精度的能力。它与导轨的摩擦性质、导轨的材料等有关。导轨在使用过程中要磨损，但应使磨损量小，且磨损后能自动补偿或便于调整。

（4）足够的刚度。运动部件所受的外力由导轨面承受，故导轨应有足够的接触刚度，保证在动、静载荷作用下不产生过大的变形。为此，常用加大导轨面宽度，以降低导轨面比压；设置辅助导轨，以承受外载。

（5）温度变化影响小。应保证导轨在工作温度变化的条件下仍能正常工作。

（6）结构工艺性好。在保证导轨其他要求的前提下，应使导轨结构简单，便于加工、测量、装配和调整，降低成本。

2．常见导轨的类型和特点

滚动导轨是在导轨工作面之间安排滚动件，使两导轨面之间形成滚动摩擦。摩擦系数很小（0.0025～0.005），动、静摩擦系数相差很小，运动轻便灵活，所需功率小，精度好，无爬行。为提高数控机床的移动部件的运动精度和定位精度，数控机床的导轨广泛采用滚动导轨。

1）滚动导轨块

由标准导轨块构成的滚动导轨具有效率高、灵敏性好、寿命长、润滑简单及装拆方便等优点。标准滚动导轨块结构形式如图1-31所示，它多用于中等负荷的导轨。滚动导轨块由专业厂家生产，有多种规格形式可供用户选用。使用时将导轨块用螺钉固定在机床的运动部件上，当运动部件移动时，滚柱在支承部件的导轨面与本体之间滚动，同时又绕本体循环滚动。与之相配的导轨多用淬硬钢导轨。

2）直线滚动导轨

直线滚动导轨是近年来新生产的一种滚动导轨，其突出的优点为无间隙，并且能够施加预紧力，导轨的结构如图1-32所示。直线滚动导轨由导轨体、滑体、滚珠、保持器、端盖等组成。它由生产厂组装成，故又称单元式直线滚动导轨。使用时，导轨固定在不运动的部件上，滑块固定在运动的部件上。当滑块沿导轨体移动时，滚珠在导轨体和滑块之间的圆弧直槽内滚动，并通过端盖内的滚道，从工作负荷区到非工作负荷区。然后再滚回工作负荷区，不断循环，从而把导轨体和滑块之间的移动变成滚珠的滚动。目前在国内外的中小型数控机床上广泛采用这种导轨。

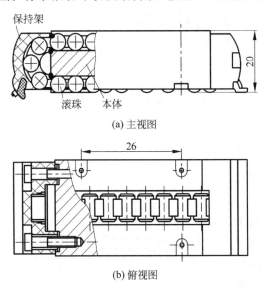

图1-31　滚动导轨支承

3）静压导轨

静压导轨的滑动面之间开有油腔，将具有一定压力的油通过节流器输入油腔，形成压力油膜，浮起运动部件，使导轨工作表面处于纯液体摩擦，不产生磨损，精度保持性好。同时摩擦系数也极低（0.0005），使驱动功率大为降低。其运动不受速度和负载的限制，低速无爬行，承载能力大，刚度好，油液有吸振作用，抗振性好，导轨摩擦发热也小。除上述优点外，静压导轨的缺点是结构复杂，要有供油系统，对油的清洁度要求高，多用于重型机床。按承载方式的不同，液体静压导轨可分为开式和闭式两种。开式静压导轨和闭式静压导轨的工作原理如图1-33所示。

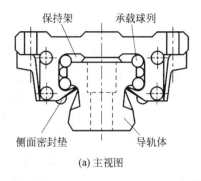
(a) 主视图

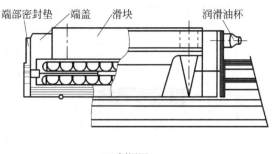
(b) 侧视图

图 1-32 单元式直线滚动导轨

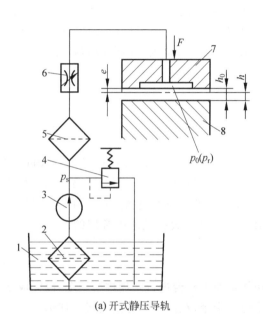
(a) 开式静压导轨

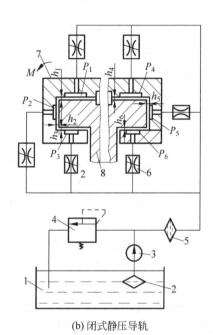
(b) 闭式静压导轨

图 1-33 静压导轨的工作原理图

1—油箱；2、5—滤油器；3—油泵；4—溢流阀；6—节流器；7—运动部件；8—固定部件

油泵启动后，油的压力经节流阀调节至 P_0（供油压力），进入导轨油腔，并通过导轨间隙向外流出，回到油箱。油腔压力形成浮力将运动部件浮起，形成一定的导轨间隙 h_0。当载荷增大时，运动部件下沉，导轨间隙减小，液阻增加，流量减小，从而油经过节流器时的压力损失减小，油腔压力 P_r 增大，直至与载荷 F 平衡。开式静压导轨只能承受垂直方向的负载，承受颠覆力矩的能力差。而闭式静压导轨能承受较大的颠覆力矩，导轨刚度也较高，其工作原理如图 1-33 (b) 所示。当运动部件受到颠覆力矩 M 后，油腔的油泵和溢流阀的间隙增大，油腔的油箱和节流器的间隙减小。由于各相应节流器的作用，使油腔的油泵和溢流阀的压力减小，油腔的油箱和节流器的压力增高，从而产生一个与颠覆力矩相反的力矩，使运动部件保持平衡。

4) 滑动导轨

为了进一步减少导轨的磨损和提高运动性能，近年来又出现了新型的塑料滑动导轨。在与床身导轨相配的滑动导轨上粘接上静、动摩擦系数基本相同，耐磨、吸振的塑料软带，或者在定、动导轨之间采用注塑的方法制成塑料导轨。这种塑料导轨具有良好的摩擦特性、耐磨性及吸振性，因此目前在数控机床上广泛使用。图 1-34 所示为塑料导轨的结构。

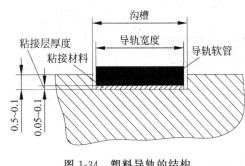

图 1-34　塑料导轨的结构

塑料软带材料是以聚四氟乙烯为基体，加入青铜粉、二硫化钼和石墨等填充剂混合烧结并做成软带状，国内已有牌号为 TSF 的导轨软带生产，以及配套用的 DJ 胶合剂。导轨软带使用的工艺简单，只要将导轨粘贴面做半精加工至表面粗糙度 R_a 为 3.2～1.6μm，清洗粘贴面后，用胶粘合，加压固化后，再经精加工即可。由于这类导轨软带采用了粘接方法，故习惯上称为"贴塑导轨"。

导轨注塑的材料是以环氧树脂和二硫化钼为基体，加入增塑剂，混合成膏状为一组分和固化剂为另一组分的双组分塑料，国内牌号为 HNT。导轨注塑的工艺简单，在调整好固定导轨和运动导轨间相关位置精度后注入双组分塑料，固化后将定、动导轨分离即成塑料导轨副，这种方法制作的塑料导轨习惯上又称为"注塑导轨"。

1.2.6　数控回转工作台

为了提高生产效率，扩大工艺范围，数控机床除了沿 X、Y 和 Z 三个坐标轴的直线进给运动之外，往往还带有绕 X、Y 和 Z 轴的圆周进给运动。一般数控机床的圆周进给运动由回转工作台来实现。数控铣床的回转工作台除了用来进行各种圆弧加工或与直线进给联动进行曲面加工外，还可以实现精确的自动分度，这给箱体零件的加工带来了便利。对于自动换刀的多工序加工中心来说，回转工作台已成为一个不可缺少的部件。数控机床中常用的回转工作台有数控回转工作台和分度工作台两种。

1. 数控回转工作台

数控回转工作台主要用于数控镗铣床，它的功能是使工作台进行圆周进给运动，以完成切削工作，并使工作台进行分度运动。它按照控制系统的指令，在需要时分别完成上述运动。数控回转工作台的外形和通用机床的分度工作台相似，但其内部结构却具有数控进给驱动机构的许多特点。

图 1-35 所示为自动换刀数控卧式镗铣床的数控回转工作台，这是一种补偿型的开环数控回转工作台。它的进给、分度转位和定位锁紧都由给定的指令进行控制。

工作台的运动由伺服电机驱动，通过减速齿轮和带动蜗杆，再传递给蜗轮，使工作台回转。为了消除传动间隙和反向间隙，齿轮的啮合间隙是靠调整偏心环来消除；齿轮与蜗杆是靠楔形拉紧圆柱销来连接，此法能消除轴与套的配合间隙；为消除蜗杆副的传动间隙，采用双螺距渐厚蜗杆，通过移动蜗杆的轴向位置来调整间隙。这种蜗杆的左右两侧面具有不同的螺距，因此蜗杆齿厚从头到尾逐渐增厚。但由于同一侧的螺距是相同的，所以仍然保持着正常的啮合。

当工作台静止时，必须处于锁紧状态。工作台面用沿其圆周方向分布的 8 个夹紧液压缸进行夹紧。当工作台不回转时，夹紧液压缸的上腔进压力油，使活塞向下运动，通过钢球、夹紧瓦将蜗轮夹紧。当工作台需要回转时，数控系统发出指令，使夹紧液压缸上腔的油流回油箱。在弹簧的作用下，钢球抬起，夹紧瓦松开蜗轮，然后由伺服电机通过传动装置使蜗轮和工作台按照控制系统的指令做回转运动。

开环系统的数字回转工作台的定位精度主要取决于蜗轮副的传动精度，因而必须采用高

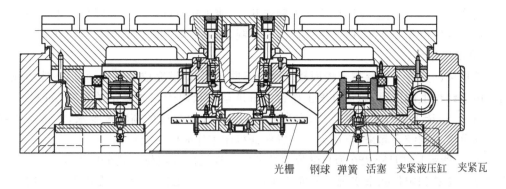

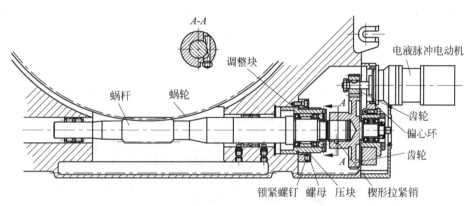

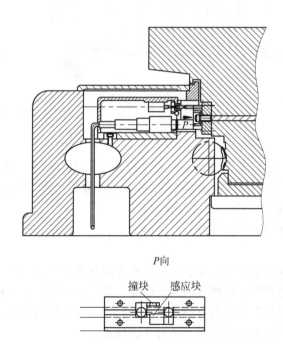

图 1-35 自动换刀数控卧式镗铣床的数控回转工作台

精度的蜗轮副。除此之外,还可以实际测量工作台静态定位误差之后,确定需要补偿的角度位置和补偿脉冲的符号(正向或反向),记忆在补偿回路中,由数控装置进行误差初步补偿。

数控回转工作台设有零点,当它做返回零点运动时,先用挡块碰撞限位开关(图中未示出),使工作台降速,然后通过感应块和无触点开关,使工作台准确地停在零位。数控回转工作台在任意角度转位和分度时,由光栅进行读数控制,因此能够达到较高的分度精度。

2. 分度工作台

数控机床的分度工作台与数控回转工作台不同,它只能够完成分度运动,而不能实现圆周进给。由于结构上的原因,通常分度工作台的分度运动只限于完成规定的角度(如900°、600°或450°等)。机床上的分度传动机构,本身很难保证工作台分度的高精度要求,常常需要将定位机构和分度机构结合起来,再用夹紧装置保证机床工作时的安全可靠。

图1-36所示是THK6380型自动换刀数控卧式镗铣床的定位销式分度工作台,其定位分度主要靠定位销和定位孔来实现。分度工作台置于长方形工作台中间,在不单独使用分度工作台时,两个工作台可以作为一个整体使用。工作台的底部均匀分布着削边圆柱定位销,在工作台底座上有一定位孔衬套以及供定位销移动环形槽。因为定位销之间的分布角度为450°,因此工作台只能做二等分、四等分、八等分的分度运动。

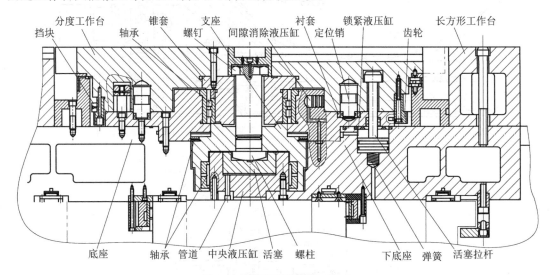

图1-36 定位销式分度工作台

定位销式分度工作台的分度精度主要由定位销和定位孔的尺寸精度及坐标精度决定,最高可达±5″。为适应大多数的加工要求,应当尽可能提高最常用的180°分度销孔的坐标精度,而其他角度(如45°、90°和135°)可以适当降低。

分度工作台还有鼠齿盘式分度工作台。

【思考与练习】

(1) 数控机床主传动系统有哪些要求?主传动方式有哪些?各有什么特点?

(2) 数控机床对进给系统的机械传动部分的要求是什么?如何实现这些要求?

(3) 滚珠丝杠螺母副的工作原理及特点是什么?何为内循环和外循环?

(4) 齿轮副消除间隙的方法有哪些?各有什么特点?

(5) 滚动导轨、塑料导轨、静压导轨各有何特点?

(6) 丝杠支承有哪几种?特点是什么?各适用于什么情况?

(7) 试述滚珠丝杠副轴向间隙调整和预紧的基本原理以及常用的结构形式。

(8) 主轴为何需要准停?

(9) 结合图1-11,试述加工中心主轴是如何实现刀具的自动装卸及切屑清除的。

1.3 任务3 插补原理

【学习目标】
(1) 熟悉数控插补的方法。
(2) 能够运用逐点比较法对直线进行插补运算,并能够画出插补轨迹。
(3) 能够运用逐点比较法对圆弧进行插补运算,并能够画出插补轨迹。
(4) 能够运用数字积分法对直线进行插补运算,并能够画出插补轨迹。
(5) 能够运用数字积分法对圆弧进行插补运算,并能够画出插补轨迹。

1.3.1 插补定义

插补(Interpolation)是数控系统依照一定的方法确定刀具实时运动轨迹的过程,也是协调各坐标移动,使其合成的轨迹近似于理想轨迹的方法。插补是协调各坐标运动的方法,也是指在一条已知起点和终点的曲线上进行数据点的密化。

插补有两层意思:一是用小线段逼近产生基本线型(如直线、圆弧等);二是用基本线型拟合其他轮廓曲线。

1.3.2 逐点比较法直线插补原理

逐点比较法是脉冲增量插补方法中的一种,其基本原理是:计算机在控制加工过程中,每走一步都要将加工点的瞬时坐标与规定的图形轨迹相比较,逐点计算和判别加工偏差,然后决定下一步的走向,以控制坐标进给,按规定图形加工出所要求的工件。通常,每走一步要完成4个节拍,工作流程如图 1-37 所示。

(1) 偏差判别。判别偏差符号,确定加工点在规定图形的偏离位置,决定进给方向。

(2) 坐标进给。根据偏差情况,控制 X 坐标或 Y 坐标进给一步,使加工点向规定图形靠拢,缩小偏差。

(3) 新偏差计算。进给一步后,计算加工点与规定图形的新偏差,作为下一步偏差判别的依据。

(4) 终点判别。根据这一步的进给结果,判定是否到达终点。如未到达终点,继续插补工作循环,如果已到终点就停止插补。

逐点比较法既可实现平面直线插补,也可实现圆弧插补。其特点是运算简单,当插补误差小于一个脉冲当量时,输出脉冲均匀,而且输出脉冲速度变化不大,调节方便,但不易实现两坐标以上的插补。因此在两坐标数控机床中应用较为普遍,如数控线切割机床、数控车床等,具有良好的经济效益和社会效益。

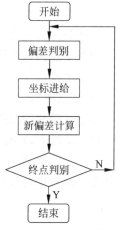

图 1-37 逐点比较法工作流程

下面介绍逐点比较法直线插补和圆弧插补的基本原理及其实现方法。

1. 逐点比较法直线插补

1) 偏差函数值的判别

加工如图 1-38 所示的第一象限的直线 OA。取起点为坐标原点 O,直线终点坐标 $A(x_e,$

y_e)是已知的。$M(x_m, y_m)$ 为加工点(动点),若 M 在 OA 直线上,则根据相似三角形的关系可得 $\dfrac{y_m}{x_m} = \dfrac{y_e}{x_e}$,取 $F_m = y_m x_e - x_m y_e$ 作为直线插补的偏差判别式。

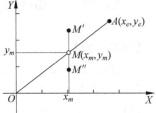

(1) 若 M 点在 OA 直线上,$\dfrac{y_m}{x_m} = \dfrac{y_e}{x_e}$,则 $F_m = 0$。

(2) 若 M 点在 OA 直线上方的 M' 处,$\dfrac{y_m}{x_m} > \dfrac{y_e}{x_e}$,则 $F_m > 0$。

(3) 若 M 点在 OA 直线下方的 M'' 处,$\dfrac{y_m}{x_m} < \dfrac{y_e}{x_e}$,则 $F_m < 0$。

图 1-38 逐点比较法直线插补

2) 坐标进给

插补总是使刀具向减少偏差的方向进给,从而减小插补的误差。规定进给方向:

(1) 当 $F_m = 0$ 时,M 点在 OA 直线上,规定刀具向 $+X$ 方向走一步。

(2) 当 $F_m > 0$ 时,M 点在 OA 直线上方,规定刀具向 $+X$ 方向走一步。

(3) 当 $F_m < 0$ 时,M 点在 OA 直线下方,规定刀具向 $+Y$ 方向走一步。

3) 偏差计算

设在某加工点处,有 $F_m \geq 0$ 时,为了逼近给定轨迹,应沿 $+X$ 方向进给一步,走一步后新的坐标值为

$$x_{m+1} = x_m + 1, \quad y_{m+1} = y_m$$

则新的偏差为

$$F_{m+1} = y_{m+1} x_e - x_{m+1} y_e$$
$$F_{m+1} = y_m x_e - x_m y_e - y_e$$
$$F_{m+1} = F_m - y_e$$

若 $F_m < 0$ 时,为了逼近给定轨迹,应向 $+Y$ 方向进给一步,同理可得新的偏差为

$$F_{m+1} = F_m + x_e$$

上述公式就是第一象限直线插补偏差的递推公式,即每走一步,新加工动点的偏差可以用前一加工动点的偏差推算出来。偏差 F_{m+1} 计算只用到了终点坐标值(x_e, y_e),不必计算每一加工动点的坐标值,且只有加法和减法计算,形式简单。

4) 终点判别

逐点比较法的终点判断有多种方法,下面介绍两种。

(1) 设置 X、Y 两个减法计数器,加工开始前,在 X、Y 计数器中分别存入终点坐标绝对值($|x_e|, |y_e|$),在 X 坐标(或 Y 坐标)进给一步时,就在 X 计数器(或 Y 计数器)中减去 1,直到这两个计数器中的数都减到零时,便到达终点。

(2) 将被插补直线在两个坐标轴方向上应走的总步数求出,即从起点到达终点的总步数 $\Sigma = |x_e| + |y_e|$;X、Y 坐标每进一步,Σ 减去 1,直到 Σ 为零时,到达终点。

【实例 1-1】 加工第一象限直线 OE,终点坐标为 $x_e = 4$,$y_e = 3$,用逐点比较法对该直线进行插补,并画出刀补轨迹。

解:总步数 $\Sigma = 4 + 3 = 7$。

开始时刀具在直线起点,即在直线上,故 $F_0 = 0$,插补运算过程如表 1-1 所示,插补轨迹如图 1-39 所示。

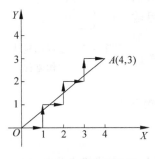

图 1-39 直线插补轨迹

表 1-1　直线插补的运算过程

序号	偏差进给	进给	偏差计算	终点判别
1	$F_0=0$	$+\Delta X$	$F_1=F_0-y_e=0-3=-3$	$\Sigma_1=\Sigma_0-1=7-1=6$
2	$F_1=-3<0$	$+\Delta Y$	$F_2=F_1+x_e=-3+4=1$	$\Sigma_2=\Sigma_1-1=6-1=5$
3	$F_2=1>0$	$+\Delta X$	$F_3=F_2-y_e=1-3=-2$	$\Sigma_3=\Sigma_2-1=5-1=4$
4	$F_3=-2<0$	$+\Delta Y$	$F_4=F_3+x_e=-2+4=2$	$\Sigma_4=\Sigma_3-1=4-1=3$
5	$F_4=2>0$	$+\Delta X$	$F_5=F_4-y_e=2-3=-1$	$\Sigma_5=\Sigma_4-1=3-1=2$
6	$F_5=-1<0$	$+\Delta Y$	$F_6=F_5+x_e=-1+4=3$	$\Sigma_6=\Sigma_5-1=2-1=1$
7	$F_6=3>0$	$+\Delta X$	$F_7=F_6-y_e=3-3=0$	$\Sigma_7=\Sigma_6-1=1-1=0$

以上讨论的为第一象限的直线插补计算方法，其他 3 个象限的直线插补计算法可以用相同的原理获得，表 1-2 列出了 4 个象限的直线插补时的偏差计算公式和进给脉冲方向，计算时，公式中 x_e、y_e 均用绝对值。

表 1-2　4 个象限的直线插补计算

线型	$F_m \geqslant 0$ 时，进给方向	$F_m < 0$ 时，进给方向	偏差计算公式
L_1	$+\Delta X$	$+\Delta Y$	$F_m \geqslant 0$： $F_{m+1}=F_m-\|y_e\|$ $F_m<0$： $F_{m+1}=F_m+\|x_e\|$
L_2	$-\Delta X$	$+\Delta Y$	
L_3	$-\Delta X$	$-\Delta Y$	
L_4	$+\Delta X$	$-\Delta Y$	

逐点比较法直线插补可用硬件实现，也可以用软件实现。用硬件实现时，采用两个坐标寄存器、偏差寄存器、加法器、终点判别器等组成逻辑电路，以完成直线插补。软件插补灵活可靠，但速度较硬件慢。

2. 逐点比较法圆弧插补

1）逐点比较法圆弧插补原理

下面以第一象限逆圆为例讨论逐点比较法圆弧插补过程。如图 1-40 所示，设需要加工圆弧 AB，圆弧的圆心在坐标系原点，已知圆弧的起点为 $A(x_0,y_0)$，终点为 $B(x_e,y_e)$，圆弧半径为 R。设瞬时加工点为 $M(x_m,y_m)$，它与圆心的距离为 R_m。

（1）若 M 点在圆上，则 $R_m=R$，即 $x_m^2+y_m^2=R^2$。

（2）若 M 点在圆内，则 $R_m<R$，即 $x_m^2+y_m^2<R^2$。

（3）若 M 点在圆外，则 $R_m>R$，即 $x_m^2+y_m^2>R^2$。

因此，可得圆弧偏差判别式为

$$F_m=R_m^2-R^2=x_m^2+y_m^2-R^2$$

设加工点正处于 $M(x_m,y_m)$ 点，若 $F_m \geqslant 0$，对于第一象限的逆圆，为了逼近圆弧，应沿 $-X$ 方向进给一步，到 $m+1$ 点，其坐标值为 $x_{m+1}=x_m-1$，$y_{m+1}=y_m$。新加工点的偏差为

$$F_{m+1}=x_{m+1}^2+y_{m+1}^2-R^2=F_m-2x_m+1$$

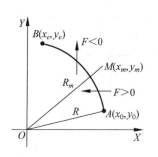

图 1-40　逐点比较法圆弧插补

若 $F_m<0$，为了逼近圆弧，应沿 $+Y$ 方向进给一步到 $m+1$ 点，其坐标值为 $x_{m+1}=x_m$，$y_{m+1}=y_m+1$，新加工点的偏差为

$$F_{m+1}=x_{m+1}^2+y_{m+1}^2-R^2=F_m+2y_m+1$$

因为加工是从圆弧的起点开始，起点的偏差 $F_0=0$，所以新加工点的偏差总可以根据前一点的数据计算出来。

2）终点判别

圆弧插补的终点判断方法和直线插补相同。可将起点到达终点 X、Y 轴所走步数的总和 Σ 存入一个计数器，每走一步，从 Σ 中减去 1，当 $\Sigma=0$ 时便发出终点到达信号。也可以选择一个坐标的走步数作为终点判断，注意此时只能选择终点坐标中坐标值小的那一个坐标。

【实例 1-2】 加工第一象限逆时针走向的圆弧 AE，起点 $A(6,0)$，终点 $E(0,6)$，用逐点比较法进行插补运算，并画出插补轨迹。

解：终点判别值为总步长

$$\Sigma_0=|6-0|+|0-6|=12$$

开始时刀具在起点 A，即在圆弧上，$F_0=0$。插补运算过程如表 1-3 所示，插补轨迹如图 1-41 所示。

表 1-3 圆弧插补运算过程

序号	偏差判别	进给	偏差计算	坐标计算	终点判别
1	$F_0=0$	$-\Delta X$	$F_1=F_0-2X_0+1$ $=0-2\times 6+1=-11$	$X_1=6-1=5$ $Y_1=0$	$\Sigma_1=\Sigma_0-1$ $=12-1=11$
2	$F_1=-11<0$	$+\Delta Y$	$F_2=F_1+2Y_1+1$ $=-11+2\times 0+1=-10$	$X_2=5$ $Y_2=0+1=1$	$\Sigma_2=\Sigma_1-1$ $=11-1=10$
3	$F_2=-10<0$	$+\Delta Y$	$F_3=F_2+2Y_2+1$ $=-10+2\times 1+1=-7$	$X_3=5$ $Y_3=1+1=2$	$\Sigma_3=\Sigma_2-1$ $=10-1=9$
4	$F_3=-7<0$	$+\Delta Y$	$F_4=F_3+2Y_3+1$ $=-7+2\times 2+1=-2$	$X_4=5$ $Y_4=2+1=3$	$\Sigma_4=\Sigma_3-1$ $=9-1=8$
5	$F_4=-2<0$	$+\Delta Y$	$F_5=F_4+2Y_4+1$ $=-2+2\times 3+1=5$	$X_5=5$ $Y_5=3+1=4$	$\Sigma_5=\Sigma_4-1$ $=8-1=7$
6	$F_5=5>0$	$-\Delta X$	$F_6=F_5-2X_5+1$ $=5-2\times 5+1=-4$	$X_6=5-1=4$ $Y_6=4$	$\Sigma_6=\Sigma_5-1$ $=7-1=6$
7	$F_6=-4<0$	$+\Delta Y$	$F_7=F_6+2Y_6+1$ $=-4+2\times 4+1=5$	$X_7=4$ $Y_7=4+1=5$	$\Sigma_7=\Sigma_6-1$ $=6-1=5$
8	$F_7=5>0$	$-\Delta X$	$F_8=F_7-2X_7+1$ $=5-2\times 4+1=-2$	$X_8=4-1=3$ $Y_8=5$	$\Sigma_8=\Sigma_7-1$ $=5-1=4$
9	$F_8=-2<0$	$+\Delta Y$	$F_9=F_8+2Y_8+1$ $=-2+2\times 5+1=9$	$X_9=3$ $Y_9=5+1=6$	$\Sigma_9=\Sigma_8-1$ $=4-1=3$
10	$F_9=9>0$	$-\Delta X$	$F_{10}=F_9-2X_9+1$ $=9-2\times 3+1=4$	$X_{10}=3-1=2$ $Y_{10}=6$	$\Sigma_{10}=\Sigma_9-1$ $=3-1=2$
11	$F_{10}=4>0$	$-\Delta X$	$F_{11}=F_{10}-2X_{10}+1$ $=4-2\times 2+1=1$	$X_{12}=2-1=1$ $Y_{11}=6$	$\Sigma_{11}=\Sigma_{10}-1$ $=2-1=1$
12	$F_{11}=1>0$	$-\Delta X$	$F_{12}=F_{11}-2X_{11}+1$ $=1-2\times 1+1=0$	$X_{12}=1-1=0$ $Y_{12}=6$	$\Sigma_{12}=\Sigma_{11}-1$ $=0$，到终点

3）插补计算过程

圆弧插补计算过程和直线插补计算过程相同，但是偏差计算公式不同。

4）4个象限圆弧插补计算公式

圆弧所在象限不同，顺逆不同，则插补计算公式和进给方向也不同。归纳起来共有8种情况，这8种情况的进给脉冲方向和偏差计算公式如表1-4所示。

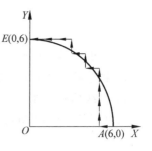

图1-41 圆弧插补轨迹

表1-4 4个象限的圆弧插补计算

进给脉冲分配方向	线型	$F_m \geq 0$ 时，进给方向	$F_m < 0$ 时，进给方向	偏差计算公式
顺圆	SR1	$-\Delta Y$	$+\Delta X$	$F_m \geq 0$： $F_{m+1} = F_m - 2y_m + 1$ $y_{m+1} = y_m - 1$ $F_m < 0$： $F_{m+1} = F_m + 2x_m + 1$ $x_{m+1} = x_m + 1$
	SR3	$+\Delta Y$	$-\Delta X$	
	NR2	$-\Delta Y$	$-\Delta X$	
	NR4	$+\Delta Y$	$+\Delta X$	
逆圆	SR2	$+\Delta X$	$+\Delta Y$	$F_m \geq 0$： $F_{m+1} = F_m - 2x_m + 1$ $x_{m+1} = x_m - 1$ $F_m < 0$： $F_{m+1} = F_m + 2y_m + 1$ $y_{m+1} = y_m + 1$
	SR4	$-\Delta X$	$-\Delta Y$	
	NR1	$-\Delta X$	$+\Delta Y$	
	NR3	$+\Delta X$	$-\Delta Y$	

说明：表中 x_m、y_m、x_{m+1}、y_{m+1} 都是动点坐标的绝对值。

1.3.3 数字积分插补原理

数字积分法又称数字微分分析法（Digital Differential Analyzer，DDA）。这种插补方法可以实现一次、二次甚至高次曲线的插补，也可以实现多坐标联动控制。只要输入不多的几个数据，就能加工出圆弧等形状较为复杂的轮廓曲线。做直线插补时，脉冲分配也较均匀。

数字积分法插补的基本原理是利用对速度分量进行数字积分的方法来确定刀具的位移，使刀具沿规定的轨迹运动。从几何概念来看，函数 $y = f(t)$ 的积分运算就是此函数曲线与坐标轴所包围的曲边梯形的面积。如图1-42所示，若区间足够小，则积分运算可用小矩形的累加来近似。即面积

$$y = \int_0^t y \, dt = \sum_{i=0}^n y_i \Delta t$$

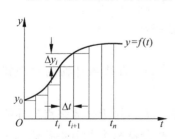

图1-42 函数 $y = f(t)$ 的积分

若其 Δt 为最小基本单位1，即最小位移量（看成一个脉冲当量），则上式可简化为

$$s = \sum_{i=0}^{n} y_i$$

由此可见,当 Δt 足够小时,函数的积分运算可转化为求和运算,即累加运算。

1. 数字积分法的直线插补

1) 直线插补原理

设加工的轨迹为 XOY 平面内第一象限中的一条直线 OE,起点为坐标原点 $O(0,0)$,终点为 $R(x_e, Y_e)$,如图 1-43 所示。假定进给速度不变,则 X 轴和 Y 轴方向的分速度值分别是

$$\frac{v_x}{v_y} = \frac{x_e}{y_e}$$

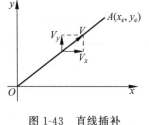

图 1-43 直线插补

故

$$\frac{v_x}{x_e} = \frac{v_y}{y_e} = k$$

从而有

$$v_x = kx_e, \quad v_y = ky_e$$

因此,坐标轴的位移为

$$\Delta x = v_x \Delta t = kx_e \Delta t$$
$$\Delta y = v_y \Delta t = ky_e \Delta t$$

直线插补的运动积分方程式可以用位移量的累加运算方式表达,各坐标轴的位移量为

$$X = \sum_{i=1}^{n} \Delta x_i = \sum_{i=1}^{n} kx_e \Delta t = kx_e \sum_{i=1}^{n} \Delta t$$
$$Y = \sum_{i=1}^{n} \Delta y_i = \sum_{i=1}^{n} ky_e \Delta t = ky_e \sum_{i=1}^{n} \Delta t$$

由于积分是从坐标原点开始的,则坐标位移量实际上就是动点坐标。若取 $\Delta t = 1$,经 n 次累加(迭代)后,应有

$$x = kx_e n = x_e, \quad y = ky_e n = y_e$$

由此得 $kn = 1$,即 $n = 1/k$。

为保证插补精度,要求 X 轴和 Y 轴方向上每次增量不大于 1,即

$$\Delta x = kx_e < 1, \quad \Delta y = ky_e < 1$$

若取寄存器位数 N 位,x_e 和 y_e 的最大寄存器容量为 $2^N - 1$,可取 $n = 1/k = 2^N$,即可保证

$$\Delta x = kx_e = \frac{1}{2^N}(2^N - 1) < 1, \quad \Delta y = ky_e = \frac{1}{2^N}(2^N - 1) < 1$$

从而满足精度要求。经过 $n = 2^N$ 次迭代后,X 轴和 Y 轴同时到达终点。

2) 数字积分法的硬件实现

根据数字积分法直线插补原理,可做成 DDA 直线插补器,DDA 直线插补器的原理如图 1-44 所示。

插补器由两个数字积分器组成,它有两个被积函数寄存器 J_{vx}、J_{vy},用于存放终点坐标值 x_e、y_e,两个余数寄存器 J_{rx}、J_{ry}。每发一个积分指令脉冲,使 X 积分器和 Y 积分器各迭代一次。若余数寄存器(又称累加器)的容量作为一个单位面积值,则在迭代过程中当累加器的累

加值超过寄存器容量 2^N 时,便溢出一个脉冲,此脉冲即为一个单位面积值。迭代 2^N 后,每个坐标的溢出脉冲等于被积函数,总的溢出脉冲数即为所求面积积分的近似值。

DDA 直线插补的终点判别比较简单,终点判别值就是 2^N,可由一个容量与积分器中的寄存器容量相同的终点减法计数器 J_Σ 完成。其初始值为 2^N,每迭代一次,终点计数器减 1,当迭代 2^N 后计数器 J_Σ 为 0,则直线插补结束。

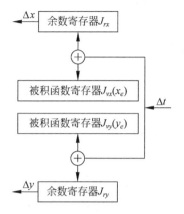

图 1-44　DDA 直线插补工作原理

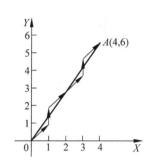

图 1-45　DDA 直线插补轨迹

【实例 1-3】 加工第一象限直线 OA,直线的起点为坐标原点 $O(0,0)$,终点坐标为 $A(4,6)$,设寄存器的位数是 3 位。用数字积分法实现直线插补,并画出插补轨迹。

解：寄存器容量为 $2^3=8$,故满 8 就溢出。若积分器计算结果大于等于 8,则产生溢出。直线插补的计算过程见表 1-5,其插补轨迹如图 1-45 所示。

表 1-5　DDA 直线插补运算过程

累加器数 n	X 积分器		Y 积分器		终点计数器 J_Σ
	$J_{rx}+J_{vx}$	溢出 Δx	$J_{ry}+J_{vy}$	溢出 Δy	
0	0	0	0	0	10
1	0+4=4	0	0+6=6	0	9
2	4+4=8	1	6+6=8+4	1	8
3	0+4=4	0	4+6=8+2	1	7
4	4+4=8	1	2+6=8+0	1	6
5	0+4=4	0	0+6=6	0	5
6	4+4=8	1	6+6=8+4	1	4
7	0+4=4	0	4+6=8+2	1	3
8	4+4=8	1	2+6=8+0	1	2
9	0+4=4	0	0+6=6	0	1
10	4+4=8	1	6+6=8+4	1	0

以上讨论了用数字积分法实现第一象限直线插补,对其他象限的直线,可根据相同原理得到插补计算方法。

2. 数字积分法圆弧插补

以第一象限逆圆为例,说明 DDA 圆弧插补原理。设圆弧 AE 半径为 R,圆心在坐标系原点,起点为 $A(x_0,y_0)$,终点为 $E(x_e,y_e)$。设 $P(x_i,y_i)$ 是圆弧上的瞬时加工点,如图 1-46 所

示。圆弧任一动点坐标方程为

$$v_x = R\cos\alpha$$
$$y_i = R\sin\alpha$$

将 P 点的速度分解为水平速度 v_x 和垂直速度 v_y，则有

$$v_x = -v\sin\alpha = -v\left(\frac{y_i}{R}\right) = -\left(\frac{v}{R}\right)y_i = -ky_i$$

$$v_y = -v\cos\alpha = v\left(\frac{x_i}{R}\right) = \left(\frac{v}{R}\right)x_i = kx_i$$

P 点瞬时增量值参数方程为

$$\Delta x = v_x \Delta t = -ky_i \Delta t$$
$$\Delta y = v_y \Delta t = kx_i \Delta t$$

与数字积分法直线插补类似，也可以用两个积分器实现圆弧插补。DDA 圆弧插补原理如图 1-47 所示。

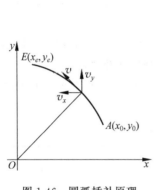

图 1-46 圆弧插补原理

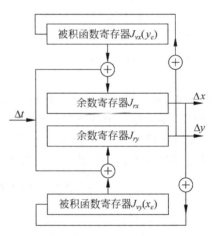

图 1-47 DDA 圆弧插补原理图

圆弧插补积分器与直线插补积分器的主要区别有两点：一是直线插补积分器的被积函数寄存器中的数值是常数，是直线的终点坐标，而圆弧插补时被积函数寄存器中存放的是动点坐标，是一个变量，在插补过程中随着刀具相对工件的位移，坐标值做相应变化；二是在圆弧插补时，X 轴的坐标值存放在 Y 积分器的被积函数器 J_{vy} 中，而 Y 轴的坐标值存放在 X 积分器的被积函数器 J_{vx} 中，与直线插补时存放被积函数的情况相反。

DDA 圆弧插补时，由于 X、Y 方向到达终点的时间不同，需对 X、Y 两个坐标分别进行终点判别。可以利用两个终点计数器 J_{ex} 和 J_{ey} 实现该功能。把 X、Y 坐标所需要输出的脉冲数 $|x_0 - x_e|$、$|y_0 - y_e|$ 分别存入这两个计数器中，当 X 或 Y 积分累加器每输入一个脉冲，相应的减法计数器减 1，当某个坐标的计数器为零，说明该坐标已经到达终点，就停止该坐标的累加运算。当两个计数器均为零时，圆弧插补结束。

【实例 1-4】 设有第一象限逆时针圆弧 SE，起点 $S(4,0)$，终点 $E(0,4)$，寄存器位数为 $N=3$。试用 DDA 法对该圆弧进行插补，并画出插补轨迹。

解：插补开始时，被积函数寄存器初始值分别为 $J_{vx}=0$，$J_{vy}=4$，终点判别器 $J_{\Sigma x}=4$，$J_{\Sigma y}=4$。该圆弧插补运算过程见表 1-6，插补轨迹如图 1-48 所示。

表 1-6 DDA 直线插补运算过程

累加器数 n	X 积分器				Y 积分器			
	J_{vx}	$J_{rx}+J_{vx}$	溢出 Δx	$J_{\Sigma x}$	J_{vy}	$J_{ry}+J_{vy}$	溢出 Δy	$J_{\Sigma y}$
0	0	0	0	4	4	4	0	4
1	0+0=0	0+0=0	0	4−0=4	4+0=4	0+4=4	0	4−0=4
2	0+0=0	0+0=0	0	4−0=4	4+0=4	4+4=8+0	+1	4−1=3
3	0+1=1	0+1=1	0	4−0=4	4+0=4	0+4=4	0	3−0=3
4	1+0=1	1+1=2	0	4−0=4	4+0=4	4+4=8+0	+1	3−1=2
5	1+1=2	2+2=4	0	4−0=4	4+0=4	0+4=4	0	2−0=2
6	2+0=2	4+2=6	0	4−0=4	4+0=4	4+4=8+0	+1	2−1=1
7	2+1=3	6+3=8+1	−1	4−1=3	4+0=4	0+4=4	0	1−0=1
8	3+0=3	1+3=4	0	3−0=3	4−1=3	4+3=7	0	1−0=1
9	3+0=3	4+3=7	0	3−0=3	3+0=3	7+3=8+2	+1	1−1=0
10	3+1=4	7+4=8+3	−1	3−1=2	3+0=3	停止		
11	4+0=4	3+4=7	0	2−0=2	3−1=2			
12	4+0=4	7+4=8+3	−1	2−1=1	2+0=2			
13	4+0=4	3+4=7	0	1−0=1	2−1=1			
14	4+0=4	7+4=8+3	−1	1−1=0	1+0=1			
15	4+0=4	停止	0	0−0=0	1−1=0			

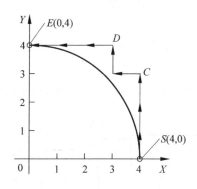

图 1-48 圆弧插补原理

【思考与练习】

(1) 用逐点比较法插补直线 OA，其起点坐标为 $O(0,0)$，终点坐标为 $A(5,6)$，试写出其插补运算过程并绘出其插补轨迹（题中单位为脉冲当量）。

(2) 用逐点比较法插补顺时针圆弧 AB，其起点坐标为 $A(0,5)$，终点坐标为 $B(5,0)$，试写出其插补运算过程并绘出其插补轨迹（题中单位为脉冲当量）。

(3) 用数字积分法插补直线 OA，已知起点为 $O(0,0)$，终点为 $A(6,4)$，写出插补运算过程并绘出其插补轨迹（题中单位为脉冲当量）。

(4) 用数字积分法插补逆时针圆弧 AB，其起点坐标为 $A(5,0)$，终点坐标为 $B(0,5)$，试写出其插补运算过程并绘出其插补轨迹（题中单位为脉冲当量）。

项目 2 数控车削编程及仿真加工

2.1 任务 1 认识数控车加工

【学习目标】

(1) 认识数控车床。
(2) 认识仿真软件,学习工件安装、刀具选择、程序输入和对刀等基本操作。
(3) 学习数控车床常用 F、S、T 和 M 代码。
(4) 初识 G00 和 G01 代码。
(5) 具有根据给定程序进行零件仿真加工的初步能力。

【任务描述】

图 2-1 所示为零件材料 45 钢,毛坯为 ϕ40mm 长棒料,完成该零件的编程与仿真加工。

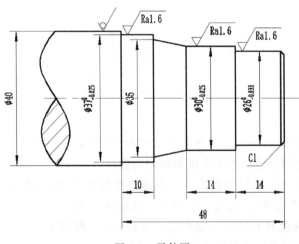

图 2-1 零件图

【相关知识】

1. 数控车仿真加工

以上海宇龙仿真软件 V4.9 为例。

1) 启动软件

(1) 启动加密锁管理程序。

依次选择"开始"→"程序"→"数控加工仿真系统"→"加密锁管理程序"命令,加密锁程序启动后,屏幕右下方的工具栏中将出现 图标。

(2) 运行数控加工仿真系统。

依次选择"开始"→"程序"→"数控加工仿真系统"→"数控加工仿真系统"命令,系统将弹出如图 2-2 所示的用户登录界面。

图 2-2 用户登录界面

2) 选择机床与数控系统

打开菜单"机床"→"选择机床"命令,在如图 2-3 所示的"选择机床"对话框中选择"控制系统"类型和相应的机床并单击"确定"按钮。"数控车床"面板由"数控系统"面板和"数控车床"面板组成,右上角为"数控系统"面板,右下方为"数控车床"面板,如图 2-4 所示。"加工中心"面板主要按键功能如表 2-1 所示。

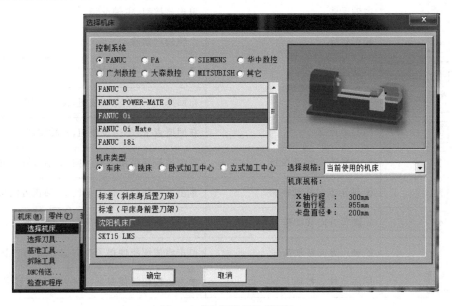

图 2-3 "选择机床"对话框

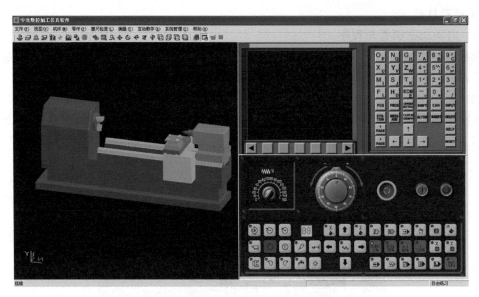

图 2-4 进入系统界面

表 2-1 加工中心操作面板主要按键功能

按 钮	名 称	功 能 说 明
	主轴减速	控制主轴减速
	主轴加速	控制主轴加速
	主轴停止	主轴停住
	主轴手动允许	单击该按钮可实现手动控制主轴
	主轴正转	单击该按钮,主轴正转
	主轴反转	单击该按钮,主轴反转
	超程解除	系统超程解除
	手动换刀	单击该按钮将手动换刀
	回参考点 X	在回原点下,单击该按钮,X 轴将回零
	回参考点 Z	在回原点下,单击该按钮,Z 轴将回零
	X 轴负方向移动按钮	单击该按钮将使得刀架向 X 轴负方向移动
	X 轴正方向移动按钮	单击该按钮将使得刀架向 X 轴正方向移动
	Z 轴负方向移动按钮	单击该按钮将使得刀架向 Z 轴负方向移动
	Z 轴正方向移动按钮	单击该按钮将使得刀架向 Z 轴正方向移动
	回原点模式按钮	单击该按钮将使得系统进入回原点模式

续表

按　钮	名　　称	功　能　说　明
	手轮 X 轴选择按钮	在手轮模式下选择 X 轴
	手轮 Z 轴选择按钮	在手轮模式下选择 Z 轴
	快速	在手动连续情况下使得刀架移动处于快速方式下
	自动模式	单击该按钮使得系统处于运行模式
	JOG 模式	单击该按钮使得系统处于手动模式,手动连续移动机床
	编辑模式	单击该按钮使得系统处于编辑模式,用于直接通过操作面板输入数控程序和编辑程序
	MDI 模式	单击该按钮使得系统处于 MDI 模式,手动输入并执行指令
	手轮模式	单击该按钮使得主轴处于手轮控制状态下
	循环保持	单击该按钮使得主轴进入保持状态
	循环启动	单击该按钮使得系统进入循环启动状态
	机床锁定	单击该按钮将锁定机床
	空运行	单击该按钮将使得机床处于空运行状态
	跳段	此按钮被按下后,数控程序中的注释符号"/"有效
	单段	此按钮被按下后,运行程序时每次执行一条数控指令
	进给选择旋钮	将光标移至此旋钮上后,通过单击鼠标的左键或右键来调节进给倍率
	手轮进给倍率	调节手轮操作时的进给速度倍率
	急停按钮	按下急停按钮,使机床移动立即停止,并且所有的输出(如主轴的转动等)都会关闭
	手轮	沿"-"方向旋转(逆时针)表示沿轴负方向进给,沿"+"方向旋转(顺时针)表示沿轴正方向进给
	电源开	控制面板电源开按钮
	电源关	控制面板电源关按钮

3）激活机床

单击"电源开"按钮 ⊙，检查"急停按钮"是否松开至 ⊙ 状态，若未松开，单击"急停按钮" ⊙，将其松开。

4）回零

检查操作面板上 X 轴回原点指示灯和 Z 轴回原点指示灯是否亮，若指示灯亮，则已进入回原点模式；若指示灯不亮，则单击"回原点模式"按钮 ⊙，转入回原点模式。

在回原点模式下，先将 X 轴回原点，单击操作面板上的"回参考点 X"按钮 ⊙，此时 X 轴将回原点，X 轴回参考点灯变亮 ⊙，CRT 上的 X 坐标变为 600.00。同样，再单击"回参考点 Z"按钮 ⊙，Z 轴将回原点，Z 轴回原点灯变亮 ⊙，此时 CRT 界面如图 2-5 所示。

5）设置并安装工件

打开菜单"零件"→"定义毛坯"或在工具条上选择 ⊙ 图标，系统打开如图 2-6 所示的对话框。

图 2-5　回零坐标

图 2-6　"定义毛坯"对话框

车床仅提供圆柱形毛坯。

选择毛坯材料：毛坯材料列表框中提供了多种供加工的毛坯材料，可根据需要在"材料"下拉列表中选择毛坯材料。

参数输入：尺寸输入框用于输入尺寸，单位为 mm。

保存退出。

打开菜单"零件"→"放置零件"命令或者在工具条上选择 ⊙ 图标，系统弹出"选择零件"对话框，如图 2-7 所示。

在列表中单击所需的零件，选中的零件信息加亮显示，单击"安装零件"按钮，系统自动关闭对话框，零件和夹具（如果已经选择了夹具）将被放到机床上。零件可以在工作台面上移动。毛坯放上工作台后，系统将自动弹出一个小键盘，通过按动小键盘上的方向按钮，实现零件的平移和旋转或车床零件调头。小键盘上的"退出"按钮用于关闭小键盘。选择菜单"零件"→"移动零件"命令，如图 2-8 所示，也可以打开小键盘。请在执行其他操作前关闭小键盘。

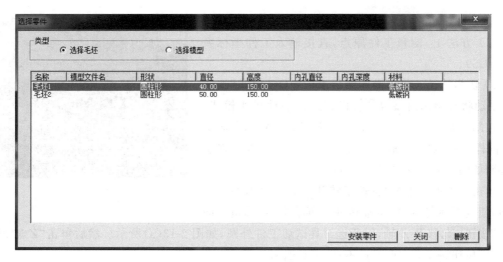

图 2-7 "选择零件"对话框

6）选择并安装刀具

打开菜单"机床"→"选择刀具"命令或者在工具条中选择 图标，系统弹出"刀具选择"对话框。FANUC 0i 数控车床允许同时安装 4 把刀具（前置刀架），对话框如图 2-9 所示。

7）输入程序

单击 MDI 键盘上的按钮 进入程序管理界面，单击 [PROGAM] 显示当前程序（见图 2-10），单击 LIB 显示程序列表（见图 2-11）。PROGRAM 一行显示当前程序号 O0001、行号 N0001。

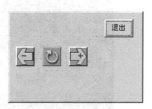

图 2-8 零件/移动零件

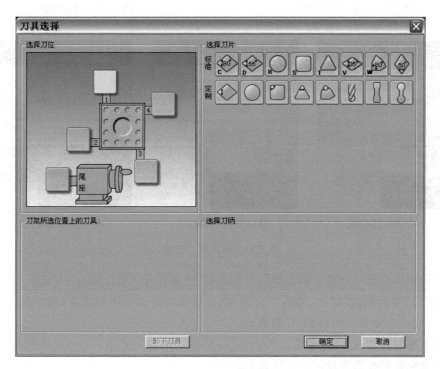

图 2-9 "刀具选择"对话框

8) 建立工件坐标系(试切法对刀)

(1) 方法1：测量工件原点，直接输入工件坐标系 G54~G59。

① 切削外径。单击操作面板上的"JOG 模式"按钮，手动状态指示灯变亮，机床进入手动操作模式，单击控制面板上的或按钮，使机床在 X 轴方向移动；同样使机床在 Z 轴方向移动。通过手动方式将机床移到如图 2-12 所示的大致位置。

单击操作面板上的"主轴正转"或"主轴反转"按钮，使其指示灯变亮，主轴转动。再单击"Z 轴负方向移动"按钮，移动 Z 轴，用所选刀具试切工件外圆，如图 2-13(a) 所示。然后单击"Z 轴正方向移动"按钮，X 方向保持不动，刀具退出。

图 2-10　显示当前程序

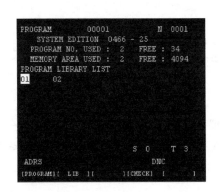

图 2-11　显示程序列表

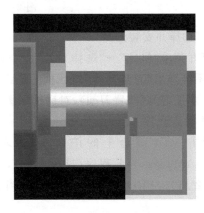

图 2-12　刀具移动

(a) Z 轴负方向切削

(b) Z 轴正方向退刀

(c) 切端面

图 2-13　试切对刀过程

② 测量切削位置的直径。单击操作面板上的"主轴停止"按钮，使主轴停止转动，选择菜单"测量"→"坐标测量"命令，如图 2-14 所示，单击试切外圆时所切线段，选中的线段由红色变为黄色。记下对话框中对应的 X 的值 a。

③ 按下控制箱键盘上的键。

④ 把光标定位在需要设定的坐标系上。

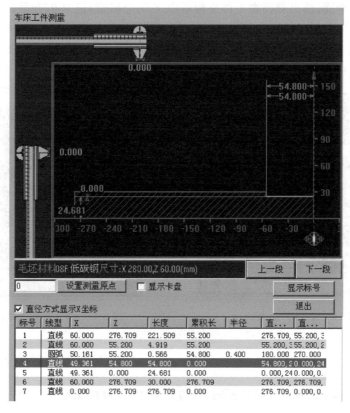

图 2-14 测量工件界面

⑤ 光标移到 X。
⑥ 输入直径值 a。
⑦ 单击菜单软键"测量",通过软键"操作"可以进入这个菜单。
⑧ 切削端面。单击操作面板上的"主轴正转" 或"主轴反转" 按钮,使其指示灯变亮,主轴转动。将刀具移至如图 2-13(b)所示的位置,单击控制面板上的"X 轴负方向移动"按钮,切削工件端面,如图 2-13(c)所示。然后单击"X 轴正方向移动"按钮,Z 方向保持不动,刀具退出。
⑨ 单击操作面板上的 按钮,使主轴停止转动。
⑩ 把光标定位在需要设定的坐标系上,如图 2-15 所示。
⑪ 在 MDI 键盘上按下需要设定的轴 Z 键。
⑫ 输入工件坐标系原点的距离(注意距离有正负号)。
⑬ 按菜单软键"测量",自动计算出坐标值并填入。

(2) 方法 2:测量、输入刀具偏移量。
① 使用这个方法对刀,在程序中直接使用机床坐标系原点作为工件坐标系原点。
② 用所选刀具试切工件外圆,单击 按钮,使主轴停止转动选择菜单"测量"→"坐标测量"命令,得到试切后的工件直径,记为 a。
③ 保持 X 轴方向不动,刀具退出。单击 MDI 键盘上的 键,进入形状补偿参数设定界面,将光标移到相应的位置,输入 X 的值 a,按菜单软键"测量"输入,如图 2-16 所示。

④ 试切工件端面,读出端面在工件坐标系中 Z 的坐标值,记为 β(此处以工件端面中心点为工件坐标系原点,则 β 为 0)。

⑤ 保持 Z 轴方向不动,刀具退出。进入形状补偿参数设定界面,将光标移到相应的位置,输入 Z 的值 β,按软键"测量"输入到指定区域。

图 2-15　G54~G59 界面

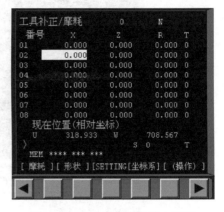

图 2-16　形状补偿参数设定界面

9) 自动加工

(1) 自动/连续方式。

① 自动加工流程。检查机床是否回零,若未回零,先将机床回零。导入数控程序或自行编写一段程序。

单击操作面板上的"自动模式"按钮,使其指示灯变亮。

单击操作面板上的"循环启动"按钮,程序开始执行。

② 中断运行。数控程序在运行过程中可根据需要暂停,急停和重新运行。

数控程序在运行时,单击"循环保持"按钮,程序停止执行;再单击"循环启动"按钮,程序从暂停位置开始执行。

数控程序在运行时,单击"急停"按钮,数控程序中断运行,继续运行时,先将"急停"按钮松开,再单击"循环启动"按钮,余下的数控程序从中断行开始作为一个独立的程序执行。

(2) 自动/单段方式。

检查机床是否机床回零,若未回零,先将机床回零。

再导入数控程序或自行编写一段程序。

单击操作面板上的"自动模式"按钮,使其指示灯变亮。

单击操作面板上的"单段"按钮。

单击操作面板上的"循环启动"按钮,程序开始执行。

注意:自动/单段方式执行每一行程序均需单击一次"循环启动"按钮。单击"跳段"按钮,则程序运行时跳过符号"/"有效,该行成为注释行。

可以通过"进给倍率旋钮"按钮来调节刀架的进给倍率。

单击键可将程序重置。

(3) 检查运行轨迹。

NC 程序导入后,可检查运行轨迹。

单击操作面板上的"自动运行"按钮,使其指示灯变亮,转入自动加工模式,单击 MDI 键盘上的 ![PROG] 按钮,单击数字/字母键,输入 Oxxx(xxx 为所需要检查运行轨迹的数控程序号),单击 ![↓] 按钮开始搜索,找到后,程序显示在 CRT 界面上。单击 ![CUSTOM GRAPH] 按钮,进入检查运行轨迹模式,单击操作面板上的"循环启动"按钮 ![🔘],即可观察数控程序的运行轨迹,此时也可通过"视图"菜单中的动态旋转、动态放缩、动态平移等方式对三维运行轨迹进行全方位的动态观察。

2. 编程基础

1) 程序结构

程序段是可作为一个单位来处理的、连续的字组,是数控加工程序中的一条语句。一个数控加工程序是由若干个程序段组成的。

程序段格式是指程序段中的字、字符和数据的安排形式。现在一般使用字地址可变程序段格式,每个字长不固定,各个程序段中的长度和功能字的个数都是可变的。地址可变程序段格式中,在上一程序段中写明的、本程序段里又不变化的那些字仍然有效,可以不再重写。这种功能字称为续效字。

程序段格式实例如下:

```
N30 G01 X88.1 Y30.2 F500 S3000 T02 M08
N40 X90
```

本程序段省略了续效字 G01,Y30.2,F500,S3000,T02,M08,但它们的功能仍然有效。

在程序段中,必须明确组成程序段的各要素。

移动目标。终点坐标值 X、Y、Z。

沿怎样的轨迹移动。准备功能字 G。

进给速度。进给功能字 F。

切削速度。主轴转速功能字 S。

使用刀具。刀具功能字 T。

机床辅助动作。辅助功能字 M。

加工程序的一般格式如下。

(1) 程序开始符、结束符。程序开始符、结束符是同一个字符,ISO 代码中是%,EIA 代码中是 EP,书写时要单列一段。

(2) 程序名。程序名有两种形式:一种是英文字母 O 和 1~4 位正整数组成;另一种是由英文字母 P 开头,字母数字混合组成的。一般要求单列一段。

(3) 程序主体。程序主体是由若干个程序段组成的,每个程序段一般占一行。

(4) 程序结束指令。程序结束指令可以用 M02 或 M30,一般要求单列一段。

加工程序的一般格式实例如下:

```
%                                    //开始符
O1000                                //程序名
N10 G00 G54 X50 Y30 M03 S3000
N20 G01 X88.1 Y30.2 F500 T02 M08     //程序主体
N30 X90
  ⋮
N300 M30                             //结束符
%
```

2) 代码

(1) 模态代码。表示该代码功能一直保持直到被取消或被同组的另一个代码所代替。

(2) 非模态代码。只在该代码所在的程序段有效。

3) 进给功能(F 功能、F 代码)

F 功能表示加工工件时刀具相对于工件的进给速度,F 的单位取决于 G98 和 G99。

(1) G98 每分钟进给模式。

(2) G99 每转进给模式。

4) 主轴转速功能(S 功能、S 代码)

S 功能用于控制主轴转速。

(1) G50 主轴最高转速限制。

(2) G96 恒线速度控制。

(3) G97 恒线速度取消。

5) 刀具功能(T 功能、T 代码)

指令格式:

T××××;

6) 辅助功能(M 功能、M 代码)

辅助功能控制数控机床辅助装置的接通和断开。

7) 准备功能(G 功能、G 代码)

准备功能用来规定刀具和工件的相对运动轨迹(插补功能)、机床坐标系、刀具补偿等多种操作。

FANUC 车 G 功能代码的分组及准备功能如表 2-2 所示。

表 2-2 FANUC 车 G 功能代码的分组及准备功能

G 功能代码	组	功　能	G 功能代码	组	功　能
*G00	01	快速定位	G65	00	宏指令简单调用
G01		直线插补	G70		精车循环
G02		顺圆插补	G71		外径、内径车削复合循环
G03		逆圆插补	G72		端面车削复合循环
G04	00	暂停	G73	00	闭环车削复合循环
G20	06	英寸输入	G74		端面车削复合循环
*G21		毫米输入	G75		外圆车槽循环
G27	00	参考点返回检查	G76		多头螺纹切削循环
G28		参考点返回	G90	01	外径、内径切削循环
G30		第二参考点返回	G92		螺纹切削循环
G32	01	螺纹切削	G94		端面车削循环
*G40	09	取消半径补偿	G96	02	主轴恒线速控制
G41		刀具半径左补偿	*G97		取消恒线速度切削
G42		刀具半径右补偿	G98	05	每分钟进给
G50	11	坐标系设定	*G99		每转进给

注:(1) 00 组的 G 功能代码为非模态,其他组中的 G 功能代码均为模态。

(2) 标有 * 的 G 功能代码为数控系统通电后的状态。

8) 坐标系

规定数控机床坐标轴及运动方向,是为了准确地描述机床的运动,简化程序的编制方法,并使所编程序有互换性。数控机床的标准坐标系是采用右手直角笛卡儿坐标系。如图 2-17 所示,大拇指的方向为 X 轴的正方向,食指为 Y 轴的正方向,中指为 Z 轴的正方向。A、B、C 分别表示绕 X、Y、Z 的轴线或绕与 X、Y、Z 轴线相平行的轴的回转运动。

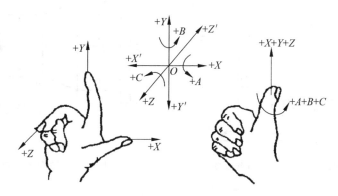

图 2-17 右手直角笛卡儿坐标系

(1) 采用刀具相对工件移动的原则。加工过程中,不论是刀具移动(如数控车床)还是工件移动(如数控铣床),一律假设工件静止不动,而刀具相对工件移动。

(2) 正方向的确定原则。规定刀具远离工件的运动方向为坐标轴的正方向,反之,刀具接近工件的方向为坐标轴负方向。如果把刀具看作静止不动,工件移动,那么在坐标轴的字母上加"′",如 X'、Y'、Y' 等,表示与刀具运动方向相反。旋转坐标轴 A、B、C 的正方向用右手螺旋定则确定。

9) 各坐标轴的规定

确定机床坐标轴时,一般先确定 Z 轴,再确定 X 轴和 Y 轴。

(1) Z 轴。平行于机床主轴(传递切削动力)的轴作为 Z 轴。刀具远离工件的方向为 Z 轴的正方向。

(2) X 轴。X 轴位于水平面内,垂直于 Z 轴并平行于工件装夹面。对于工件旋转的机床,如车床,X 轴在工件的径向并平行于横向拖板,刀具离开工件旋转中心的方向是 X 轴的正方向。

10) 机床原点与机床参考点

(1) 机床坐标系。数控机床安装调试时便设定好固定坐标系,并设有固定的坐标原点,就是机床原点(机械原点),这个原点是机床固有的点,是数控机床进行加工运动的基准参考点,由生产厂家确定,不能随意改变。对于数控车床而言,如图 2-18 所示,机床原点取在卡盘右端面与旋转中心线的交点之处。

(2) 机床参考点。用于对机床运动进行检测和控制的固定位置点,是机床坐标系中一个固定不变的极限点,其固定位置由各轴向的机械挡块和限位开关来确定。数控车床的参考点在车刀退离主轴端面和旋转中心线最远的某一固定点,如图 2-18 所示。

11) 编程坐标系

编程人员根据零件图样及加工工艺等建立的坐标系称为编程坐标系。工件原点(编程原点)是根据加工零件图样及加工工艺要求选定的编程坐标系的原点。对一般零件,工件坐标系即为编程坐标系,工件原点即编程原点。编程原点应尽量选择在零件的设计基准或工艺基准上,编程坐标系中各轴的方向应该与所使用的数控机床相应的坐标轴方向一致,编程坐标系一般供编程使用,确定编程坐标系时不必考虑工件毛坯在机床上的实际装夹位置。如图 2-19 所示为数控车床编程原点在主轴中心线与端面交点处。

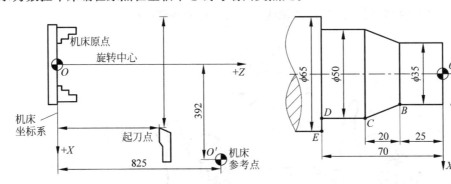

图 2-18　数控车床机床原点和参考点　　　　图 2-19　数控车床编程原点

12) 编程方法

(1) 公制与英制编程。一般数控系统都支持公制和英制编程。

(2) 绝对坐标方式与增量坐标方式。绝对坐标为系统默认,增量坐标必须通过代码设定。

(3) 直径与半径编程。直径方式编程用直径尺寸对 X 轴方向的坐标数据表示。

(4) 手工与自动编程。手工编程完全依赖手写编写程序,基点计算为简单的直线与直线,直线与圆弧和圆弧与圆弧,程序段少。自动编程:首先根据零件图,利用 CAD 软件绘制出二维或三维零件图,然后利用 CAM 软件生成数控加工轨迹,最后生成数控加工程序。

13) 刀位点和换刀点

刀位点是表示刀具特征的点,是指刀具的定位基准点,每把刀的刀位点在整个加工中只能有一个位置。图 2-20 所示为各种车刀的刀位点。

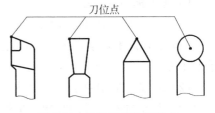

图 2-20　各种车刀的刀位点

14) 数控车床的编程特点

(1) 程序名用字母 O 加四位数字,在一个程序段中,根据图样上标注的尺寸,可以采用绝对坐标编程 (X, Z)、增量坐标编程 (U, W) 或两者混合编程。

(2) 由于被加工零件的径向尺寸在图样上和在测量时都以直径值表示,所以直径方向用绝对坐标编程时 X 以直径值表示,用增量坐标编程时以径向实际位移量的 2 倍值表示,并附上方向符号。

(3) 由于车削加工常用棒料或锻料作为毛坯,加工余量较大,所以为简化编程,数控装置常具备不同形式的固定循环,可进行多次重复循环切削。

(4) 编程时一般认为车刀的刀尖是一个点,而实际上为了延长刀具寿命和提高工件表面质量,车刀刀尖常磨成一个半径不大的圆弧。因此为提高工件的加工精度,当编制圆头刀程序时需要对刀具半径进行补偿。大多数数控车床都具有刀具半径自动补偿功能(G41,G42),这类数控车床可直接按工件轮廓尺寸编程。对不具有此功能的数控车床,编程时需先计算补偿量。

【任务实施】

1. 程序编程

零件加工程序如表 2-3 所示。

表 2-3 程序

程 序	说 明	程 序	说 明
O1111;	程序号	X30.0;	直线插补切削端面
M03 S700;	主轴正转,转速 700r/min	Z-28.0;	直线插补切削 $\phi 30$ 外圆
T0101;	换 01 号 90°外圆车刀	X35.0 W-10.0;	直线插补切削 $\phi 35$ 圆台
G00 X42.0 Z2.0;	刀具快速移动到目测安全位置	X37.0;	直线插补切削端面
G00 X24.0;	刀具快速定位到精车起点	W-10.0;	直线插补切削 $\phi 37$ 外圆
G01 Z0 F0.1;	直线插补至工件端面,进给量 0.1mm/r	G01 X42.0;	直线插补切削端面
		G00 X200.0 Z100.0;	快速退刀至退刀点
X26.0 W-1.0;	直线插补切削倒角	M05;	主轴停止
Z-14.0;	直线插补切削 $\phi 26$ 外圆	M30;	程序结束

2. 仿真加工

零件仿真加工的工作过程如下。

（1）启动软件。

（2）激活机床。

（3）回零。

（4）设置工件并安装,选择刀具并安装。

（5）对刀,建立工件坐标系。

（6）自行编写或导入数控程序。

（7）单击操作面板上的"自动模式"按钮,自动加工。

仿真结果如图 2-21 所示。

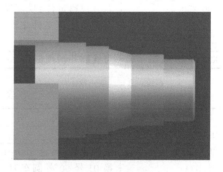

图 2-21 仿真结果

【同步训练】

训练任务：零件如图 2-22 和图 2-23 所示,毛坯 $\phi 40$ 长棒料,材料硬铝合金,编写加工程序,完成仿真加工。

同步训练 1 和同步训练 2 程序分别如表 2-4 和表 2-5 所示。

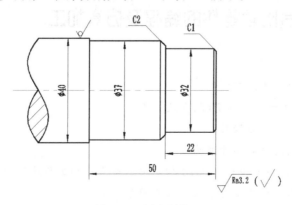

图 2-22 同步训练 1

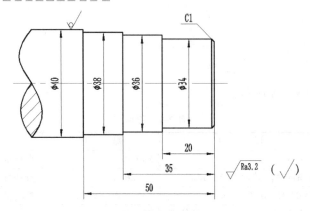

图 2-23 同步训练 2

表 2-4 同步训练 1 程序

程 序	说 明	程 序	说 明
O1111;	程序号	Z-22.0;	直线插补切削 φ32 外圆
M03 S700;	主轴正转,转速 700r/min	X34.0;	直线插补切削端面
T0101;	换 01 号 90°外圆车刀	X38.0 W-2.0;	直线插补切削倒角
G00 X42.0 Z2.0;	刀具快速移动到目测安全位置	Z-50.0;	直线插补切削 φ38 外圆
G00 X30.0;	刀具快速定位到精车起点	G01 X42.0;	直线插补切削端面
G01 Z0 F0.1;	直线插补至工件端面,进给量为 0.1mm/r	G00 X200.0 Z100.0;	快速退刀至退刀点
		M05;	主轴停止
X32.0 Z-1.0;	直线插补切削倒角	M30;	程序结束

表 2-5 同步训练 2 程序

程 序	说 明	程 序	说 明
O1111;	程序号	Z-20.0;	直线插补切削 φ34 外圆
M03 S350;	主轴正转,转速 350r/min	X36.0;	直线插补切削端面
T0101;	换 01 号 90°外圆车刀	Z-35.0;	直线插补切削 φ36 外圆
G00 X42.0 Z2.0;	刀具快速移动到目测安全位置	X38.0;	直线插补切削端面
		Z-50.0;	直线插补切削 φ38 外圆
G00 X32.0;	刀具快速定位到精车起点	G01 X42.0;	直线插补切削端面
G01 Z0 F0.1;	直线插补至工件端面,进给量为 0.1mm/r	G00 X200.0 Z100.0;	快速退刀至退刀点
		M05;	主轴停止
X34.0 W-1.0;	直线插补切削倒角	M30;	程序结束

2.2 任务 2 台阶轴零件的编程及仿真加工

【学习目标】

(1) 熟悉台阶轴的加工工艺。

(2) 掌握 G00/G01 和 G71/G70 指令及应用。

(3) 学习仿真加工中对刀操作。

(4) 具有拟定工艺文件的初步能力。

(5) 具有使用 G00/G01 和 G71/G70 指令编写台阶轴加工程序的能力。

(6) 具有使用仿真软件验证台阶轴程序正确性的能力。

【任务描述】

如图 2-24 所示为台阶轴零件,材料硬铝合金,毛坯为 $\phi45$mm 长棒料,使用 CKA6150 数控车床,单件生产,编写加工程序,运用宇龙软件进行仿真加工。

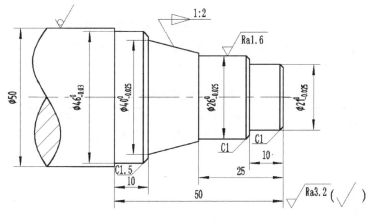

图 2-24 台阶轴零件

【相关知识】

1. 加工工艺

数控加工工艺是伴随着数控机床的产生不断发展和逐步完善起来的一门应用技术,研究的对象是数控设备完成数控加工全过程相关的集成化技术,最直接的研究对象是与数控设备息息相关的数控装置、控制系统、数控程序及编制方法。数控加工工艺源于传统的加工工艺,将传统的加工工艺、计算机数控技术、计算机辅助设计和辅助制造技术有机地结合在一起,它的一个典型特征是将普通加工工艺完全融入数控加工工艺中。数控加工工艺是数控编程的基础,高质量的数控加工程序,源于周密、细致的技术可行性分析、总体工艺规划和数控加工工艺设计。

无论是手工编程还是自动编程,在编程以前都要对所加工的零件进行工艺分析。所谓数控加工工艺,就是采用数控机床加工零件的一种方法。程序编制人员进行工艺分析时,要有机床说明书、编程手册、切削用量表、标准工具、夹具手册等资料,根据被加工工件的材料、轮廓形状、加工精度等选用合适的机床,制订加工方案,确定零件的加工顺序,各工序所用刀具、夹具和切削用量等,以求高效率地加工出合格的零件。

1) 数控加工工艺文件

零件的加工工艺设计完成后,就应该将有关内容填入各种相应的表格(或卡片)中,以便贯彻执行并将其作为编程和生产前技术准备的依据,这些表格(或卡片)被称为工艺文件。数控加工工艺文件除包括机械加工工艺过程卡、机械加工工艺卡、数控加工工序卡三种以外,还包括数控加工刀具卡。

数控加工工序卡是用来编制程序的依据,以及用来指导操作者进行生产的一种工艺文件。其内容包括工序及各工步的加工内容;本工序完成后工件的形状、尺寸和公差;各工步切削参数;本工序所使用的机床、刀具和工艺工装等。数控加工刀具卡主要包括刀具的详细资料,有刀具号、刀具名称及规格、刀辅具等。不同类型的数控机床刀具卡也不完全一样。数控加工刀具卡同数控加工工序卡一样,是用来编制零件加工程序和指导生产的重要工艺文件。

2) 切削用量的选择

切削用量包括背吃刀量 a_p、进给量 F 和主轴转速 n(或切削速度)。

粗加工时,在条件允许的情况下,尽可能选择较大的背吃刀量,减少走刀次数,提高生产率;在保证刀具、机床、工件刚度等前提下,选用尽可能大的进给量。精加工时,通常选较小的背吃刀量,保证加工精度及表面粗糙度;进给量主要受表面粗糙度的限制,当表面粗糙度要求较高时,应选较小的进给量。

主轴转速要根据允许的切削速度来选择,在保证刀具的耐用度及切削负荷不超过机床额定功率的情况下选定切削速度。粗车时,背吃刀量和进给量均较大,故选较低的切削速度;精车时选较高的切削速度。切削用量如表2-6所示。

表2-6 切削用量表

毛坯材料及尺寸	加工内容	背吃刀量 a_p/mm	主轴转速 $n/(\text{r}\cdot\text{mm}^{-1})$	进给量 $F/(\text{mm}\cdot\text{r}^{-1})$	刀具材料
45钢外径 $\phi20\sim\phi60$	粗加工	1~2.5	400~800	0.15~0.3	机夹式硬质合金
	精加工	0.25~0.5	800~1500	0.05~0.1	
	切槽、切断(刀宽3~5mm)		300~500	0.05~0.1	
45钢内径 $\phi13\sim\phi20$	钻中心孔		1200~1500	0.05	高速钢
	钻孔(切屑)		350~500	0.05以下	高速钢

3) 车削加工刀具

数控车床使用的刀具,无论是车刀、镗刀、切断刀还是螺纹加工刀具等均有焊接式和机夹式之分,除经济型数控车床外,目前已广泛地使用机夹式可转位车刀,其结构如图2-25所示。

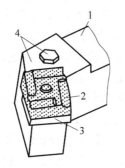

图2-25 机夹式可转位车刀
1—刀杆;2—刀片;
3—刀垫;4—夹紧元件

它由刀杆、刀片、刀垫以及夹紧元件组成。刀片每边都有切削刃,当某切削刃磨损钝化后,只需要松开夹紧元件,将刀片转一个位置便可继续使用。

刀片是机夹可转位车刀的一个最重要组成元件。按照国家标准 GB/T 2076—1987《切削刀具用转位刀片型号表示规则》,大致可分为带圆孔、带沉孔以及无孔三类。形状有三角形、正方形、五边形、六边形、圆形以及菱形等共17种。图2-26所示为几种常见的可转位车刀刀片形状及角度。

刀片形状选择主要依据被加工工件的表面形状、切削方法、刀具寿命和刀片的转位次数等因素来选择。正三角形刀片可用于主偏角为60°或90°的外圆车刀、端面车刀和内孔车刀,其特点是刀尖角小、强度差、耐用度低,只宜用较小的切削用量。正方形刀片的刀尖角为90°,强度和散热性能均有所提高,通用性较好,主要用于主偏角为45°、60°、75°等的外圆车刀、端面车刀和镗孔刀。正五边形刀片的刀尖角为108°,强度和耐用度高、散热面积大,缺点是切削时径向力大,只宜在加工系统刚性较好的情况下使用。菱形刀片和圆形刀片主要用于成形表面和圆弧表面的加工。

在选用刀片形状的同时,也要注意刀尖圆弧半径的大小对刀尖的强度和被加工零件和表面粗糙度的影响。刀尖圆弧半径越大,表示粗糙度值增大,切削力增大且易产生振动,切削性能下降,但刀刃强度增加,刀具前后刀面的磨损减少;相反,如果半径过小,刀尖会变弱,会很快磨损。选择原则为,在背吃刀量较小的粗加工、细长轴加工或机床刚度较差的情况下,选用刀尖圆弧半径较小些的刀;在需要刀刃强度高、零件直径大的粗加工中,选用刀尖圆弧半径较大些的刀。刀尖圆弧半径一般适宜选取为进给量的2~3倍。

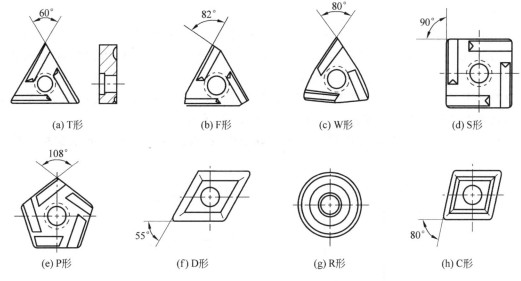

图 2-26 常见可转位车刀刀片的形状及角度

4) 台阶轴的车削方式

相邻两圆柱体直径差较小时可用车刀一次完成车削,如图 2-27(a)所示,加工路线为 A→B→C→D→E。

相邻两圆柱体直径差较大时采用分层切削,如图 2-27(b)所示,粗加工路线为 $A_1→B_1$、$A_2→B_2$、$A_3→B_3$,精加工路线为 A→B→C→D→E。

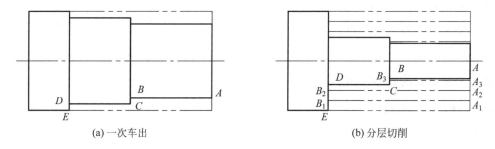

图 2-27 台阶轴的车削方式

5) 圆锥面的车削方式

圆锥尺寸如图 2-28 所示,图 2-28(a)所示为平行方式,走刀路线短,精车余量均匀,计算较复杂。图 2-28(b)所示为集中方式,计算和编程简单,走刀路线长。圆锥面尺寸为:最大直径 D、最小直径 d 和圆锥长度 L。锥度用 C 表示,它等于最大直径和最小直径差值与锥度长度 L 的比值,即 $C=\dfrac{D-d}{L}$。例如,圆锥最大直径 $D=40\mathrm{mm}$,圆锥长度 $L=20\mathrm{mm}$,锥度 $C=0.5$,则圆锥最小直径

$$d = D - L \times C = 40 - 20 \times 0.5 = 30 \text{(mm)}$$

2. 编程基础

1) 快速定位指令 G00。

格式:

```
G00 X(U)__Z(W)__;
```

说明：

(1) G00 指令使刀具从当前点快速移动到程序段中指定的位置，G00 可以简写成 G0。

(2) X(U)、Z(W) 为目标点坐标，(X,Z) 绝对坐标和增量坐标 (U,W) 可以混编，不运动的坐标可以省略，X、U 的坐标值均为直径量。

(3) 程序中只有一个坐标值 X 或 Z 时，刀具将沿该坐标方向移动；有两个坐标值 X 和 Z 时，刀具将先以 1∶1 步数两坐标联动，然后单坐标移动，直到终点。

(4) G00 快速移动进度可在数控系统参数中设定，通过操作面板上的速度移动按钮修正。

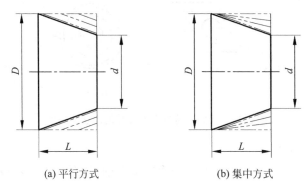

(a) 平行方式　　　　(b) 集中方式

图 2-28　圆锥的车削方式

【实例 2-1】　如图 2-29 所示，刀尖从 A 点快进到 B 点，分别用绝对坐标、增量坐标和混合坐标方式写出该程序段（直径编程）。

绝对坐标方式的程序段如下：

G00 X40.0 Z2.0;

增量坐标方式的程序段如下：

G00 U-60.0 W-50.0;

混合坐标方式的程序段如下：

G00 X40.0 W-50.0;

或

G00 U-60.0 Z-5.0;

2) 直线插补指令 G01

格式：

G01 X(U)__Z(W)__F__;

说明：

(1) G01 指令使刀具以 F 指定的进给速度沿直线移动到目标点，一般将其作为切削加工运动指令，既可以单坐标移动，又可以两坐标同时插补运动。X(U)、Z(W) 为目标点坐标。

(2) F 为进给量，在 G98 指令下，F 为每分钟进给 (mm/min)；在 G99（默认状态）指令下，F 为每转进给 (mm/r)。

(3) 程序中只有一个坐标值 X 或 Z 时，刀具将沿该坐标方向移动；有两个坐标值 X 和 Z

时,刀具将按所给的终点进行直线插补运动。

【实例 2-2】 如图 2-29 所示,刀具从 B 点以 $F0.1(F=0.1\text{mm/r})$ 进给到 D 点的加工程序如下:

　　G01　X40.0　Z0　F0.1;

或

　　G01　U0　W-58.0　F0.1;

如图 2-30 所示,刀具沿 $P_0 \rightarrow P_1 \rightarrow P_2 \rightarrow P_3 \rightarrow P_0$ 运动(图中虚线部分为 G00 方式;实线部分为 G01 方式),加工程序如下。

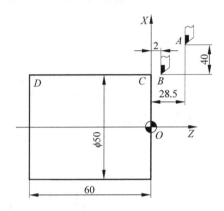
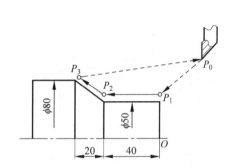

图 2-29　快速定位实例图　　　　图 2-30　直线插补应用实例

绝对坐标方式的加工程序:

```
N030 G00 X50.0 Z2.0;         //P₀→P₁
N040 G01 Z-40.0 F0.1;        //P₀→P₁
N050 X80.0 Z-60.0;           //P₁→P₃
N060 G00 X200.0 Z100.0;      //P₃→P₀
```

增量坐标方式的加工程序:

```
N030 G00 U50.0 W-98;         //P₀→P₁
N040 G01 W-42 F0.1;          //P₀→P₁
N050 U30.0 W-20.0;           //P₁→P₃
N060 G00 U120.0 W160.0;      //P₃→P₀
```

3) G01 倒直角和倒圆角功能

(1) 功能。在相邻轨迹线之间自动插补倒直角或倒圆角,如图 2-31 所示。注意数控车床一般具有此功能,部分仿真软件没有此功能。

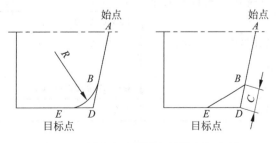

图 2-31　倒直角和倒圆角插补应用实例

(2) 指令格式：

倒圆角格式：G01 X(U)__ R__ F__ ;
倒直角格式：G01 X(U)__ C__ F__ ;

其中：$X(U)$、$Z(W)$——相邻直线的交点坐标（如图 2-31 中 D 点）；
R——倒圆角的圆弧半径；
C——D 点相对倒角起点 B 的距离。

【实例 2-3】 利用倒直角和倒圆角功能编写图 2-32 所示零件的精加工程序。

4) G71 粗加工复合循环指令

该指令只须指定粗加工背吃刀量、精加工余量和精加工路线，系统便可自动给出粗加工路线和加工次数，完成内、外圆表面的粗加工，如图 2-33 所示。

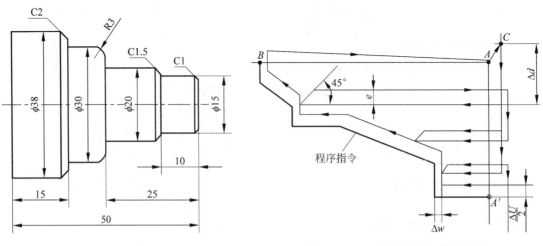

图 2-32 零件图　　　　图 2-33 G71 指令循环车削示意图

指令格式：

G71 U(Δd) R(e);

精加工程序如表 2-7 所示。

表 2-7 精加工程序

程　序	说　明	程　序	说　明
O1111	程序号	X20.0C1.5;	倒直角
T0101M03S800;	换 01 号刀，主轴正转，转速 800r/min	Z-25.0;	车 $\phi 20$ 圆柱面
		X30.0R3.0;	倒圆角
G00X100.0Z100.0;	刀具快速移动至目测安全位置	Z-35.0;	车 $\phi 30$ 圆柱面
		X38.0 C2.0;	倒直角
G00X0Z2.0;	刀具快速移动到点 X0Z2.0	Z-50.0;	车 $\phi 38$ 圆柱面
G01Z0F0.15;	车端面	X40.0;	径向退刀至 X40.0
X15.0C1.0;	倒直角	G00 X100.0Z100.0;	快速退刀至换刀点
Z-10.0;	车 $\phi 15$ 圆柱面	M30;	程序结束并返回起点

G71 P(ns) Q(nf) U(Δu) W(Δw) F__ ;

说明：

(1) 加工前定位在 A 点，加工结束后停 A 点，零件轮廓必须符合 X 轴、Z 轴方向同时单调增大或单调减少，如图 2-33 所示。

(2) $A—A'—B$ 为精加工形状，应在 G71 指令后的 $ns \sim nf$ 程序段中给出，CNC 据此和 G71 U_R_ 自动决定粗车轨迹。

(3) 要求 $AA' // X$ 轴，$AB // Z$ 轴。

(4) $U(\Delta d)$ 表示粗车时每次吃刀深度或背吃刀量(2~5mm)；$R(e)$ 表示退刀量，$\Delta d, e$ 都是无符号数字，用半径值表示。

(5) ns 为精加工程序段中的第一个程序段序号；nf 为精加工程序段中的最后一个程序段序号。

(6) $U(\Delta u)$ 为 X 轴方向精加工余量（直径值，取 0.2~0.5mm）。当该循环用于外径加工时，$U(\Delta u)$ 取正值；当该循环用于内径加工时，$U(\Delta u)$ 取负值。

(7) $W(\Delta w)$ 为 Z 轴方向的精加工余量(0.5~1mm)。

(8) F、S、T 分别是进给量、主轴转速、刀具号地址符。粗加工时 G71 中编程的 F、S、T 有效，而精加工时处于 ns 到 nf 程序段之间的 F、S、T 有效。

注意：

(1) ns 的程序段必须为 G00/G01 指令。

(2) 在顺序号为 ns 到顺序号为 nf 的程序段中不应包含子程序。

5) G70 精加工复合循环指令

指令格式：

G70 P(ns) Q(nf);

功能：去除精加工余量。

应用：用于精加工，切除 G71 指令粗加工后留下的加工余量。

【任务实施】

1. 图样分析

零件加工表面有 $\phi 21_{-0.025}^{0}$、$\phi 26_{-0.025}^{0}$、$\phi 40_{-0.025}^{0}$、$\phi 46_{-0.025}^{0}$ 外圆柱面和 1:2 圆锥面及倒角等，表面粗糙度均为 Ra1.6。

2. 加工工艺方案

1) 刀具选用

数控加工刀具卡如表 2-8 所示。

表 2-8 加工刀具卡

序号	刀具号	刀具名称	数量	加工表面	刀尖半径 R/mm	刀尖方位 T	备注
1	T01	90°外圆偏刀	1	粗、精车外轮廓	0.4	3	
2	T02	切断刀	1	切断工件			
编制		审核		批准	日期	共1页	第1页

2) 加工工序

数控加工工序卡如表 2-9 所示。

表 2-9 加工工序卡

程序号	夹具名称	使用设备	数控系统	场地
0121	三爪自定心卡盘	CKA6150	FANUC 0i Mate	数控实训中心

工步号	工作内容	刀具号	主轴转速 $n/(\mathrm{r \cdot min^{-1}})$	进给量 $F/(\mathrm{mm \cdot r^{-1}})$	背吃刀量 a_p/mm	备注
1	装卡零件并找正					手动
2	对刀	T01				
3	粗车外轮廓,留余量1mm	T01	700	0.2	1.5	0121
4	精车外轮廓	T01	1000	0.1	0.5	
编制		审核		批准		日期		共1页	第1页

3. 程序编程

1) 尺寸计算

单件小批量生产,精加工零件轮廓尺寸一般取极限尺寸的平均值。

$$编程尺寸 = 基本尺寸 + (上偏差 + 下偏差)/2$$

$\phi 21_{-0.025}^{0}$ 编程尺寸 $= 21 + (0 - 0.025)/2 = 20.985(\mathrm{mm})$

$\phi 26_{-0.025}^{0}$ 编程尺寸 $= 26 + (0 - 0.025)/2 = 25.985(\mathrm{mm})$

$\phi 40_{-0.025}^{0}$ 编程尺寸 $= 40 + (0 - 0.025)/2 = 39.985(\mathrm{mm})$

$\phi 46_{-0.025}^{0}$ 编程尺寸 $= 46 + (0 - 0.03)/2 = 45.85(\mathrm{mm})$

计算锥面小径 ϕ:根据锥度计算公式为

$$\frac{40 - \phi}{15} = \frac{1}{2}$$

可求出 $\phi = 32.25\mathrm{mm}$。

2) 加工程序

加工程序如表 2-10 所示。

表 2-10 阶梯轴加工程序

程 序	说 明
O121	程序号
G40 G97 G99 M03 S700;	主轴正转,转速600r/min
T0101;	换01号90°外圆偏刀
G00 X100.0 Z100.0;	刀具快速移动至目测安全位置
M08;	切削液开
G00 Z5.0;	刀具快速点定位至粗车加工复合循环起点
X52.0;	
G71 U1.5 R0.5;	定义粗车循环,切削深度1.5mm,退刀量0.5mm
G71 P10 Q20 U0.5 W0.05 F0.2;	精车路线由N10~N20指定,X向精车余量0.5mm,Z向精车余量0.05mm,进给量0.2mm/r

续表

程　序	说　明
N10 G00 X19 F0.1;	精车轮廓
G01 Z0;	
X20.985 Z−1.0;	
Z−10.0;	
X24.0;	
X25.985 W−1.0;	
Z−25.0;	
X32.5;	
X39.985 Z−40.0;	
X43.0;	
X45.85 W−1.5;	
Z−50.0;	
N20 X52.0;	
G00 X100.0;	快速退刀至换刀点
Z100.0;	
M05;	主轴停止
M00;	程序暂停
M03 S1000;	主轴正转，转速1000r/min
G00 Z5.0;	刀具快速点定位至粗加工复合循环起点
X52.0;	
G70 P10 Q20;	精加工复合循环
G00 X100.0;	快速退刀至换刀点
Z100.0;	
M08;	切削液关
M30;	程序结束并返回起点

4．仿真加工

（1）启动软件。

（2）激活机床。

（3）回零。

（4）设置工件并安装，选择刀具并安装。

（5）对刀，建立工件坐标系。

（6）自行编写或导入数控程序。

（7）单击操作面板上的"自动模式"按钮，自动加工。

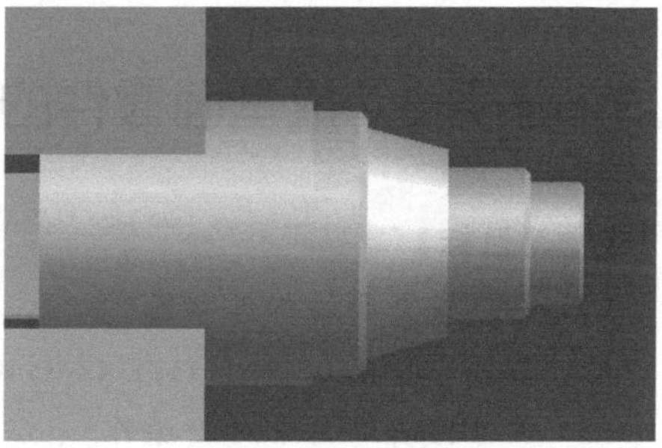

仿真加工结果如图 2-34 所示。

图 2-34　仿真加工结果

【同步训练】

如图 2-35 和图 2-36 所示的轴类零件，材料 45 钢，编写加工程序，使用仿真软件进行仿真加工。

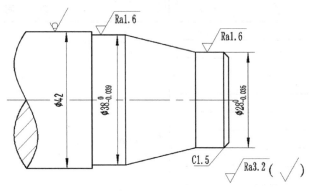

图 2-35 同步训练 1

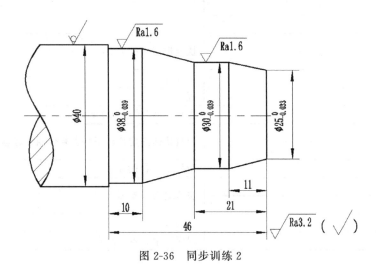

图 2-36 同步训练 2

2.3 任务 3 成型面零件的编程及仿真加工

【学习目标】

(1) 熟悉成型面的加工工艺。
(2) 掌握 G02/G03 和 G41/G42/G40 指令及应用。
(3) 学习仿真加工中对刀操作。
(4) 具有拟定工艺文件的初步能力。
(5) 具有使用 G71/G70 指令编写台阶轴加工程序的能力。
(6) 具有使用仿真软件验证成型面零件程序正确性的能力。

【任务描述】

图 2-37 所示为台阶轴零件,材料 45 钢,毛坯为 ϕ40mm 长棒料,使用 CKA6150 数控车床,单件生产,编写加工程序,运用宇龙仿真软件进行仿真加工。

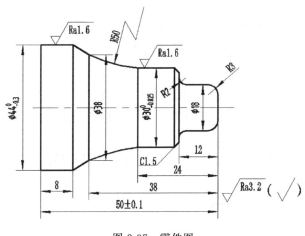

图 2-37 零件图

【相关知识】

1. 加工工艺

1) 凸圆弧车削方法

(1) 车锥法。

如图 2-38(a)所示,根据加工余量,采用圆锥分层切削的方法将加工余量去除,再进行圆弧精加工。采用这种方法加工效率高,但计算麻烦。

(2) 同心圆分层切削法。

如图 2-38(b)所示,根据圆弧余量,采用不同的加工方式,同时在两个方向上向所在的加工圆弧偏移,最终将圆弧加工出来。采用这种加工方法时,每次进给的加工余量相等,圆弧的终点坐标、起点坐标容易确定,数值计算简单方便,但空行程较多。

(3) 圆弧偏移法。

如图 2-38(c)所示,根据加工余量,通过移动圆心的位置,并用不同的圆弧半径,渐进地向某一坐标轴方向偏移,最终将圆弧加工出来。采用这种方法,编程简便,但空行程较多。

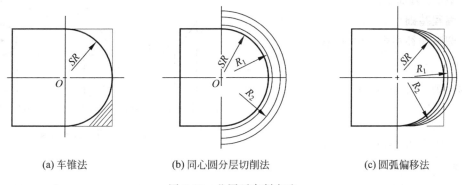

(a) 车锥法　　(b) 同心圆分层切削法　　(c) 圆弧偏移法

图 2-38 凸圆弧车削方法

2) 车削凹圆弧面的方法

图 2-39 所示为车削凹圆弧的几种方法,用同心圆分层切削法和圆弧偏移法的特点与凸圆弧加工类似。此外还可以采用以下几种方法。

(1) 1/4 圆弧切法。

图 2-39(a)所示为同心圆弧形式,特点是数值计算简单,余量均与,编程方便。图 2-39(b)所示为阶梯形式,特点是走刀路线短,数值计算复杂,可应用循环指令编写程序。

(2) 变半径分层切削法。

如图 2-39(e)所示,根据加工余量,采用起点坐标、终点坐标固定,改变半径的分层切削法最终将圆弧加工出来。编程时只需计算变半径,并注意半径值与背吃刀量匹配。

(3) 切梯形槽法。

如图 2-39(f)所示,对于较深凹圆弧的加工,可采用切梯形槽的方法,先去除大部分加工余量,再进行圆弧精加工。

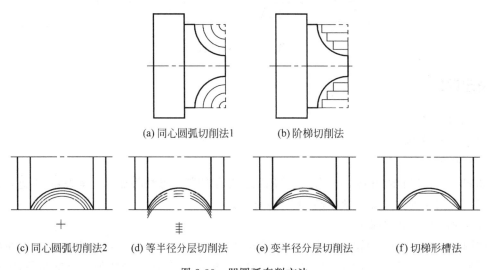

(a) 同心圆弧切削法1　　(b) 阶梯切削法

(c) 同心圆弧切削法2　(d) 等半径分层切削法　(e) 变半径分层切削法　(f) 切梯形槽法

图 2-39　凹圆弧车削方法

3) 圆弧加工刀具

图 2-38 所示的凸圆弧和图 2-39(a)、(b)所示的凹圆弧可用图 2-40(a)所示的加工刀具 90°外圆偏刀。图 2-39(c)～图 2-39(f)所示的凹圆弧可用图 2-40(b)所示的尖形车刀或图 2-40(c)所示的圆弧车刀加工。

2. 编程基础

1) 圆弧插补指令 G02、G03

格式:

G02(G03) X(U)__Z(W)__R__F__;

或

G02(G03) X(U)__Z(W)__I__K__F__;

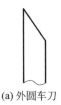
(a) 外圆车刀

(b) 尖头外圆车刀

(c) 圆弧车刀

图 2-40　圆弧加工刀具

说明:

(1) 该指令控制刀具按所需圆弧运动。G02 为顺时针圆弧插补指令,G03 为逆时针圆弧插补指令。顺、逆时针方向沿垂直于圆弧所在平面坐标轴负方向观察,也可以根据刀架在车床坐标系中的位置判别,如图 2-41 所示。后置刀架顺时针圆弧插补用 G02,逆时针圆弧插补用 G03;前置刀架圆弧方向判断与其相反。

(2) X、Z 表示圆弧终点绝对坐标；U、W 表示圆弧终点相对于圆弧起点的增量坐标。
(3) R 表示圆弧半径，圆弧的圆心角不大于 180°时，R 为正，大于 180°时，R 为负。
(4) I、K 表示圆心相对圆弧起点的增量坐标。

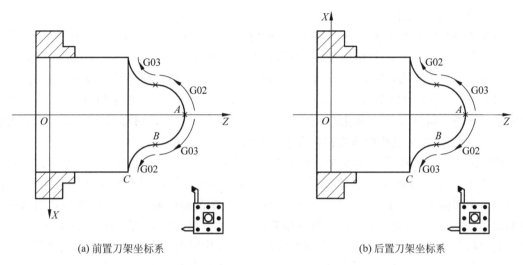

(a) 前置刀架坐标系　　　　　　　　　　　　(b) 后置刀架坐标系

图 2-41　圆弧运动方向判别

【实例 2-4】　如图 2-42 所示工件，加工顺时针圆弧的程序如下。

绝对坐标方式的程序：

N050 G01 X20.0 Z-30.0 F0.1;
N060 G02 X40.0 Z-40.0 R10.0;

增量坐标方式的程序：

N050 G01 U0 W-32.0 F0.1;
N060 G02 U20.0 W-10.0 I20.0 K0;

【实例 2-5】　如图 2-43 所示工件，加工逆时针圆弧的程序如下。

绝对坐标方式的程序：

N050 G01 X28.0 Z-40.0 F0.1;
N060 G03 X40.0 Z-46.0 R6.0;

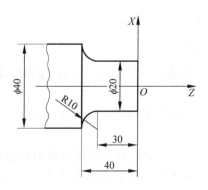

图 2-42　顺时针车圆弧

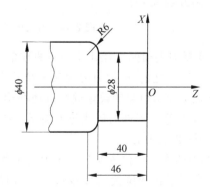

图 2-43　逆时针车圆弧

增量坐标方式的程序：

N050 G01 U0 W-42.0 F0.1;
N060 G03 U12.0 W-6.0 I0 K6.0;

2) 刀尖圆弧半径补偿

编制数控车床加工程序时，通常将车刀刀尖看作是一个点。然而在实际应用中，为了提高刀具寿命和降低加工表面的粗糙度，一般将车刀刀尖磨成半径为 0.2～1.6mm 的圆弧。如图 2-44(a)所示，A 点为理论刀尖点，B 点为刀尖半径圆弧中心。编程时以理论刀尖点 A（又称假想刀尖点；沿刀片圆角切削刃作 X、Z 两方向切线相交于 A 点）来编程，数控系统控制 A 点的运动轨迹。而切削时，实际起作用的切削刃是圆弧的各切点，这势必会产生加工表面的形状误差，而刀尖圆弧半径补偿功能就是用来补偿此误差。

切削工件的端面时，车刀圆弧的切点与理论刀尖点 A 的 Z 坐标值相同；车削圆柱面时车刀圆弧的切点与 A 点的 X 坐标值相同。切削出的工件没有形状误差和尺寸误差，因此可以不考虑刀尖圆弧半径补偿。如果车削外圆柱而后继续车削圆锥面，刀尖切削点与切削圆柱面时的切削点不一致，刀尖圆弧半径会使被加工表面产生等量的误差，影响圆锥面的尺寸精度，而对其形状和位置精度没有影响。在切削圆弧时，刀尖切削点是一个变化的点，它会使被加工表面的圆弧半径发生变化，刀具运动过程中与工件接触的各切点轨迹为无刀尖圆弧半径补偿时的轨迹，该轨迹与工件加工要求的轨迹之间存在着误差（图中斜线部分），直接影响到工件的加工精度，而且刀尖圆弧半径越大，加工误差越大。可见，对刀尖圆弧半径进行补偿是十分必要的。如图 2-44(b)中所示，当采用刀尖圆弧半径补偿时，车削出的工件轮廓就是工件加工要求的轨迹。

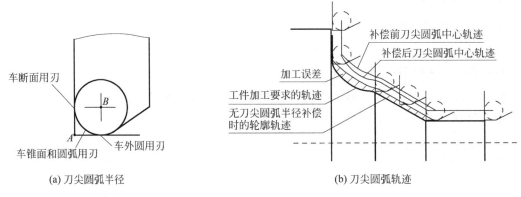

(a) 刀尖圆弧半径　　　　　　　　　(b) 刀尖圆弧轨迹

图 2-44　刀尖圆弧半径对加工精度的影响

(1) 实现刀尖圆弧半径补偿功能的准备工作。

在加工工件之前，要把刀尖圆弧半径补偿的有关数据输入到存储器中，以便使数控系统对刀尖的圆弧半径所引起的误差进行自动补偿。

① 刀尖半径。工件的形状与刀尖半径的大小有直接关系，必须将刀尖圆弧半径 R 输入存储器中，如图 2-45 所示。

② 车刀的形状和位置参数。车刀的形状有很多，它能决定刀尖圆弧所处的位置，因此也要把代表车刀形状和位置的参数输入到存储器中，将车刀的形状和位置参数称为刀尖方位 T。车刀的形状和位置如图 2-46 所示。分别用参数 0～9 表示，P 点为理论刀尖点。图 2-46 所示的左下角刀尖方位 T 应为 3。

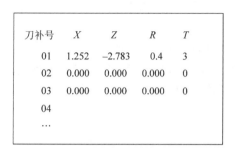

图 2-45 刀具补偿参数显示界面

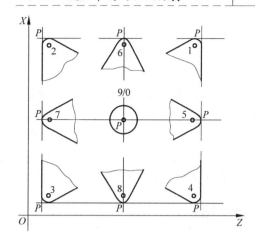

图 2-46 车刀形状和位置

③ 参数的输入。与每个刀具补偿号相对应有一组 X 和 Z 的刀具位置补偿值、刀尖圆弧半径 R 以及刀尖方位 T 值。输入刀尖圆弧半径补偿值时,就是要将参数 R 和 T 输入到存储器中。例如某程序中编入下面的程序段:

N100 G00 G42 X100.0 Z3.0 T0101;

若此时输入刀具补偿号为 01 的参数,CRT 屏幕上显示如图 2-45 所示的内容。在自动加工工件的过程中,数控系统将按照 01 刀具补偿栏内的 X、Z、R、T 的数值,自动修正刀具的位置误差和刀尖圆弧半径的补偿。

(2) 刀尖圆弧半径补偿的方向。

在进行刀尖圆弧半径补偿时,刀具和工件的相对位置不同,刀尖圆弧半径补偿的指令也不同。图 2-47 所示为刀尖圆弧半径补偿的两种不同方向。

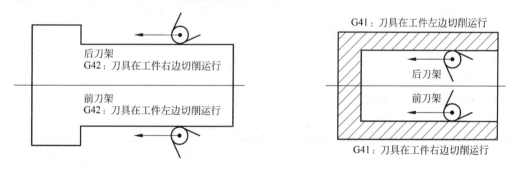

图 2-47 刀尖圆弧半径补偿方向

顺着刀尖运动方向看,刀具在工件的右侧,即为刀尖圆弧半径右补偿,用 G42 指令;若刀具在工件的左侧,即为刀尖圆弧半径左补偿,用 G41 指令。如果取消刀尖圆弧半径补偿,可用 G40 指令编程,则车刀按理论刀尖点轨迹运动。因车床刀架位置不同,使用方法也有所不同。对于后置刀架的车床,外圆切削时为右刀补(G42),内孔切削为左刀补(G41);前置刀架刀补方向与其相反。

(3) 刀尖圆弧半径的建立或取消指令格式及说明。

格式:

G41/G42/G40　G00/G01X(U)＿Z(W)＿;

说明：

① 刀尖圆弧半径补偿的建立或取消必须在位移移动指令（G00、G01）中进行。G41、G42、G40 均为模态指令。

② 刀尖圆弧半径补偿和刀具位置补偿一样，其实现过程为刀具补偿的建立、刀具补偿的执行和刀具补偿的取消。

③ 如果指令刀具在刀尖半径大于圆弧半径的圆弧内侧移动，程序将出错。

④ 由于系统内部只有两个程序段的缓冲存储器，因此在刀具补偿的执行过程中不允许在程序里连续编制两个以上没有移动的指令，以及单独编写的 M、S、T 程序段等。

【任务实施】

1. 图样分析

零件加工表面有 $\phi18$、$\phi30_{-0.025}^{0}$、$\phi44_{-0.3}^{0}$ 外圆柱面和 R3 凸弧、R50 凹弧、倒角和锥面。$\phi30_{-0.025}^{0}$、$\phi44_{-0.3}^{0}$ 表面粗糙度为 Ra1.6，相对于前一个任务增加了圆弧表面的编程和工件切断编程。

2. 加工工艺方案

1）加工方案

装夹方式：三爪夹盘，零件伸出卡盘 70mm。

2）刀具选用

刀具选用如表 2-11 所示。

表 2-11 加工刀具卡

零件名称		简单成型面零件		零件图号		1-35	
序号	刀具号	刀具名称	数量	加工表面	刀尖半径 R/mm	刀尖方位 T	备注
1	T01	90°外圆偏刀	1	粗、精车外轮廓	0.4	3	
2	T03	4mm 切断刀	1	切断			
编制		审核		批准		日期	共1页 第1页

3）加工工序

加工程序如表 2-12 所示。

表 2-12 加工工序卡

单位名称			零件名称	零件图号	
			简单成型面零件	1-35	
程序号	夹具名称	使用设备	数控系统	场地	
0121	三爪自定心卡盘	CKA6150	FANUC 0i Mate	数控实训中心	
工步号	工步内容	刀具号	主轴转速 $n/(\text{r} \cdot \text{min}^{-1})$	进给量 $F/(\text{mm} \cdot \text{r}^{-1})$	背吃刀量 a_p/mm	备注
1	装卡零件并找正					手动
2	对外圆偏刀	T01				手动
3	对切槽刀	T03				手动
4	粗车外轮廓，留余量 1mm	T01	650	0.2	1.5	O0003
5	精车外轮廓	T01	1000	0.1	0.5	O0003

3. 程序编程

1) 尺寸计算

编程尺寸＝基本尺寸＋(上偏差＋下偏差)/2

$\phi 30_{-0.025}^{0}$ 外圆柱面编程尺寸＝30＋(0－0.025)/2＝29.985(mm)

$\phi 44_{-0.3}^{0}$ 外圆柱面编程尺寸＝44＋(0－0.3)/2＝43.85(mm)

2) 加工程序

加工程序如表 2-13 所示。

表 2-13 加工程序

程　序	说　明
O0003;	程序号
G40 G97 G99 M03 S650;	主轴正转，转速 650r/min
T0101;	换 01 号 90°外圆偏刀
M08;	切削液开
G00 Z2.0;	刀具快速点定位至粗车加工复合循环起点
X46.0;	
G71 U1.5 R0.5;	定义粗车循环，切削深度 1.5mm，退刀量 0.5mm
G71 P10 Q20 U0.5 W0.05 F0.2;	精车路线由 N10～N20 指定，X 向精车余量 0.5mm，Z 向精车余量 0.05mm，进给量 0.2mm/r
N10 G00 X12.0;	精车轮廓
G01 Z0 F0.1;	
G03 X18.0 Z－3.0 R3.0;	
G01 Z－10.0;	
G02 X22.0 Z－12.0 R2.0;	
G01 X27.0;	
X29.985 W－1.5;	
Z－24.0;	
G02 X38.0 Z－38.0 R50.0;	
G01 X43.85 W－4.0;	
G01 Z－52.0;	
N20 G00 X46.0;	
G00 X100.0;	快速退刀至换刀点
Z100.0;	
M05;	主轴停止
M00;	程序暂停
M03 S1000;	主轴正转，转速 1000r/min
G42 G00 Z2.0;	刀具快速点定位至粗加工复合循环起点，建立刀尖圆弧半径右补偿
X46.0;	
G70 P10 Q20;	精加工复合循环
G40 G00 X100.0;	快速退刀至换刀点，取消刀尖圆弧半径补偿
Z100.0;	
T0303;	换 03 号切槽刀
M03 S400;	主轴正转，转速 400r/min
G00 Z－64.5;	刀具快速点定位至切断处
X41.0;	

续表

程　序	说　明
G01 X-1.0 F0.05;	切断工件
G00 X100.0;	快速退刀至换刀点
Z100.0;	
M30;	程序结束并返回起点

4. 仿真加工

(1) 启动软件。

(2) 激活机床。

(3) 回零。

(4) 设置工件并安装,选择刀具并安装。

(5) 对刀。

外圆车刀 T0101,采用试切法对刀,在"偏执设置刀具—形状"界面输入 R、T 值。

切槽刀 T0303,左刀尖为刀位点,以主轴中心线与端面交点为工件零点。

① X 向对刀。切断刀横刃与工件已切削外圆接触,在"刀具偏置补偿"界面,将光标移至如图 2-48 所示的 03 行,输入直径值,单击"测量"键,完成 X 向对刀。

② Z 向对刀:切断刀左刀尖与工件已切削端面接触,在"刀具偏置补偿"界面,将光标移至如图所示 03 行,输入 $Z0$,单击"测量"键,完成 Z 向对刀。

(6) 自行编写或导入数控程序。

(7) 单击操作面板上的"自动模式"按钮,自动加工。

(8) 测量尺寸。

仿真结果如图 2-49 所示。

图 2-48　刀具偏置补偿界面

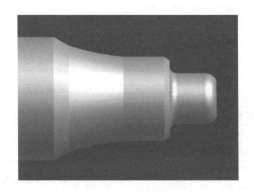

图 2-49　仿真结果

【同步训练】

如图 2-50 和图 2-51 所示的轴类零件,材料为 45 钢,编写加工程序,使用仿真软件验证程序的正确性并仿真加工。

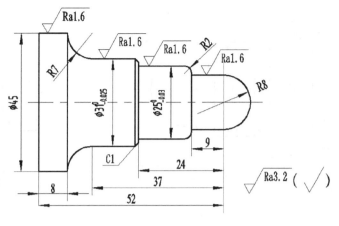

图 2-50　同步训练 1

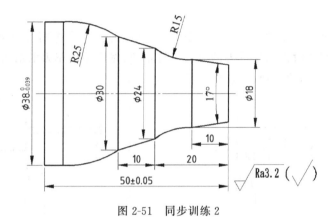

图 2-51　同步训练 2

2.4　任务 4　螺纹零件的编程及仿真加工

【学习目标】
(1) 具有分析螺纹零件加工工艺的能力。
(2) 具有使用 G04、G92 和 G76 指令编写螺纹零件程序的能力。
(3) 具有使用仿真软件(机床)验证螺纹零件加工程序正确性的能力。

【任务描述】
图 2-52 所示为螺纹零件,材料为 45 钢,毛坯为 ϕ40mm 长棒料。使用 CKA6150 数控车床,单件生产,编写加工程序,应用宇龙仿真软件进行仿真加工。

【相关知识】

1. 加工工艺

1) 切槽

(1) 窄槽的加工。

选择刀头宽度等于沟槽宽度的切槽刀,用 G01 直线进给切削而成,再用 G01 退刀。加工高精度窄槽:G01 进刀后,在槽底停留几秒钟,光整槽底,再用 G01 退刀,如图 2-53 所示。

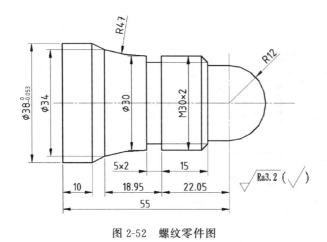

图 2-52 螺纹零件图

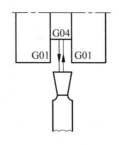

图 2-53 窄槽的加工路线

(2) 宽槽的加工。

通常把大于一个槽刀宽度的槽称为宽槽。宽槽的宽度、深度等精度要求及表面质量要求相对较高。在切削宽槽时常采用排刀的方式进行粗切,然后用精车刀沿槽的一侧切至槽底,精加工槽底至另一侧,再沿侧面退出,切槽方式如图 2-54 所示。

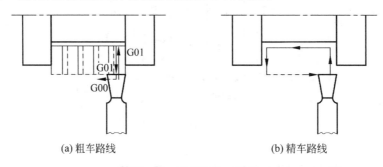

(a) 粗车路线　　　　　　　(b) 精车路线

图 2-54 宽槽的加工路线

(3) 梯形槽的加工。

对于梯形槽应先切出槽底,并在直径上和槽底宽度上留有余量,然后再从大外圆处向槽底倾斜切削,如图 2-55 所示。

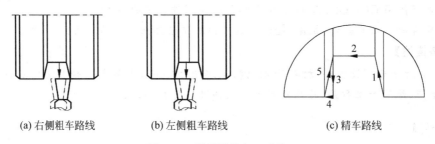

(a) 右侧粗车路线　　　(b) 左侧粗车路线　　　(c) 精车路线

图 2-55 梯形槽的加工路线

2) 螺纹的车削方法

(1) 进刀路线。

螺纹进刀路线通常有斜进法和直进法两种。以普通螺纹为例,如图 2-56(a)所示,直进法是从螺纹牙沟槽的中间部位进给,每次切削时,螺纹车刀两侧的切削刃都受切削力,一般螺距小于3mm时,可用直进法。如图2-56(b)所示的斜进法加工时,从螺纹牙沟槽的一侧进刀,除第一刀外,每次切削只有一侧的切削刃受切削力,有助于减轻负载。当螺距大于3mm时,一般采用斜进法。螺纹加工中的走刀次数和背吃刀量大小直接影响螺纹的加工质量,车削时应遵循"后一刀的背吃刀量不应超过前一刀的背吃刀量"的分配方式。

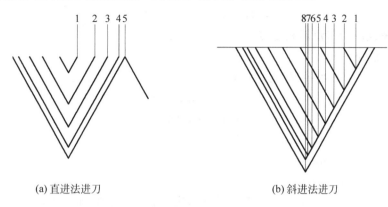

(a) 直进法进刀　　　　　　　　(b) 斜进法进刀

图 2-56　螺纹进刀切削方法

(2) 螺纹加工升速进刀段和减速退刀段。

在数控车床上加工螺纹时,沿着螺距方向的进给速度与主轴转速必须保证严格的比例关系,但是螺纹加工,刀具起始速度时的速度为零,不能和主轴转速保证一定的比例关系。在这种情况下,当刚开始切入时,必须保留一段切入距离,如图2-57所示的δ_1,称为引入距离。同样道理,当螺纹加工结束时,必须留出一段切出距离,如图2-57所示的δ_2,称为超越距离。δ_1值一般取2～5mm,对大螺距和高精度的螺纹取大值;δ_2值一般为退刀槽宽度的一半左右,取1～3mm。

(3) 多线螺纹车削。

分线方法有轴向分线和周向分线两种。数控车床上常用轴线分线法。加工方法:先加工第一条螺纹,然后再加工第二条螺纹,加工第二条螺纹前车刀的轴向起点与加工第一条螺纹的轴向起点偏移一个螺距。偏移方法:加工第二条螺纹需在第一条螺纹的起点偏移一个螺距P。如加工2.0的双线螺纹时,第一条螺纹线起点坐标$Z5.0$,则加工第二条螺纹时将程序中起点坐标改为$Z7.0$。另一种方法是在使用G54～G59坐标系界面修改偏移或刀具偏移界面修改偏移。

3) 螺纹加工尺寸计算

螺纹牙型高度是指在螺纹牙型上,牙顶到牙底之间垂直于螺纹轴线的距离,如图2-58所示。它是车削时车刀的总切入深度。

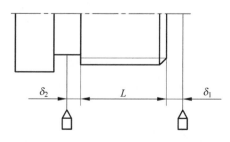

图 2-57　升速进刀段和减速进刀段

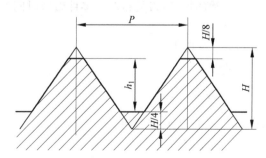

图 2-58　螺纹牙型高度

根据 GB/T 192—2003《普通螺纹》规定,普通螺纹的牙型理论高度 $H=0.866P$,实际加工时,由于螺纹车刀刀尖半径的影响,螺纹的实际切深有变化。根据 GB/T 197—2003《普通螺纹公差》规定,螺纹车刀可在牙底最小削平高度 $H/8$ 处削平或倒圆,则螺纹实际牙型高度可按下式计算:

$$h = H - 2(H/8) = 0.6495$$

式中:H——螺纹原始三角形高度,$H=0.866P$(mm);
$\quad\quad P$——螺距(mm)。

所以螺纹大径 d_1 和小径 d_2 可用下式计算:

$$d_1 = d - 0.2165P$$

$$d_2 = d_1 - 1.299P$$

式中:d——螺纹公称尺寸(mm);
$\quad\quad d_1$——螺纹大径(mm);
$\quad\quad d_2$——螺纹小径(mm)。

常用螺纹切削的进给次数与背吃刀量可参考表 2-14。在实际加工中,当用牙型高度控制螺纹直径时,一般通过试切来满足加工要求。

表 2-14 常用螺纹切削的进给次数与背吃刀量 (单位:mm)

		公制螺纹						
螺距		1.0	1.5	2.0	2.5	3.0	3.5	4.0
牙深		0.649	0.974	1.299	1.624	1.949	2.273	2.598
背吃刀量及进给次数	1 次	0.7	0.8	0.9	1.0	1.2	1.5	1.5
	2 次	0.4	0.6	0.6	0.7	0.7	0.7	0.8
	3 次	0.2	0.4	0.6	0.6	0.6	0.6	0.6
	4 次		0.16	0.4	0.4	0.4	0.6	0.6
	5 次			0.1	0.4	0.4	0.4	0.4
	6 次				0.15	0.4	0.4	0.4
	7 次					0.2	0.2	0.4
	8 次						0.15	0.3
	9 次							0.2

2. 编程基础

1) G04 暂停指令

(1) 功能。

用于槽的加工,刀具相对于零件做短时间的无进给光整加工,以降低表面粗糙度,保证工件圆柱度。

(2) 指令格式。

格式:

G04 P(X/U)__;

其中:P、X、U 为暂停时间。

(3) 注意事项。

① X、U 后面可用小数点的数,P 后面不允许用小数点。

② X、U 后面时间单位为秒(s),P 后面时间单位为毫秒(ms)。

【实例 2-6】 零件如图 2-59 所示,编写窄槽和宽槽部分加工程序,选用刀宽为 5mm 的槽刀。

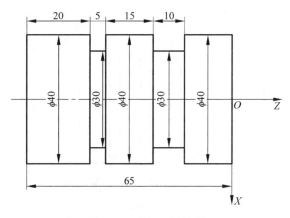

图 2-59 槽加工零件图

切槽部分加工程序如表 2-15 所示。

表 2-15 切槽程序

程 序	说 明	程 序	说 明
O2401;	程序号	G01X30.5F0.05	直线插补切槽,留 0.5mm 余量,进给量 0.05mm/r
T0303M03S350;	换 3 号切槽刀,主轴正转,转速 350r/min	G00X42.0	退刀
G00X42.0Z-45.0;	刀具快速点定位到槽宽 5mm 的进刀位置	W-5.0	槽刀左移 5mm
G01X30.0F0.05;	直线插补切槽,进给量 0.05mm/r	G01X30.0F0.05	直线插补切到槽底,进给量 0.05mm/r
G04X2.0;	槽底暂停 2s	W5.0	槽刀左移 5mm,精车槽底
G00X42.0	退刀	X42.0	退刀
Z-20.0	刀具快速定位到槽宽 10mm 第一次进刀位置	G00 X100.0 Z100.0	快速退刀至换刀点
		M30	程序结束

2)子程序

(1)功能。

重复的内容按照一定格式编写成子程序,简化编程。

(2)子程序调用格式。

格式:

M98 P△△△××××;

其中:△△△——子程序重复调用次数,取值为 1~999,1 次可以省略;

××××——被调用的子程序号。

(3)注意事项。

① 调用次数大于 1 时,子程序号前面的 0 不能省略。

② 主程序可以调用子程序,子程序可以调用其他子程序。

③ 子程序的编写格式与主程序基本相同,子程序结束符用 M99。

④ 子程序执行完请求的次数后返回到 M98 的下一句继续执行,如果子程序后没有 M99,将不能返回主程序。

【实例 2-7】 零件如图 2-60 所示，外圆和倒角已加工完，用 M98 和 M99 指令编写 4 个槽的加工程序。

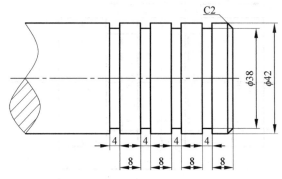

图 2-60 多个槽加工零件图

主程序如表 2-16 所示，子程序如表 2-17 所示。

表 2-16 主程序

程　　序	说　　明	程　　序	说　　明
O2402	程序号	G00 Z0.0;	刀具快速点定位至工件右端面
G40 G97 G99 M03 S400;	主轴正转，转数 400r/min	X44.0;	
T0202;	换 02 号切槽刀（刀宽 4mm）	M98 P42403;	调用子程序 O2412 四次
		G00X100.0;	快速退刀至换刀点
G00 X100.0 Z100.0;	刀具快速移动至目测安全位置	Z100.0;	
		M30;	程序结束
M08;	切削液开		

表 2-17 子程序

程　　序	说　　明	程　　序	说　　明
O2403	子程序号	G04 X2.0;	刀具快速移动至目测安全位置
G00 W-12.0;	主轴正转，转数 400r/min	G00U6.0;	切削液开
G01U-6.0;	换 02 号切槽刀（刀宽 4mm）	M99;	刀具快速点定位至工件右端面

3) G92 螺纹切削循环指令

(1) 功能。

简单循环加工螺纹，循环路线如图 2-61 所示。一个指令完成四步动作"AB 进刀→BC 加工→CD 退刀→DA 返回"，进刀、退刀和返回的速度为快速进给的速度。

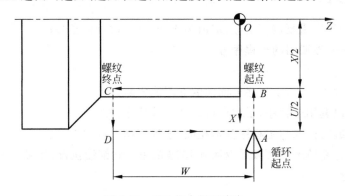

图 2-61 G92 指令循环路线

(2) 指令格式。

G92 X(U)__ Z(W)__ I(R)__ F__;

其中：X、Z——螺纹终点的绝对坐标；

U、W——螺纹终点相对起点的坐标；

F——螺纹导程；

I(R)——圆锥螺纹起点半径与终点半径的差值。圆锥螺纹终点半径大于起点半径时 I(R) 为负值；圆锥螺纹终点半径小于起点半径时 I(R) 为正值。圆柱螺纹 I=0，可省略。

(3) 注意事项。

① 车螺纹时不能使用恒线速度控制指令，要使用 G97 指令，粗车和精车主轴转速一样，否则会出现乱牙现象。

② 车螺纹时进给速度倍率、主轴速度倍率无效（固定为100%）。

③ 受机床结构及数控系统的影响，车螺纹时主轴转速有一定的限制。

④ 圆锥螺纹，斜角在45°以下时，螺纹导程以 Z 轴方向指定；斜角在45°~90°时，螺纹导程以 X 轴方向指定。

【实例2-8】 零件如图2-62所示，M20×1.5 螺纹外径已车至尺寸要求，4×2 的退刀槽已加工，用 G92 指令编制 M20×2 螺纹的加工程序。

① 尺寸计算。

实际车削外圆柱面直径：

$$d_实 = 20 - 0.1P = 20 - 0.1 \times 0.15 = 19.985(mm)$$

螺纹实际小径：

$$d_小 = 20 - 1.3P = 20 - 1.3 \times 1.5 = 18.05(mm)$$

② 切削用量

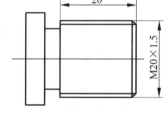

图2-62 螺纹加工零件图

主轴转速 n 取 360r/min，进给量 F 取 1.5mm，由表2-14可知分4刀进给，被吃刀量分别为 0.8mm、0.6mm、0.4mm、0.16mm。切削终点 x 坐标分别为

$$x_1 = 20 - 0.8 = 19.2(mm)$$
$$x_2 = 20 - 0.8 - 0.6 = 18.6(mm)$$
$$x_3 = 20 - 0.8 - 0.6 - 0.4 = 18.2(mm)$$
$$x_4 = 20 - 0.8 - 0.6 - 0.4 - 0.16 = 18.04(mm)$$

③ 加工程序 M20×1.5 螺纹加工程序如表2-18所示。

表2-18 切螺纹部分程序

程　序	说　明	程　序	说　明
O2404;	程序号	X18.6;	第二刀切深 0.6mm
T0404 M03 S360;	换4号螺纹车刀，主轴正转，转速 360r/min	X18.2;	第三刀切深 0.4mm
		X18.04;	第四刀切深 0.16mm
G00 X26.0 Z5.0;	刀具快速定位到螺纹切削循环起点	X18.04;	光车，切深为 0mm
		G00 X100.0 Z100.0;	快速退刀至换刀点
G92 X19.4 Z-22.0 F1.5;	螺纹车削循环第一刀切深 0.8，螺距 1.5mm	M30;	程序结束

4) G76 螺纹切削复合循环指令

（1）功能。

用于多次自动循环切削螺纹，以及加工不带退刀槽的螺纹和大螺距螺纹。G76 螺纹切削复合循环路线如图 2-63 所示。

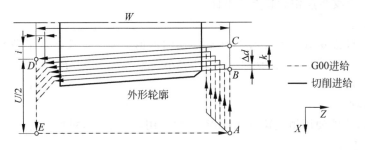

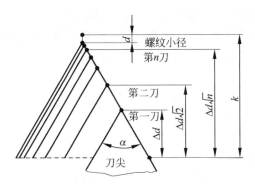

图 2-63　G76 螺纹切削复合循环路线

（2）指令格式。

G76 P(m)(r)(α) Q(Δd_{min}) R(d);
G76 X(U)＿Z(W)＿R(i) P(k) Q(Δd) F(L);

其中：m——精车重复次数；

　　　r——螺纹尾部倒角量，用 00～99 之间的两位整数来表示；

　　　$α$——刀尖角度；

　　　Δd_{min}——最小车削深度，用半径值指定；

　　　d——精车余量，用半径值指定；

　　　$X(U)$、$Z(W)$——螺纹终点坐标；

　　　i——螺纹部分的半径差，直螺纹 $i=0$；

　　　k——螺纹高度，用半径值指定；

　　　Δd——为第一次车削深度，用半径值指定；

　　　L——导程，单头为螺距。

（3）注意事项。

① i、k 和 Δd 数值以无小数点形式表示。

② m、r、$α$、Δd_{min} 和 d 是模态量。

③ 外螺纹 $X(U)$ 值为螺纹小径，内螺纹 $X(U)$ 值为螺纹大径。

【实例 2-9】　零件如图 2-62 所示，M20×1.5 螺纹外径已车至尺寸要求，4mm×2mm 的退刀槽已加工,用 G76 指令编制 M20×1.5 螺纹的加工程序。

① 尺寸计算。

螺纹实际牙型高度:
$$h_\text{牙} = 0.65P = 0.65 \times 1.5 = 0.975(\text{mm})$$

② 螺纹参数。

精车重复参数 2 次,m 取 0.2;螺纹尾部无倒角,r 取 00;三角形螺纹刀尖角 60°,a 取 60;最小车削深度 Δd_min 为 0.05mm,Q 取 50;留 0.1 精车余量,R 取 0.1;根据零件图计算螺纹终点坐标(18.05,−22.0);直螺纹 $i=0$,可以省略;螺纹高度 k 为 0.975mm,P 取 975;第一次车削深度 Δd 为 0.5mm,Q 取 500;单头螺纹螺距为 1.5mm,F 取 1.5。

③ 加工程序。

M20×1.5 螺纹加工程序如表 2-19 所示。

表 2-19 切螺纹部分程序

程 序	说 明	程 序	说 明
O2405;	程序号	G76 P020060 Q50 R0.1;	螺纹车削复合循环
T0404 M03 S360;	换 4 号螺纹车刀,主轴正转,转速 360r/min	G76 X18.05 Z−22.0 R0 P975 Q0.5 F1.5;	
G00 X26.0 Z5.0;	刀具快速定位到螺纹切削循环起点	G00 X100.0 Z100.0;	快速退刀至换刀点
		M30;	程序结束

【任务实施】

1. 图样分析

零件加工表面有 $\phi 30$ 和 $\phi 38_{-0.53}^{0}$ 外圆柱面、R12 凸弧、R47 凹弧、倒角、锥面、5×2 的槽和 M30×2 螺纹,表面粗糙度为 Ra3.2,相对于前一个任务增加了槽和螺纹的编程。

2. 加工工艺方案

1) 加工方案

装夹方式:三爪夹盘,零件伸出卡盘 70mm。

2) 刀具选用

零件的加工刀具卡如表 2-20 所示。

表 2-20 加工刀具卡

序号	刀具号	刀具名称	数量	加工表面	刀尖半径 R/mm	刀尖方位 T	备注
1	T01	90°外圆偏刀	1	粗精车外轮廓	0.4	3	
2	T03	4mm 切槽刀	1	切槽、切断			
3	T04	60°螺纹车刀	1	粗精车螺纹			
编制		审核		批准	日期	共1页	第1页

3) 加工工序

零件的加工工序如表 2-21 所示。

表 2-21 加工工序卡

工步号	工步内容	刀具号	主轴转速 $n/(\text{r}\cdot\text{min}^{-1})$	进给量 $F/(\text{r}\cdot\text{min}^{-1})$	背吃刀量 a_p/mm	备注
1	装卡零件并找正					手动
2	手动对刀					
3	粗车外轮廓,留余量 1mm	T01	700	0.2	1.5	O2406
4	精车外轮廓	T01	1000	0.1	0.5	
5	切槽 4×2	T03	400	0.05	4.0	
6	粗精车螺纹	T04	400	1.5		
7	切断	T03	400	0.05	4.0	
编制		审核		批准		日期		共 1 页	第 1 页

3. 程序编程

零件的加工程序如表 2-22 所示。

表 2-22 加工程序

程　序	说　明
O2406;	程序号
G40 G97 G99 M03 S700;	主轴正转,转数 700r/min
T0101;	换 01 号 90°外圆偏刀
G00 X100.0 Z100.0;	刀具快速移动至目测安全位置
M08;	切削液开
G00 Z5.0;	刀具快速点定位至粗加工复合循环起点
X40.0;	
G71 U1.5 R0.5;	定义粗车循环,切削深度 1.5mm,退刀量 0.5mm
G71 P10 Q20 U0.5 W0.05 F0.2;	粗车路线由 N10~N20 指定,X 方向精车余量 0.5mm,Z 方向精车余量 0.05mm,进给量 0.2mm/r
N10 G00 X0;	精车轮廓
G01 Z0 F0.1;	
G03 X24.0 Z－12.0 R12.0;	
G01 W－7.05;	
X27.0;	
X29.85 W－1.5;	
W－15.0;	
X30.0;	
Z－39.432;	
G02 X34.0 Z－52.997 R47.0;	
G01 X38.0 W－4.003;	
W－12.0;	
N20 G01 X40.0;	
G00 X100.0;	快速退刀至换刀点
Z100.0;	
M05;	主轴停止
M00;	程序暂停
M03 S1000;	主轴正转,转数 1000r/min

续表

程 序	说 明
G42 G00 Z5.0; X40.0;	刀具快速点定位至粗加工复合循环起点,建立刀尖圆弧半径右补偿
G70 P10 Q20;	精加工复合循环
G40 G00 X100.0; Z100.0;	快速退刀至换刀点,取消刀尖圆弧半径补偿
T0303;	换 03 号切槽刀
M03 S400;	主轴正转,转速 400r/min
G00 Z-39.05; X32.0;	刀具快速点定位至槽处
G01 X26.0 F0.05;	直线插补切削至指定深度,进给量 0.05mm/r
X27.0;	X 方向退刀
X30.0 W1.5;	用切槽刀右切削刃车左倒角
G00 X100.0; Z100.0;	快速退刀至换刀点
T0404;	换 04 号螺纹车刀
M03 S400;	主轴正转,转数 400r/min
G00 Z-5.0; X32.0;	刀具快速点定位至螺纹切削循环起点
G92 X29.05 Z-37.0 F1.5;	螺纹车削循环第一刀切深 0.8mm,螺距为 1.5mm
X28.4;	第二刀切深 0.65mm
X28.1;	第三刀切深 0.3mm
X28.05;	第四刀切深 0.05mm
X28.05;	光车,切深为 0mm
G00 X100.0; Z100.0;	快速退刀至换刀点
T0303;	换 03 号切槽刀
M03 S400;	主轴正转,转数 400r/min
G00 Z-72.0; X40.0;	刀具快速点定位至切断处
G01 X-0.5 F0.05;	切断,进给量 0.05mm/r
X40.0;	退刀
G00 X100.0; Z100.0;	快速退刀至换刀点
M05;	主轴停止
M30;	程序结束,返回到程序头

4. 仿真加工

(1) 启动软件。
(2) 激活机床。
(3) 回零。
(4) 设置工件并安装,选择刀具并安装。螺纹刀选择界面如图 2-64 所示。
(5) 对刀、建立工件坐标系。

外圆车刀 T0101,采用试切法对刀,在偏执设置刀具——形状界面输入 R、T 值。

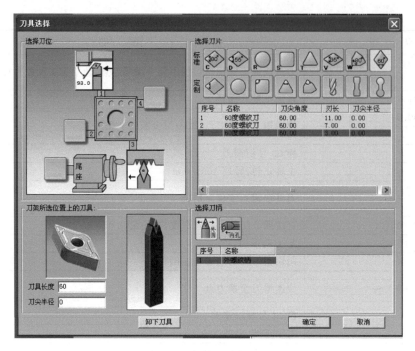

图 2-64　螺纹刀选择界面

切槽刀 T0303，左刀尖为刀位点，以主轴中心线与端面交点为工件零点，对刀过程已在任务 3 中已经描述。

螺纹刀 T0404 对刀：

① X 向对刀。螺纹刀刀尖与工件已切削外圆接触，在刀具偏置补偿界面，将光标移至如图 2-65 所示 04 行，输入直径值，单击"测量"键，完成 X 向对刀。

② Z 向对刀。螺纹刀刀尖与工件已切削端面对齐，在刀具偏置补偿界面，将光标移至如图 2-65 所示 04 行，输入 Z0，单击"测量"键，完成 Z 向对刀。

(6) 自行编写或导入数控程序。

(7) 单击操作面板上的"自动模式"按钮，自动加工。

(8) 测量尺寸。

仿真结果如图 2-66 所示。

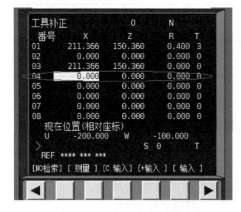

图 2-65　刀具偏置补偿界面

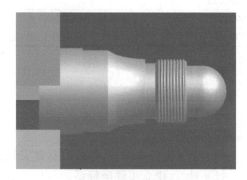

图 2-66　仿真结果

【同步训练】

如图 2-67~图 2-69 所示的材料 45 钢，编写加工程序，使用仿真软件验证程序正确性并仿真加工。

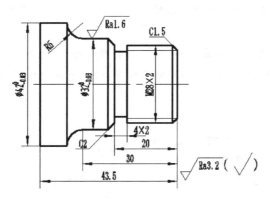

图 2-67 同步训练 1

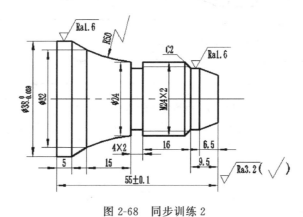

图 2-68 同步训练 2

图 2-69 同步训练 3

2.5 任务 5 中等复杂轴类零件的编程及仿真加工

【学习目标】

(1) 熟悉中等复杂轴类零件的加工工艺。

(2) 掌握 G73 指令及应用。
(3) 学习仿真加工中调头零件的对刀操作。
(4) 具有拟定调头加工零件工艺文件的能力。
(5) 具有使用 G73 指令编写中等复杂轴类零件加工程序的能力。
(6) 具有使用仿真软件验证中等复杂轴类零件加工程序正确性的能力。

【任务描述】

图 2-70 所示为中等复杂轴类零件(手柄),材料硬铝合金,毛坯直径 $\phi 21$ mm,长度 90mm,使用 CKA6150 数控车床,单件生产,编写加工程序,运用宇龙软件进行仿真加工。

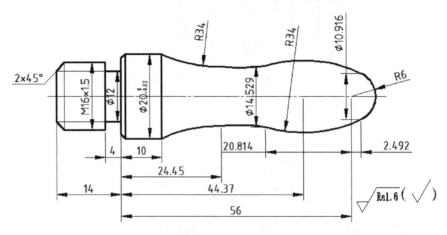

图 2-70 中等复杂轴类零件(手柄)

【相关知识】

1. 加工工艺

1) 切削刀具的选择

外表面有内凹结构的圆弧面零件,选择 90°车刀时,要特别注意副偏角的大小,防止车刀副后刀面与工件已加工表面发生干涉。主偏角一般取 90°～93°,刀尖角取 35°～55°以保证刀尖位于刀具的最前端,避免刀具过切。刀具几何角度可以通过作图或计算得到,副偏角的大小大于作图或计算所得不发生干涉的极限角度值 6°～8°即可。当确定几何角度困难或无法确定时,可以采用其他类型的车刀。

2) 零件调头加工工艺

一次装夹不能完成所有表面的加工时要采用调头加工方法。零件调头后要进行找正,一般采用打表找正。调头加工顺序由零件的加工要求和装夹的方便性、可靠性等情况来确定。调头加工时先切掉端面余量,保证零件的总长度。

2. 编程基础

G73 固定形状粗加工复合循环指令介绍如下。

(1) 功能。

G73 指令适用于粗车轮廓形状与零件轮廓形状基本接近的铸造、锻造类毛坯。该指令只需指定粗加工循环次数、精加工余量和精加工路线,系统自动算出粗加工的切削深度,给出粗加工路线,完成各表面的粗加工。G73 指令粗车循环路线如图 2-71 所示。

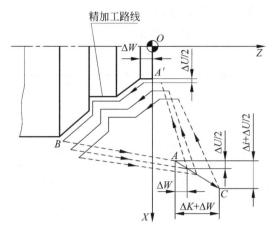

图 2-71　G73 指令循环路线

(2) 指令格式。

G73　U(Δi) W(Δk) R(d);
G73　P(ns) Q(nf) U(Δu) W(Δw) F_;

其中：Δi——X 方向总退刀量，用半径值指定；

　　　Δk——Z 方向总退刀量；

　　　d——循环次数；

　　　ns——精加工轮廓程序段中的开始程序段号；

　　　nf——精加工轮廓程序段中的结束程序段号；

　　　Δu——X 方向上的精加工余量，用半径值指定，一般取 0.5mm；

　　　Δw——Z 方向上的精加工余量，一般取 0.05～0.1mm。

(3) 注意事项。

① 与 G71 基本相同，不同之处是可以加工任意形状轮廓的零件。

② G73 也可以加工未去除余量的棒料，但是空走刀较多。

③ ns、nf 程序段不必紧跟在 G73 程序段后编写，系统能自动搜索到 ns 程序段并执行，完成 G73 指令后，会接着执行紧跟 nf 程序段的下一程序段。

【实例 2-10】　零件如图 2-72 所示，已知 X 轴方向的余量 6mm（半径值），Z 方向的余量为 4mm，刀尖半径为 R0.4，应用 G73、G70 编写零件粗、精加工程序。

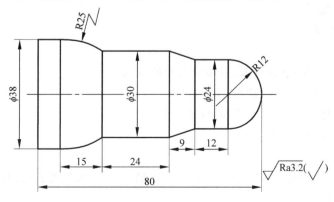

图 2-72　零件图

铸造件适合用 G73 指令加工,余量为 6mm,分 3 次加工,在车削时要使用半径补偿,留精车余量 $X=0.3$mm,$Z=0.1$mm,加工程序如表 2-23 所示。

表 2-23 加工程序

程　　序	说　　明
O2501;	程序号
T0101 M03 S600;	换 01 号 90°外圆偏刀,主轴正转,转速 650r/min
G00 X40.0 Z2.0;	刀具快速移动至循环起点
G73 U8.0 W1.2 R4.0;	定义粗车循环,径向退刀量 8.0mm,轴向退 1.2mm,退刀量 0.5mm
G73 P10 Q50 U0.3 W0.1 F0.2;	精车路线由 N10~N20 指定,X 向精车余量 0.5mm,Z 向精车余量 0.05mm,进给量 0.2mm/r
N10 G00 X0;	
G01 Z0;	
G03 X24.0 Z-12.0 R12.0;	
G01 W-12.0;	
X30.0 W-9.0;	精车轮廓
W-24.0;	
G03 X38.0 W-15.0 R25.0;	
G01 Z-82.0;	
N50 G00 X40.0;	
M03 S1000;	主轴正转,转速 1000r/min
G42 G00 Z2.0;	刀具快速点定位至粗加工复合循环起点,建立刀尖圆弧半径右补偿
X46.0;	
G70 P10 Q50;	精加工复合循环
G40 G00 X100.0;	快速退刀至换刀点,取消刀尖圆弧半径补偿
Z100.0;	
M30;	程序结束

【任务实施】

1. 图样分析

该零件为中等复杂程度的轴类零件,加工表面有 R6 凸圆弧、R34 凸圆弧、R34 凹圆弧、$\phi 20_{-0.02}^{0}$ 外圆、M16×1.5 螺纹、4×2 退刀槽等,表面粗糙度为 Ra1.6,与任务 4 对比,增加了成型面和零件的调头加工。

2. 加工工艺方案

1) 加工方案

(1) 采用三爪自定心卡盘装卡,零件伸出卡盘 30mm。

(2) 加工零件左侧外轮廓、切槽、车螺纹。

(3) 零件调头装夹并找正,车端面,保证总长。

(4) 加工零件右侧外轮廓。

2) 刀具选择

T01 为 90°硬质合金偏刀(刀尖角 35°),T02 切槽刀、T03 螺纹刀选择同前面任务。仿真加工刀具如图 2-73 所示。

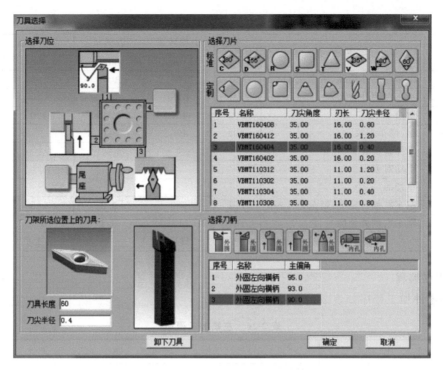

图 2-73 加工刀具选择界面

手柄零件数控加工刀具卡如表 2-24 所示。

表 2-24 数控加工刀具卡

零件名称		手柄		零件图号		1-78	
序号	刀具号	刀具名称	数量	加工表面	刀尖半径 R/mm	刀尖方位 T	备注
1	T01	90°外圆偏刀	1	粗精车外轮廓	0.4	3	刀尖角 35°
2	T02	4mm 槽刀	1	切槽			
3	T03	60°螺纹车刀	1	粗、精车螺纹			
编制		审核		批准	日期	共 1 页	第 1 页

3) 加工工序

手柄零件数控加工工序卡如表 2-25 所示。

表 2-25 数控加工工序卡

单位名称			零件名称	零件图号	
			手柄	1-78	
程序号	夹具名称	使用设备	数控系统	场地	
O2502 至 O2503	三爪自定心卡盘	CKA6150	FANUC 0i-Mate	数控实训中心	
工步号	工步内容	刀具号	主轴转速 n/(r·min^{-1})	进给量 F/(mm·r^{-1})	背吃刀量 a_p/mm	备注
1	装卡零件并找正					手动
2	手动对刀					

续表

工步号	工步内容	刀具号	主轴转速 $n/(\text{r}\cdot\text{min}^{-1})$	进给量 $F/(\text{mm}\cdot\text{r}^{-1})$	背吃刀量 a_p/mm	备注
3	粗车左侧外轮廓,留余量1mm	T01	600	0.2	1.5	
4	精车左侧外轮廓	T01	1000	0.1	0.5	O2502
5	切槽4×2	T02	400	0.05	4.0	
6	粗、精车螺纹	T03	400	2.0		
7	零件调头装夹、找正					
8	手动对刀					手动
9	车端面					
10	粗车右侧外轮廓,留余量1mm	T01	600	0.2	1.5	O2503
11	精车右侧外轮廓	T01	1000	0.1	0.5	
编制		审核		批准		日期		共1页	第1页

3. 程序编程

手柄零件加工程序如表2-26和表2-27所示。

表2-26 左端加工程序

程 序	说 明
O2502;	程序号
G40 G97 G99 M03 S600;	主轴正转,转速600r/min,进给量0.2mm/r
G00 X100.0 Z100.0;	刀具快速移动至目测安全位置
T0101;	换01号90°外圆偏刀(刀尖角35°)
M08;	切削液开
G00 Z2.0;	刀具快速点定位至粗加工复合循环起点
X24.0;	
G71 U1.5 R0.5;	定义粗车循环,切削深度1.5mm,退刀量0.5mm
G71 P10 Q20 U0.5 W0.05 F0.2;	精车路线由N10~N20指定,X向精车余量0.5mm,Z向精车余量0.05mm
N10G00X12.0;	
G01Z0;	
X16.0Z-2.0;	
Z-14.0;	精车轮廓
X18.0;	
X20.0W-1.0;	
Z-30.0;	
N20G00X24.0;	
G00 X100.0;	快速退刀至换刀点
Z100.0;	
M05;	主轴停止
M00;	程序暂停
M03 S1000;	主轴正转,转速1000r/min
G42 G00 Z2.0;	刀具快速定位至粗加工复合循环起点,建立刀尖圆弧半径右补偿
X24.0;	
G70 P10 Q20;	精加工复合循环

续表

程　序	说　明
G40 G00 X100.0;	快速退刀至换刀点，取消刀尖圆弧半径补偿
Z100.0;	
T0202;	换 02 号切槽刀
M03 S400;	主轴正转,转速 400r/min
G00Z-14.0;	刀具快速点定位至切槽处
X22.0;	
G01X12.0F0.1;	切槽,进给量 0.05mm/r
G00X22.0;	退刀
G00 X100.0;	快速退刀至换刀点
Z100.0;	
T0303;	换 04 号螺纹车刀
M03 S400;	主轴正转,转速 400r/min
G00 Z5.0;	刀具快速点定位至螺纹切削复合循环起点
X25.0;	
G92 X15.2 Z-12.0 F1.5;	螺纹车削循环第一刀切深 0.8mm,螺距 1.5mm
X14.8;	第二刀切深 0.6mm
X14.2;	第三刀切深 0.4mm
X14.04;	第四刀切深 0.16mm
X14.04;	光车,切深为 0mm
G00 X100.0;	快速退刀至换刀点
Z100.0;	
M30;	程序结束并返回起点

表 2-27　右端外轮廓加工程序

程　序	说　明
O2503;	程序号
G40 G97 G99 M03 S600;	主轴正转,转速 600r/min,进给量 0.2mm/r
G00 X100.0 Z100.0;	刀具快速移动至目测安全位置
T0101;	换 01 号 90°外圆偏刀(刀尖角 35°)
M08;	切削液开
G00 Z5.0;	刀具快速点定位至粗加工复合循环起点
X35.0;	
G73 U10.0 W0 R5.0;	定义 G73 粗车循环,X 向总退刀量 10mm,Z 向总退刀量 0,循环 5 次
G73 P10 Q20 U0.5 W0.05 F0.2;	精加工路线由 N10~N20 指定,X 向精车余量 0.5mm,Z 向精车余量 0.05mm
N10G00X0;	
G01Z0F0.1;	
G03X10.916Z-3.508R6.0;	精车轮廓
G03X14.529Z-26.814R34.0;	
G02X20Z-52.0R40.0;	
G01Z-60.0;	
N50G00X24.0;	

续表

程 序	说 明
M05;	主轴停止
M00;	程序暂停
M03 S1000;	主轴正转,转速1000r/min
G42 G00 Z5.0; X35.0;	刀具快速点定位至固定形状粗加工复合循环起点,建立刀尖圆弧半径右补偿
G70 P10 Q20;	精加工复合循环
G40 G00 X100.0; Z100.0;	快速退刀至换刀点,取消刀尖圆弧半径补偿
M30;	程序结束并返回起点

4. 仿真加工

1) 加工左端

依次执行启动软件→选择机床→回零→设置工件并安装→装刀(T01、T02、T03)→对刀→输入O2502号加工程序→自动加工→测量尺寸。手柄左端仿真加工结果如图2-74所示。

2) 加工右端

依次执行零件调头→装夹 $\phi 20_{-0.02}^{0}$ 外圆(见图2-74)→对刀(T0101的Z向)→输入O2503号加工程序→自动加工→测量尺寸。手柄右端仿真加工结果如图2-75所示。

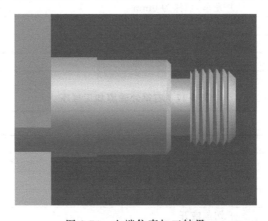

图2-74 左端仿真加工结果

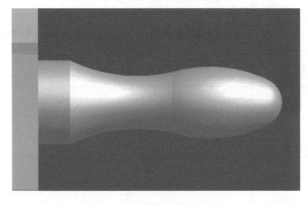

图2-75 右端仿真加工结果

【同步训练】

如图 2-76～图 2-78 所示，材料 45 钢，编写加工程序，使用仿真软件验证程序正确性并仿真加工。

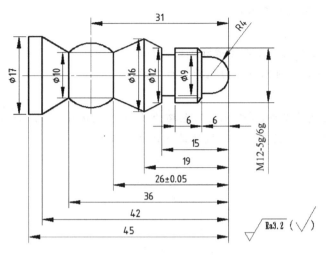

图 2-76 同步训练 1

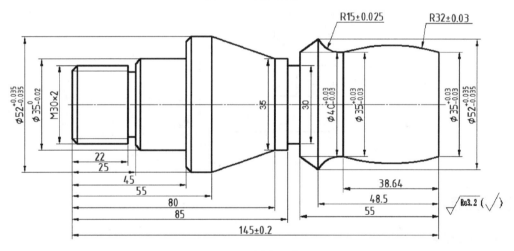

图 2-77 同步训练 2

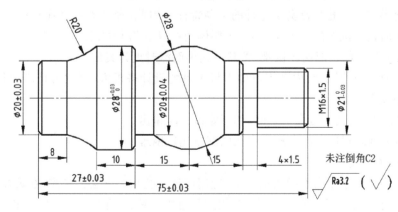

图 2-78 同步训练 3

2.6 任务6 盘套类零件的编程及仿真加工

【学习目标】
(1) 熟悉盘套类零件加工工艺。
(2) 学习 G72 指令及应用。
(3) 掌握 G71、G92 指令在内轮廓加工中的应用。
(4) 学习仿真加工中内孔刀具的选择与对刀操作。

【任务描述】
图 2-79 所示为盘类零件,材料 45 钢,毛坯为 $\phi 105 \times 55 \mathrm{mm}$,使用 CKA6150 数控车床,单件生产,编写加工程序,运用宇龙仿真软件进行仿真加工。

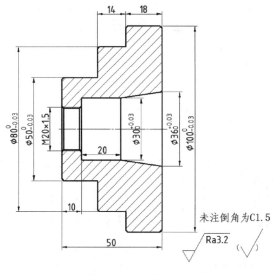

图 2-79 盘类零件

【相关知识】

1. 加工工艺

机器上各种衬套、齿轮、带轮、轴承套等因支撑和配合的需要,一般都加工有内孔,这类零件都称作盘套类零件。孔是盘套类零件的主要特征。因此,盘套类零件在车削工艺上的特点主要是孔加工时比外圆车削要困难很多,主要体现在以下几个方面。

(1) 观察刀具切削情况比较困难,尤其是孔小而深时更为突出。
(2) 受孔径大小的限制,内孔刀具的刀杆不可能设计得很大,因此刀杆刚性较差,容易在加工中出现振动等现象。
(3) 内孔加工,尤其是盲孔加工时,切屑难以及时排出。
(4) 切削液难以到达切削区域和内孔的测量比较困难。

1) 内孔加工刀具

孔加工在金属切削中占有很大的比重,应用广泛。孔加工方法比较多,在数控车床上孔加工的常用方法有点钻、钻孔、扩孔、镗孔,常用刀具有中心钻、麻花钻、内孔车刀、内螺纹车刀等,如图 2-80 所示。

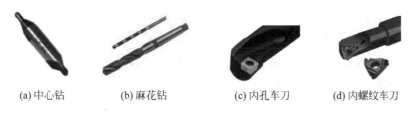

(a) 中心钻　　(b) 麻花钻　　(c) 内孔车刀　　(d) 内螺纹车刀

图 2-80　内孔加工刀具

根据加工情况,内孔车刀可以分为通孔车刀和盲孔车刀。通孔车刀切削部分的几何形状基本上与外圆车刀相似,为了减小径向切削抗力,防止车孔时振动,主偏角应取得大些,一般为 60°～70°,副偏角为 15°～30°。为了防止内孔车刀后刀面和孔壁的摩擦,一般两个后角取 6°～12°。盲孔车刀用来车削盲孔或阶台孔,切削部分的几何形状基本上与偏刀相似,它的主偏角大于 90°,一般为 92°～95°,后角的要求和通孔车刀一样。不同之处是盲孔车刀夹在刀杆的最前端,刀尖到刀杆外端的距离小于孔半径,否则无法车平孔的底面。

2) 内孔加工切削用量选择

加工内轮廓时排屑困难、刀杆伸出长、刀头部分薄弱,因而刚度低,容易产生振动,因此内轮廓切削用量比外轮廓切削低些。

3) 内孔加工的工步顺序

在实心材料上加工内轮廓,一般采用先手动钻中心孔,再选用合适的钻头钻孔,之后选用合理的内孔车刀粗精加工内轮廓表面,切内沟槽(必要时),最后粗精车内螺纹。

2. 编程基础

1) G72 端面粗加工复合循环指令

(1) 功能。

该指令只需指定粗加工背吃刀量、退刀量、精加工余量和精加工路线,系统便可自动给出粗加工路线和加工次数,与 G71 不同的是 G72 指令沿 Z 轴平行的方向切削。图 2-81 为 G72 指令循环加工路线。其中 A 为刀具循环起点,执行粗加工复合循环时,刀具从 A 点移动到 C 点,粗车循环结束后,刀具返回 A 点。

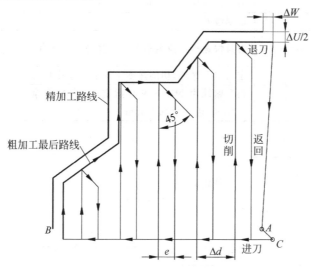

图 2-81　G72 指令循环加工路线

(2) 指令格式。

G72 W(Δd) R (e);
G72 P (ns) Q (nf)　U (Δu)　W (Δw) F＿;

其中：Δd——Z 向的背吃刀量，不带符号且为模态值；

其余参数意义同于 G71 指令。

(3) 注意事项。

① 使用 G72 粗加工时，包含在 ns~nf 程序段中的 F、S 指令对粗车循环无效。

② 顺序号为 ns~nf 的程序段中不能有以下指令：除 G04 外的其他 00 组 G 指令；除 G00，G01，G02，G03 外的其他 01 组 G 指令；子程序调用指令。

③ 零件轮廓必须符合 X 轴、Z 轴方向同时单调增大或单调减小。

④ ns~nf 程序段必须紧跟在 G72 程序段后编写，系统不执行在 G72 程序段与 ns 程序段之间的程序段。

⑤ ns 程序段只能是不含 X(U) 指令字的 G00、G01 指令。

(4) 应用。

适合于 Z 向余量小，X 向余量大的棒料的粗加工。

【实例 2-11】 如图 2-82 所示的零件图，材料为 45 钢，应用 G72 指令编写加工程序。

加工程序如表 2-28 所示。

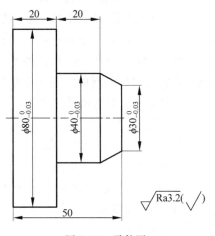

图 2-82 零件图

表 2-28 加工程序

程　　序	说　　明
O2601;	程序号
G40 G97 G99 M03 S300;	主轴正转，转速 450r/min
T0101;	换 01 号 90°外圆偏刀
G00 X150.0 Z100.0;	刀具快速移动至目测安全位置
M08;	切削液开
G00 Z2.0;	刀具快速点定位至粗车加工复合循环起点
X85.0;	
G72 W1.5 R0.5;	定义粗车循环，切削深度 1.5mm，退刀量 0.5mm
G72 P10 Q50 U0.5 W0.1 F0.15;	精车路线由 N10~N50 指定，X 向精车余量 0.5mm，Z 向精车余量 0.1mm，进给量 0.15mm/r
N10 G00 Z−52.0;	精车外轮廓
G01 X79.985 F0.1;	
Z−20.0;	
X39.985;	
Z−10.0;	
X29.985 Z0;	
N50 G00 Z2;	
G00 X50.0 Z100.0;	快速退刀至换刀点

续表

程　　序	说　　明
M05;	主轴停止
M00;	程序暂停
M30 S450;	主轴正转，转速450r/min
G41 G00 Z2.0;	刀具快速点定位至粗加工复合循环起点，建立刀补
X85.0;	
M08;	冷却液开
G70 P10 Q50;	精加工复合循环
G40 G00 X150;	快速退刀至换刀点
Z100.0;	切削液关
M30;	程序结束并返回起点

2) G71、G92指令在内轮廓加工中应用

(1) G71指令。

加工内轮廓时 Δu 为负值。

(2) G92指令。

加工内螺纹前，先对内螺纹尺寸计算。

① 内螺纹的大径即底径，取螺纹的公称直径 D 值，该直径为内螺纹切削终点处的 X 坐标。

② 内螺纹的小径即顶径，车削三角形内螺纹时，考虑螺纹的公差要求和螺纹切削过程中对小径的挤压作用，所以车削内螺纹前的孔径（即实际小径 d_1 要比内螺纹小径 d 略大些），可采用下列近似公式计算。

车削塑性金属的内螺纹的编程小径：

$$d_1 \approx D - P$$

车削脆性金属的内螺纹的编程小径：

$$d_1 \approx D - 1.05P$$

③ 内螺纹的中径在数控车床上，是通过控制螺纹的削平高度（由螺纹车刀的刀尖体现）、牙型高度、牙型角和大径来综合控制的。

④ 螺纹总切深。内螺纹加工中，螺纹总切深的取值与外螺纹加工相同，即 $h \approx 1.3P$。其中 P 为螺距。

3. 仿真操作

1) 钻头的选择与移动尾座操作

钻头的选择如图2-83所示，移动尾座操作如图2-84所示。

2) 内孔车刀的选择与对刀操作

(1) 内孔车刀的选择。

内孔车刀的选择如图2-85所示。

(2) 内孔车刀对刀。

① 试切削内孔。右击，在弹出的快捷菜单中选择"选项"，如图2-86(a)所示，弹出"视图选项"对话框，零件显示方式选取"剖面"，如图2-86(b)所示。

② 设置 Z 向补正。试切端面，如图2-86(c)所示，在"形状"补偿参数中设定界面完成 Z 向补正设置。

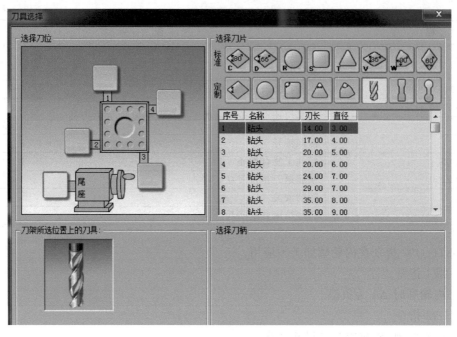

图 2-83 钻头选择界面

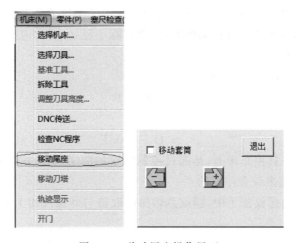

图 2-84 移动尾座操作界面

(3) 设置 X 向补正。试切内径,如图 2-86(d)所示,在"形状"补偿参数设定界面完成 X 向补正设置。

3) 内螺纹刀的选择与对刀操作

(1) 内螺纹刀的选择。

内螺纹刀的选择界面如图 2-87 所示。

(2) 内螺纹刀仿真对刀。

① 依次执行右击→显示快捷菜单→单击 1/2 剖面显示→移动刀具至内孔表面与端面的交线,工件和刀具显示画面如图 2-88 所示。

② 设置 Z 向补正。刀尖与端面对齐,如图 2-88(a)所示,输入 Z0,单击"测量"键,完成 Z 向对刀。

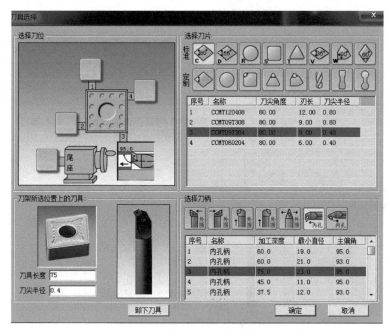

图 2-85 内孔车刀选择界面

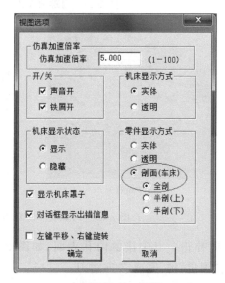

(a) 快捷菜单　　　　　　　　(b) "视图选项" 对话框

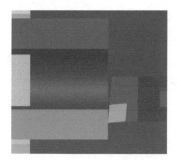 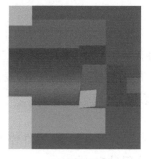

(c) Z向对刀　　　　　　　　(d) X向对刀

图 2-86 内孔车刀对刀操作界面

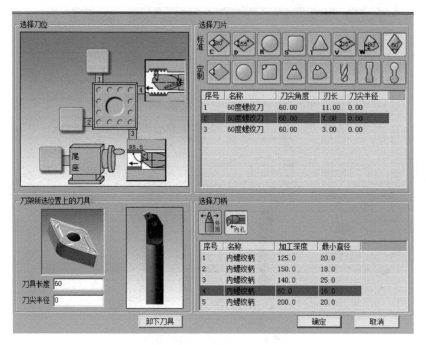

图 2-87　内螺纹车刀选择界面

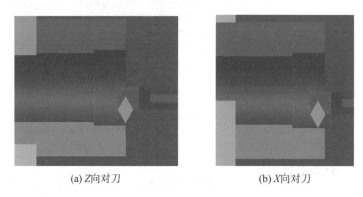

(a) Z向对刀　　　　　　　　(b) X向对刀

图 2-88　内螺纹车刀对刀操作界面

③ 设置 X 向补正。刀尖接触内孔表面,如图 2-88(b)所示,输入 X 内孔的直径值(如 X24.573),单击"测量"键,完成 X 向对刀。

【任务实施】

1. 图样分析

零件加工表面有 $\phi 100_{-0.03}^{0}$、$\phi 80_{-0.03}^{0}$、$\phi 50_{-0.03}^{0}$ 外圆柱面、小径 $\phi 30_{-0.03}^{0}$ 大径为 $\phi 36_{-0.03}^{0}$ 的圆锥面、M20×1.5 的内螺纹面及倒角等,表面粗糙度分别为 Ra3.2。

2. 加工工艺方案

1) 工艺方案

(1) 采用三爪自定心卡盘装卡,零件伸出卡盘 35mm。

(2) 用 $\phi 18$ 钻头粗钻中心孔。

(3) 粗精加工左侧外轮廓至尺寸要求。

(4) 掉头装卡工件 $\phi50_{-0.03}^{0}$ 外圆。

(5) 车右端面,保证工件总长度。

(6) 精车右侧 $\phi100_{-0.03}^{0}$ 外圆至尺寸要求。

(7) 粗、精车零件右侧内轮廓至尺寸要求。

(8) 粗、精车 M20×1.5 内螺纹。

2) 刀具选用

数控加工刀具卡如表 2-29 所示。

表 2-29 加工刀具卡

序号	刀具号	刀具名称	数量	加工表面	刀尖半径 R/mm	刀尖方位 T	备注
1	T01	90°外圆偏刀	1	粗、精车外轮廓	0.4	3	
2	T02	内孔车刀	1	粗、精车内轮廓		2	
3	T03	内螺纹车刀	1	车螺纹			
编制		审核		批准	日期	共1页	第1页

3) 加工工序

数控加工工序卡如表 2-30 所示。

表 2-30 加工工序卡

单位名称				零件名称		零件图号	
				手柄		1-78	
程序号	夹具名称		使用设备	数控系统		场地	
O2601 至 O2604	三爪自定心卡盘		CKA6150	FANUC 0i Mate		数控实训中心	
工步号	工步内容		刀具号	主轴转速 n/(r·min^{-1})	进给量 F/(mm·r^{-1})	背吃刀量 a_p/mm	备注
1	采用三爪自定心卡盘装卡,零件伸出卡盘 35mm						手动
2	手动用 ϕ18 钻头粗钻中心孔						
3	手动对刀		T01				
4	粗车左侧外轮廓,留余量 0.5mm		T01	450	0.15	1.5	O2601
5	精车左侧外轮廓		T01	700	0.1	0.5	
6	掉头装卡工件 $\phi50_{-0.03}^{0}$ 外圆						手动
7	手动对刀		T01				手动
8	车右端面,保证工件总长度 50mm		T01	400	0.1		O2602
9	粗车右侧 $\phi100_{-0.03}^{0}$ 外圆		T01	300	0.2	1.5	O2603
10	精车右侧 $\phi100_{-0.03}^{0}$ 外圆至尺寸要求		T01	400	0.1	0.5	
11	手动对刀		T02、T03				手动
12	粗车零件右侧内轮廓		T02	600	0.15	1.0	O2604
13	精车零件右侧内轮廓至尺寸要求		T02	1000	0.1	0.3	
14	粗、精车右侧内螺纹		T03	400	1.5		O2604
编制		审核		批准	日期	共1页	第1页

3. 程序编程

1) 相关计算

(1) 轴、孔尺寸计算。

单件小批量生产,精加工零件轮廓尺寸一般取极限尺寸的平均值。

$$编程尺寸 = 基本尺寸 + (上偏差 + 下偏差)/2$$

$\phi 100_{-0.03}^{0}$ 编程尺寸 $= 100 + (0 - 0.03)/2 = 99.985$(mm)

$\phi 80_{-0.03}^{0}$ 编程尺寸 $= 80 + (0 - 0.03)/2 = 79.985$(mm)

$\phi 50_{-0.03}^{0}$ 编程尺寸 $= 50 + (0 - 0.03)/2 = 49.985$(mm)

$\phi 30_{-0.03}^{0}$ 编程尺寸 $= 30 + (0 - 0.03)/2 = 29.985$(mm)

$\phi 36_{-0.03}^{0}$ 编程尺寸 $= 46 + (0 - 0.03)/2 = 35.985$(mm)

(2) 螺纹部分尺寸计算。

M20×1.5 内螺纹,小径计算值:

$$d_{小} = 20 - 1.3P = 20 - 1.3 \times 1.5 = 18.05 \text{(mm)}$$

实际车削内圆柱面直径:

$$d_{实} = 20 - P = 20 - 1.5 = 18.5 \text{(mm)}$$

主轴转速 n 取 400r/min,进给量 F 取 1.5mm,分 4 刀进给,被吃刀量分别为 0.8mm、0.6mm、0.4mm、0.16mm。切削终点 x 坐标分别为

$$x_1 = 18.05 + 0.8 = 18.85 \text{(mm)}$$
$$x_2 = 18.05 + 0.8 + 0.6 = 19.45 \text{(mm)}$$
$$x_3 = 18.05 + 0.8 + 0.6 + 0.4 = 19.85 \text{(mm)}$$
$$x_4 = 18.05 + 0.8 + 0.6 + 0.4 + 0.15 = 20.0 \text{(mm)}$$

2) 加工程序

零件的加工程序如表 2-31~表 2-34 所示。

表 2-31 粗精车左侧外轮廓

程　序	说　明
O2601;	程序号
G40 G97 G99 M03 S450;	主轴正转,转速 450r/min
T0101;	换 01 号 90°外圆偏刀
G00 X150.0 Z100.0;	刀具快速移动至目测安全位置
M08;	切削液开
G00 Z2.0;	刀具快速点定位至粗车加工复合循环起点
X105.0;	
G72 W1.5 R0.5;	定义粗车循环,切削深度 1.5mm,退刀量 0.5mm
G72 P10 Q50 U0.5 W0.1 F0.15;	精车路线由 N10～N50 指定,X 向精车余量 0.5mm,Z 向精车余量 0.1mm,进给量 0.15mm/r

续表

程 序	说 明
N10 G00 Z-32.5;	
G01X100F0.1;	
X98.5 W1.5;	
X79.985;	
Z-19.5;	精车外轮廓
X78.5 W1.5;	
X49.985;	
Z1.5;	
X48.5 Z0;	
N50 G00 Z2;	
G00 X50.0 Z100.0;	快速退刀至换刀点
M05;	主轴停止
M00;	程序暂停
M30 S700;	主轴正转,转速700r/min
G41 G00 Z2.0;	刀具快速点定位至粗加工复合循环起点,建立刀补
X105.0;	
M08;	冷却液开
G70 P10 Q50;	精加工复合循环
G40 G00 X150;	快速退刀至换刀点
Z100.0;	切削液关
M30;	程序结束并返回起点

表 2-32 车右端面程序

程 序	说 明
O2062	程序号
G40 G99 G97 M03 S450	主轴正转,转速450r/min
T0101	换01号90°外圆偏刀
G00X150.Z100.0	刀具快速移动至目测安全位置
M08	切削液开
G00 Z0	刀具快速点定位至切削端面起点
X105.0	
G01X16.0F0.1	切削端面
G00 Z2.0	轴向退刀
X105.0	快速退刀至换刀点
Z100.0	
M30	程序结束

表 2-33 粗精车外圆 $\phi 100_{-0.03}^{0}$ 程序

程　序	说　明
O2603;	程序号
G40 G99 G97 M03 S300;	主轴正转,转速 300r/min
T0101;	换 01 号 90°外圆偏刀
G00 X150.0 Z100.0;	刀具快速移动至目测安全位置
M08;	切削液开
G00 Z2;	刀具快速点定位至粗加工复合循环起点
X105.0;	
G71 U1.5 R0.5;	定义粗车循环,切削深度 1.5mm,退刀量 0.5mm
G71 P10 Q50 U0.5 W0.05 F0.2;	精车路线由 N10~N50 指定,X 向精车余量 0.5mm,Z 向精车余量 0.05mm,进给量 0.2mm/r
N10 G00 X98.5;	精车轮廓
G01 Z0F0.1;	
X99.985 Z−1.5;	
Z−20;	
N50 G00 X105.0;	
M05;	主轴停转
M00;	程序暂停
M03S400;	主轴正转,转速 400r/min
G70 P10 Q50;	精加工复合循环
G00 X105.0 Z100.0;	快速退刀至换刀点
M05;	切削液关
M30;	程序结束并返回起点

表 2-34 粗、精车内轮廓

程　序	说　明
O2604;	程序号
G40 G99 G97 M03 S600;	主轴正转,转速 600r/min
T0202;	换 02 号内孔车刀
G00 Z100;	刀具快速移动至目测安全位置
X200;	
M08;	切削液开
G00 X17.0 Z2.0;	刀具快速点定位至粗加工复合循环起点
G71 U1.0 R0.5;	定义粗车循环,切削深度 1.0mm,退刀量 0.5mm
G71 P10 Q50 U−0.3 W0.1 F0.15;	精车路线由 N10~N50 指定,X 向精车余量 −0.3mm,Z 向精车余量 0.1mm,进给量 0.15mm/r
N10 G00 X35.985;	精车内轮廓
G01 Z0;	
X29.985 Z−19.0;	
Z−39.0;	
X21.5;	
X18.5W−1.5;	
Z−51.0;	
N50 G00 X17.0;	

续表

程　序	说　明
G00 X200.0 Z100.0;	快速退刀至换刀点
M05;	主轴停止
M00;	程序暂停
M03 S1000;	主轴正转，转速1000r/min
G42 G00 Z2;	刀具快速点定位至粗加工复合循环起点
X17.0;	
G70 P10 Q50;	精加工复合循环
G40 G00 X200.0;	快速退刀至换刀点
Z100.0;	
T0303;	换03号螺纹车刀
M03 S500;	主轴正转，转速500r/min
G00 X16.0 Z2.0;	刀具快速点定位至螺纹切削始点
G92 X18.85 Z−52.0 F1.5;	螺纹车削循环第一刀切深0.8mm
X19.45;	第二刀切深0.6mm
X19.85;	第三刀切深0.4mm
X20.0;	第四刀切深0.25mm
X20.0;	光车，切深0mm
G00 Z100.0;	快速退刀至换刀点
X200.0;	
M05;	主轴停止
M30;	程序结束

4. 仿真加工

（1）启动软件→选择机床→回零→设置工件并安装→装钻头→手动钻通孔。

（2）装外圆车刀(T01)→对刀(T0101)→输入O2601和O1612号加工程序→自动加工→测量尺寸。

（3）掉头装夹工件→外圆车刀(T01)→对刀→输入O2602号（外圆柱面加工程序）和O2603号（端面加工程序）→自动加工→测量外圆柱面尺寸和工件总长度。

（4）装内孔车刀(T02)、装切螺纹车刀(T03)→对刀(T0202、T0303)→输入O2604号（内轮廓加工程序）→自动加工→测量尺寸。

仿真加工结果如图2-89所示。

 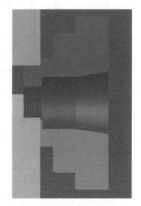

(a) 外轮廓仿真　　　　(b) 内轮廓仿真

图2-89　仿真加工结果

【同步训练】

如图 2-90 和图 2-91 所示的材料 45 钢，编写加工程序，使用仿真软件验证程序正确性并仿真加工。

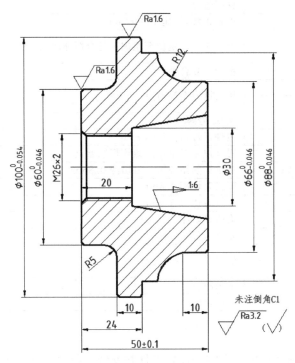

图 2-90　同步训练 1

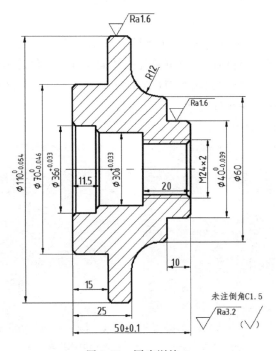

图 2-91　同步训练 2

项目 3

加工中心零件的编程及仿真加工

3.1 任务1 槽类零件的编程及仿真加工

【学习目标】

(1) 学习仿真加工中工件安装、刀具选择和建立坐标系等基本操作。
(2) 掌握数控加工中心常用 F、S、T、M 和 G00/G01 代码。
(3) 具有使用 G00/G01 指令编写简单加工程序的初步能力。
(4) 具有使用仿真软件验证程序正确性的能力。

【任务描述】

如图 3-1 所示,零件材料为硬铝合金,毛坯 100×100×30,使用 3 轴立式数控加工中心,单件生产,编写加工程序,运用 VNUC 4.3 软件仿真加工。

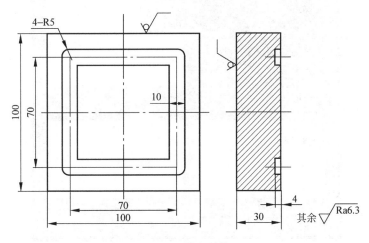

图 3-1 槽类零件

【相关知识】

1. 数控铣、加工中心安全和操作规范

1) 安全文明生产规定

(1) 认真贯彻执行"安全第一,预防为主"的方针及国家有关安全生产的法律法规,并定期检查制度的落实情况。

（2）定期进行安全生产教育和安全知识培训，操作者严格执行各种工艺流程、工艺规范和安全操作规程，不得违章作业。

（3）根据季节变换切实做好防火、防涝及防盗工作，并制定相关措施，配备消防器材。

2）数控铣、加工中心安全操作规程

（1）进入数控实习车间的操作者要戴好眼镜等防护用品，工作服要扎好袖口，头发过长应卷入工作帽中，不得戴手套及穿凉鞋，不得在实习现场嬉戏、打闹及进行任何与实习无关的活动。

（2）开机后，检查报警信息，及时排除报警，检查机床换刀机械手及刀库位置是否正确。

（3）加工中心运转时，操作人员不得擅自离开岗位，加工过程中不得打开防护门，以免发生危险。

2. 加工中心仿真加工

1）启动软件

单机版用户双击计算机桌面上的 VNUC4.3 图标，或从 Windows 的程序菜单中依次打开 Legalsoft→VNUC4.3→"单机版"→"VNUC4.3 单机版"命令。

2）选择机床数控系统

打开菜单"机床"→"选择机床"命令，在"选择机床与控制系统"对话框中选择控制系统类型和相应的机床，如图 3-2 所示，并单击"确定"按钮，此时界面如图 3-3 所示。

图 3-2 "选择机床与数控系统"对话框

3）激活机床

单击"启动"按钮，松开"急停"按钮，激活机床。

4）回零

单击"回零"按键 ，选择 X、Y、Z 方向键，当指示灯亮起完成各轴回零操作。

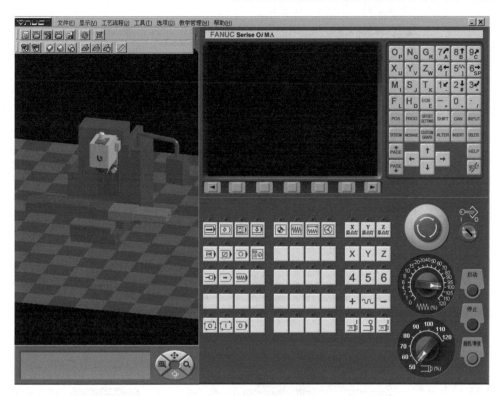

图 3-3 数控加工中心界面

5) 设置并安装工件

单击菜单栏"设定毛坯"按钮,弹出"毛坯零件按钮"对话框,单击"新毛坯"选项,弹出如图 3-4 所示的对话框,夹具选择虎钳。如图 3-5 所示,毛坯在夹具体中的位置可以进行调整,以满足加工需求。

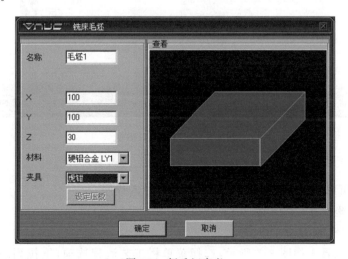

图 3-4 新毛坯定义

6) 选择并安装刀具

单击菜单栏"设定刀具"按钮,弹出"刀具库"对话框,完成相应的刀具建立与安装,确认后退出"刀具库"对话框,如图 3-6 所示。

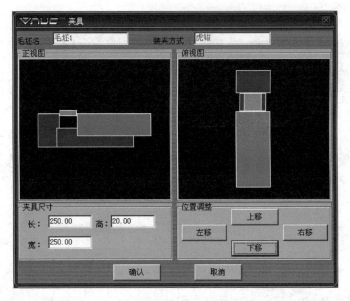

图 3-5 夹具选择

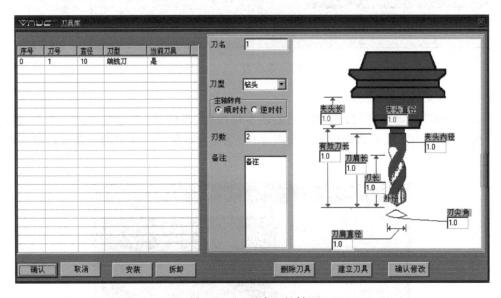

图 3-6 "刀具库"对话框

7) 输入程序

程序的输入可以通过键盘或鼠标完成,也可以导入程序。

8) 建立工件坐标系

(1) 基准工具完成 X、Y 向对刀。

① 选择基准工具。如图 3-7 所示,选择菜单栏工艺流程选项,下拉列表中选择"标准工具"进行对刀。

② 主轴正转。MDI 模式下输入"M03 S500;"单击"循环启动"按钮,主轴正转。

③ X 向对刀。利用手动快进模式调节基准工具靠近毛坯左侧,当接近工件侧面改为手轮模式,单击菜单可进行手轮的显示与隐藏切换。然后利用菜单"工具/辅助视图"调出塞尺,选

择合适塞尺厚度,用手轮调整基准工具靠近毛坯,直至塞尺检查"合适"为止。如图3-8所示,单击"工具"→"辅助视图"命令可关闭辅助视图,收起塞尺。

单击POS键,按下相对键,单击X键后,按起源键,此时相对坐标为X0,如图3-9所示。

将基准工具上移、右移,用同样的方法接近毛坯右侧面,直至塞尺检查合适,如图3-10所示,记下此时X的相对值,并将基准工具移至X相对值的一半处,完成X向对刀,如图3-11所示。在操作面板上选择OFFSET键中的坐标系选项,键入"0",单击"测量"键,完成坐标G54的X值设定。

④ Y向对刀。采用与X相同方法完成Y向对刀,并进行坐标系设置,如图3-12所示。

(2) 塞尺完成Z向对刀。

Z向对刀选用1号刀具,换下基准工具,利用塞尺检验合适后,单击OFFSETTING键,按下坐标系键,将光标移至Z值处,输入"1.0",单击"测量"键,完成Z向对刀,如图3-13所示。

图 3-7 调用基准工具

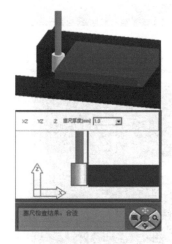

图 3-8 塞尺检测

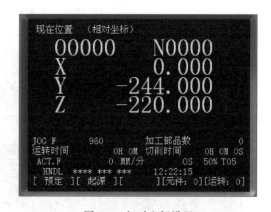

图 3-9 相对坐标设置

9) 自动加工

编辑模式下调出程序,在加工模式下,用循环启动开始加工零件。

3. 编程基础

1) 主轴功能

主轴功能主要表示主轴转速或线速度,主轴功能用字母S和其后面的数字表示,单位为r/min或m/min,S为模态指令。

2) 进给功能

F指令表示工件被加工时刀具相对于工件的合成进给速度,F的单位取决于G94(每分钟进给量,单位为mm/min)或G95(每转进给量,单位为mm/r)。

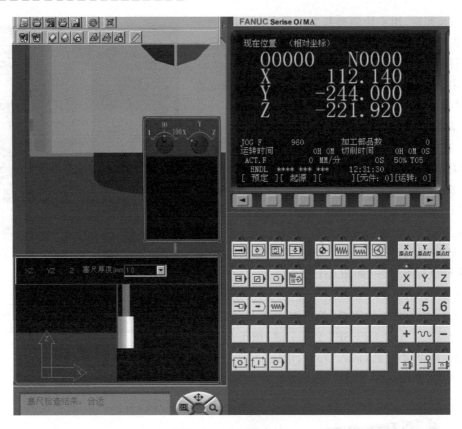

图 3-10　X 右侧面对刀

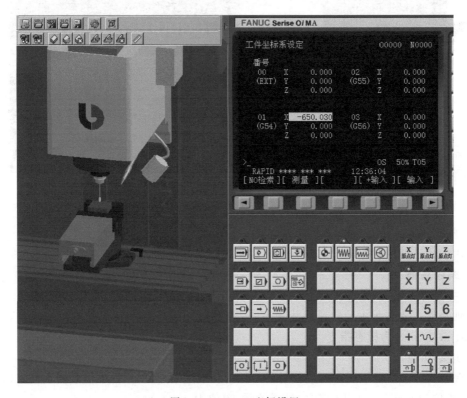

图 3-11　G54 X 坐标设置

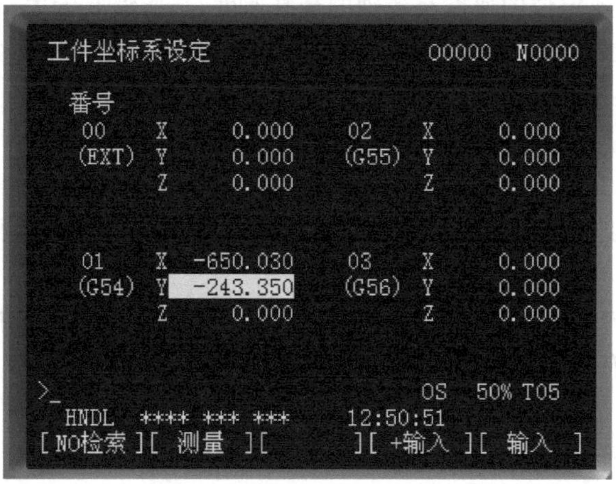

图 3-12 G54 Y 坐标设置

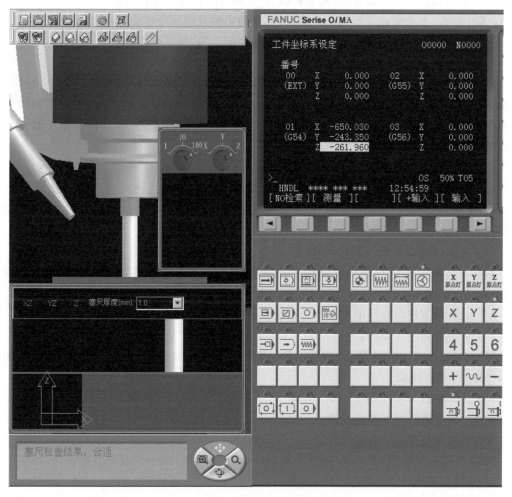

图 3-13 G54 中 Z 坐标设置

当工作在 G01、G02 或 G03 方式下,编程的 F 一直有效,直到被新的 F 值所取代,而工作在 G00、G60 方式下快速定位的速度是各轴的最高速度,与所编 F 无关。借助操作面板上的倍率按键 F 可在一定范围内进行倍率修调。当执行攻丝循环 G84 和螺纹切削 G33 时,倍率开关失效,进给倍率固定在 100%。

3) 刀具功能

T 代码用于选刀,其后的数值表示选择的刀具号。T 代码与刀具的关系是由机床制造厂规定的。在加工中心上执行 T 指令,刀库转动选择所需的刀具,然后等待至 M06 指令作用时自动完成换刀。

T 指令同时调入刀补寄存器中的刀补值(刀补长度和刀补半径),T 指令为非模态指令,但被调用的刀补值一直有效,直到再次换刀调入新的刀补值。

4) 辅助功能

辅助功能由地址字 M 和其后的一或两位数字组成,主要用于控制零件程序的走向及机床各种辅助功能的开关动作。

(1) 程序暂停 M00。

当 CNC 执行到 M00 指令时,将暂停执行当前程序,以方便操作员进行刀具和工件的尺寸测量、工件调头、手动变速等操作。暂停时,机床的主轴进给及冷却液停止,而全部现存的模态信息保持不变。要继续执行后续程序,重按操作面板上的"循环启动"键。

(2) 程序结束 M02。

M02 编在主程序的最后一个程序段中,当 CNC 执行到 M02 指令时,机床的主轴进给冷却液全部停止,加工结束。使用 M02 的程序结束后,若要重新执行该程序就得重新调用该程序或在自动加工子菜单下按 F4 键(请参考 HNC-21M 操作说明书),然后再按操作面板上的"循环启动"键。

(3) 程序结束 M30。

M30 和 M02 功能基本相同,只是 M30 指令还兼有控制返回到零件程序头(O)的作用。使用 M30 的程序结束后若要重新执行该程序只需再次按操作面板上的"循环启动"键即可。

(4) 主轴控制指令 M03、M04、M05。

M03:启动主轴以程序中编制的主轴速度顺时针方向(从 Z 轴正向朝 Z 轴负向看)旋转。

M04:启动主轴以程序中编制的主轴速度逆时针方向旋转。

M05:使主轴停止旋转。

M03、M04 为模态前作用 M 功能,M05 为模态后作用 M 功能,M05 为缺省功能。M03、M04、M05 可相互注销。

(5) 冷却液打开停止指令 M07、M09。

M07:指令将打开冷却液管道。

M09:指令将关闭冷却液管道。

M07 为模态前作用 M 功能,M09 为模态后作用 M 功能,M09 为缺省功能。

5) 准备功能

准备功能指令如表 3-1 所示。

表 3-1 常用 G 代码含义

代码	组	意 义	代码	组	意 义	代码	组	意 义
*G00	01	快速点定位	G28	00	回参考点	G52	00	局部坐标系设定
G01		直线插补	G29		参考点返回	G53		机床坐标系编程
G02		顺圆插补	*G40	09	刀径补偿取消	*G54	11	工件坐标系1~6选择
G03		逆圆插补	G41		刀径左补偿	~		
G33		螺纹切削	G42		刀径右补偿	G59		
G04	00	暂停延时	G43	10	刀长正补偿	G92		工件坐标系设定
G07	16	虚轴指定	G44		刀长负补偿	G65	00	宏指令调用
G09	00	准停校验	*G49		刀长补偿取消	G73~G89	06	钻、镗循环
*G11	07	单段允许	*G50	04	缩放关			
G12		单段禁止	G51		缩放开			
*G17	02	XY加工平面	G24	03	镜像开	*G90	13	绝对坐标编程
G18		ZX加工平面	*G25		镜像关	G91		增量坐标编程
G19		YZ加工平面	*G61	12	精确停止校验	*G94	14	每分钟进给方式
G20	08	英制单位	G64		连续方式	G95		每转进给方式
*G21		公制单位	G68	05	旋转变换	G98	15	回初始平面
G22		脉冲当量	*G69		旋转取消	*G99		回参考平面

注：① 表内00组为非模态指令，只在本程序段内有效。其他组为模态指令，一次指定后持续有效，直到碰到本组其他代码。
② 标有 * 的 G 代码为数控系统通电启动后的默认状态。

6) G54~G59——建立工件坐标系

G54~G59是系统预定的6个工件坐标系，可根据需要任意选用。这6个预定工件坐标系的原点在机床坐标系中的值（工件零点偏置值）可用 MDI 方式输入，系统自动记忆，如图3-14所示。工件坐标系一旦选定，后续程序段中绝对值编程时的指令值均为相对此工件坐标系原点的值。G54~G59 为模态功能，可相互注销，G54 为默认值。

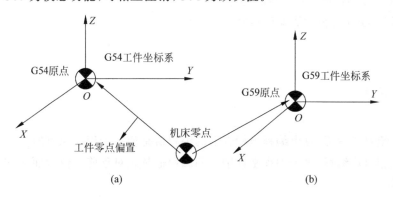

图 3-14 选择工件坐标系指令 G54~G59

如图3-15，要求刀具从当前点移动到 A 点，再从 A 点移动到 B 点，使用工件坐标系 G54 和 G59 的程序如下。

```
O100;
N10 G54 G00 G90 X30 Y40;
N20 G59;
N30 G00 X30 Y30;
```

在使用 G54~G59 指令时应注意,先用 MDI 方式输入各坐标系的坐标原点在机床坐标系中的坐标值。

7) G00——快速定位指令

格式:

G00 X_ Y_ Z_;

说明:

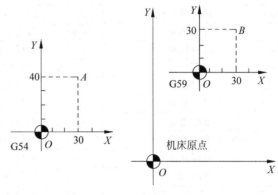

图 3-15 G54~G59 的应用

(1) G00 指令刀具相对于工件以各轴预先设定的速度从当前位置快速移动到程序段指令的定位目标点。快移速度由机床参数"快移进给速度"对各轴分别设定,不能用 F 规定。

(2) 在执行 G00 指令时,由于各轴以各自速度移动,不能保证各轴同时到达终点,因而联动直线轴的合成轨迹不一定是直线。操作员必须格外小心,以免刀具与工件发生碰撞。常见的做法是将 Z 轴移动到安全高度,再放心地执行 G00 指令。

8) G01——直线插补指令

格式:

G01 X_ Y_ Z_;

说明:指令多坐标(2、3 坐标)以联动的方式,按程序段中规定的合成进给速度 F,使刀具相对于工件按直线方式,由当前位置移动到程序段中规定的位置。当前位置是直线的起点,为已知点,而程序段中指定的坐标值为终点坐标。不移动的坐标轴可省略。

9) G90/G91 绝对/增量尺寸编程指令

绝对值编程 G90 与相对值编程 G91

格式:

G90 G_ X_ Y_ Z_;
G91 G_ X_ Y_ Z_;

说明:

(1) G90 绝对值编程,每个编程坐标轴上的编程值是相对于程序原点的。

(1) G91 相对值编程,每个编程坐标轴上的编程值是相对于前一位置而言的,该值等于沿轴移动的距离。

当图纸尺寸由一个固定基准给定时,采用绝对方式编程较为方便。而当图纸尺寸是以轮廓顶点之间的间距给出时,采用相对方式编程较为方便。G90 和 G91 为模态功能,可相互注销,G90 为缺省值。

【任务实施】

1. 图样分析

该零件主要加工正方形槽,槽宽 10mm,槽深 4mm,正方形槽表面粗糙度为 Ra6.3。

2. 加工工艺方案

数控加工工艺性分析涉及面很广,在此仅从数控加工的可能性和方便性两方面加以分析。

1) 零件图纸是否符合编程方便的原则

(1) 零件图上的尺寸标注方法应适应数控加工的特点。在数控加工零件图上,应以同一基准标注尺寸或直接给出坐标尺寸。这种标注方法既便于编程,也便于尺寸之间的相互协调,在保证设计基准、工艺基准、检测基准与编程原点设置的一致性方面带来很大的方便。由于零件设计人员一般在尺寸标注中较多地考虑装配等使用特性方面,而不得不采用局部分散的标注方法,这样就会给工序安排与数控加工带来许多不便。由于数控加工精度和重复定位精度都很高,不会因产生较大的累积误差而破坏使用特性,因此可将局部的分散标注法改为同一基准标注尺寸或直接给出坐标尺寸的标注法。

(2) 构成零件轮廓的几何元素的条件应充分。在手工编程时,要计算每个节点坐标。在自动编程时,要对构成零件轮廓的所有几何元素进行定义。因此在分析零件图时,要分析几何元素的给定条件是否充分。如圆弧与直线、圆弧与圆弧在图样上相切,但根据图上给出的尺寸,在计算相切条件时变成了相交或相离状态。由于构成零件几何元素条件的不充分,编程便无法下手。遇到这种情况时,应与零件设计者协商解决。

2) 零件结构工艺性分析

(1) 零件的内腔和外形最好采用统一的几何类型和尺寸,这样可以减少刀具规格和换刀次数,使编程方便,生产效率提高。

(2) 内槽圆角的大小决定着刀具直径的大小,因而内槽圆角半径不应过小。如图 3-16 所示,零件工艺性的好坏与被加工轮廓的高低、转接圆弧半径的大小有关,图 3-16(b)与图 3-16(a)相比,转接圆弧半径大,可以采用较大直径的铣刀来加工。加工平面时,进给次数也相应减少,表面加工质量也会好一些,所以工艺性较好。通常 $R<0.2H$(H 为被加工零件轮廓面的最大高度)时,可以判定零件的该部位工艺性不好。

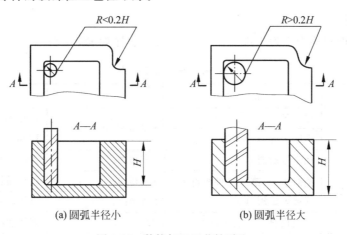

(a) 圆弧半径小　　(b) 圆弧半径大

图 3-16　数控加工工艺性对比

(3) 零件铣削底平面时,槽底圆角半径 r 不应过大。如图 3-17 所示,圆角半径 r 越大,铣刀端刃铣削平面的能力越差,效率也越低。当 r 大到一定程度时,甚至必须用球头刀加工,这是应该尽量避免的。因为铣刀与铣削平面接触的最大直径 $d=D-2r$(D 为铣刀直径)。当 D 一定时,r 越大,铣刀端刃铣削平面的面积越小,加工表面的能力越差,工艺性也越差。

(4) 应采用统一的基准定位。在数控加工中,若没有统一的基准定位,就会因工件的重新安装而导致加工后的两个面上轮廓位置及尺寸不协调。因此要避免上述问题的产生,保证两次装夹加工后其相对位置的准确性,应采用统一的基准定位。零件上最好有合适的孔作为定位基准孔,若没有,则要设置工艺孔作为定位基准孔(如在毛坯上增加工艺凸耳或在后续工序要铣去的余量上设置工艺孔)。若无法制造出工艺孔时,最起码也要用经过精加工的表面作为统一基准,以减少两次装夹产生的误差。

此外,还应分析零件所要求的加工精度、尺寸公差等是否可以得到保证,有无引起矛盾的多余尺寸或影响工序安排的封闭尺寸等。

(1) 采用平口钳装卡,毛坯高出钳口 10mm 左右。

(2) 用 $\phi 10$ 键槽铣刀铣削正方形槽,铣削深度 4mm。走刀路线为 $A \to B \to C \to D \to E \to A$,如图 3-18 所示。

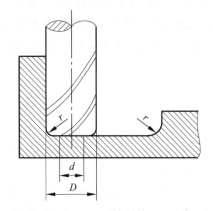
图 3-17 零件底面圆弧对加工工艺的影响

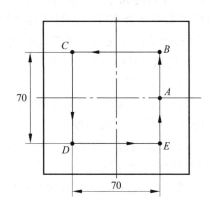
图 3-18 数控加工走刀路线

3. 程序编程

以工件上表面对称中心为工件坐标系原点,加工程序如表 3-2 所示。

表 3-2 槽件加工程序

程　序	说　明	程　序	说　明
O3001	程序名	Y35.0 F120;	直线插补至 B 点,进给量 120mm/min
G91 G28 Z0;	返回 Z 轴参考点		
M06 T01;	换 1 号键槽刀	X-35.0;	直线插补至 C 点
G54 G90 G00 X35.0 Y0;	绝对坐标,第一工件坐标系,快速定位到 A 点	Y-35.0;	直线插补至 D 点
		X35.0;	直线插补至 E 点
G00 Z50.0;	刀具快速定位至 Z50.0	Y0;	直线插补至 A 点
M03 S1200;	主轴正传,转速为 1200r/min	G00 Z5.0;	快速抬刀至 Z5.0
M08;	切屑液开	Z150.0;	抬刀至 Z150.0
		M09;	冷却液关
Z5.0;	刀具快速定位至 Z5.0	M05;	主轴停止
G01 Z-4.0 F60;	直线插补至 Z-4.0,进给量 60mm/min	M30;	程序结束并返回起点

4. 仿真加工

启动软件→选择机床与数控系统→激活机床→回零→设置工件并安装→选择刀具并安装（注意仿真软件中无键槽铣刀，用立铣刀代替）→输入 O3001 号加工程序→建立工件坐标系→自动加工，仿真加工结果如图 3-19 所示。

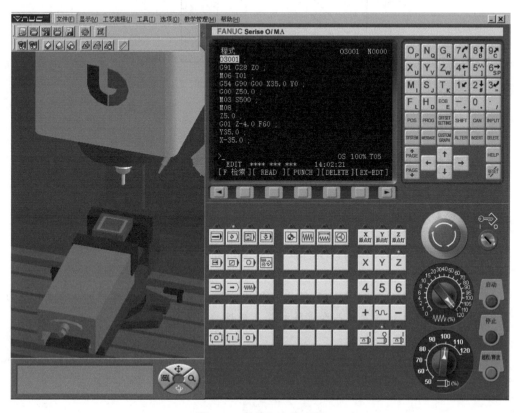

图 3-19　数控加工仿真图

【同步训练】

零件如图 3-20 和图 3-21 所示，材料硬铝合金，毛坯 100×100×30，编写加工程序，使用仿真软件验证程序并加工。

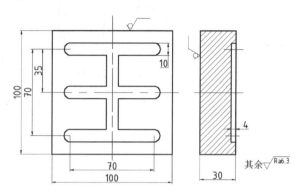

图 3-20　同步训练 1

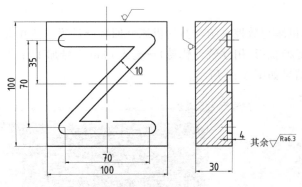

图 3-21 同步训练 2

3.2 任务 2 凸台零件的编程及仿真加工

【学习目标】

(1) 熟悉凸台零件加工工艺。
(2) 掌握 G02/G03、G40/G41/G42 和 M98/M99 指令及应用。
(3) 学习仿真加工中对刀操作。
(4) 具有使用 G02/G03、G40/G41/G42 和 M98/M99 指令,编写凸台零件加工程序的能力。
(5) 具有使用仿真软件验证凸台零件程序正确性的能力。

【任务描述】

如图 3-22 所示的零件材料为硬铝合金,毛坯 100×100×30,使用 3 轴立式数控加工中心,单件生产,编写加工程序,运用 VNUC 4.3 软件进行仿真加工。

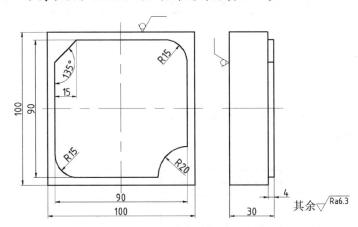

图 3-22 凸台零件

【相关知识】

1. 加工工艺

1) 顺铣与逆铣

切削工件外轮廓时,绕工件外轮廓顺时针走刀为顺铣,绕工件外轮廓逆时针走刀为逆铣,如图 3-23(a)所示。切削工件内轮廓时,绕工件内轮廓逆时针走刀为顺铣,绕工件内轮廓顺时针走刀为逆铣,如图 3-23(b)所示。加工工件时,常采用顺铣,其优点是刀具切入容易,切削刃磨损慢,加工表面质量较高。

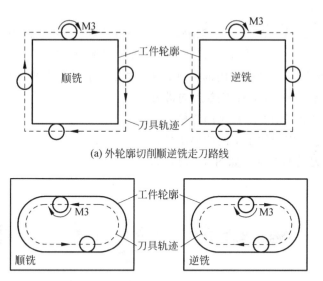

(a) 外轮廓切削顺逆铣走刀路线

(b) 内轮廓切削顺逆铣走刀路线

图 3-23 顺逆铣走刀路线

2) 切削用量的选择

选择切削用量的原则是在保证工件加工精度和刀具耐用度的前提下,获得最高的生产率和最低的成本。

(1) 背吃刀量 a_p。

当侧吃刀量 $a_e < d/2$(d 为铣刀直径)时,$a_p = (1/3 \sim 1/2)d$;当 $d/2 \leqslant a_e < d$ 时,$a_p = (1/4 \sim 1/3)d$;当 $a_e = d$(满刀时),$a_p = (1/5 \sim 1/4)d$。

(2) 进给速度 F。

粗铣时进给量主要依据刀具强度、机床、夹具等工艺系统刚性来选择。在强度刚度许可的条件下,进给量应尽量取大值;精铣时一般取较小值。

(3) 铣削速度 v_c。

粗铣时切削温度高,为了保证铣刀的耐用度,主轴转速要低一些;精铣时主轴转速要高一些。

3) 加工顺序

(1) 基准面先行原则。

用作基准的表面应优先加工出来,定位基准的表面越精确,装夹误差就越小。

(2) 先粗后精。

铣削按照先粗铣后精铣的顺序进行。当工件精度要求较高时,在粗、精铣之间加入半精铣。

(3) 先面后孔。

一般先加工平面,再加工孔和其他尺寸,利用已加工好的平面不仅定位可靠,而且在其上加工孔更为容易。

(4) 先主后次。

装配基准面应先加工零件的主要工作表面,次要表面可放在主要加工表面加工到一定程度后,精加工之前进行。

4) 加工刀具

常用铣削刀具有盘铣刀、立铣刀、键槽铣刀、球头铣刀等,如图 3-24 所示。

(1) 盘铣刀主要用于加工平面,尤其适合加工大面积平面。

(2) 立铣刀是数控加工中最常用的一种铣刀,主要用于加工台阶面以及平面轮廓。大多数立铣刀的端面刃不过中心,不宜直接 Z 向进刀。

(3) 键槽铣刀主要用于加工封闭的键槽。

(4) 球头铣刀主要用于加工空间曲面零件。

铣削加工常用刀具的刀位点如图 3-25 所示。

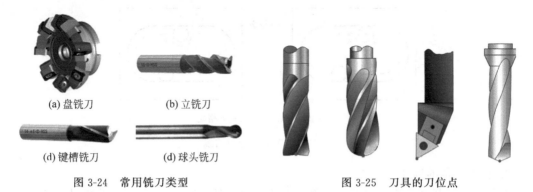

图 3-24　常用铣刀类型　　　　图 3-25　刀具的刀位点

5) 进刀与退刀路线

利用铣刀侧刃铣削平面轮廓时,为了保证铣削轮廓的完整平滑,应采用切向切入、切向切出的走刀路线,如图 3-26 所示。

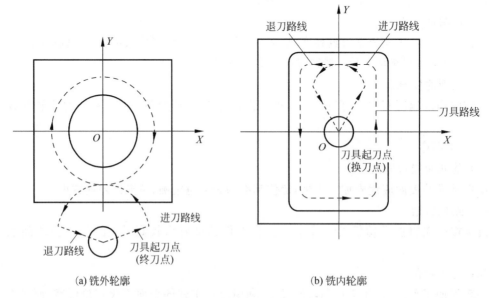

图 3-26　进刀与退刀路线

6) Z向进刀路线

当加工外轮廓时,通常选择直接进刀法,从毛坯外进刀,如图3-27所示。

2. 编程基础

1) G40/G41/G42——刀具半径补偿指令

(1) 功能。

使用该指令编程时只需按零件轮廓编程,不需要计算刀具中心运动轨迹,从而简化计算和程序编制。

(2) 指令格式。

以 XY 平面为例。

G41/G42 G00/G01 X_ Y_ D_ (F_);
…
G40 G00/G01 X_ Y_ (F_);

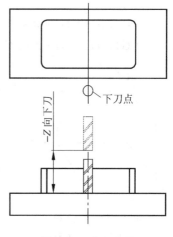

图 3-27 进刀路线

其中:G41/G42——刀具半径左/右补偿,沿着刀具前进的方向看,刀具在工件轮廓的左/右侧,如图3-28所示;

G40——刀具半径补偿取消;

X、Y——建立、取消刀具半径补偿时目标点坐标;

D——刀具半径补偿号。

(3) 注意事项。

① 在执行直线移动命令时建立或取消刀具半径补偿。

② 使用时应指定所在的补偿平面,且不可以切换补偿平面。

③ 进、退刀圆弧半径必须大于刀具半径值。

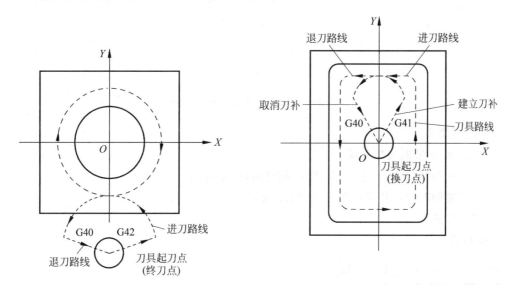

图 3-28 刀具半径补偿

2) 坐标平面选择 G17、G18、G19

说明：

(1) G17、G18、G19 分别表示规定的操作在 XY、ZX、YZ 坐标平面内，如图 3-29 所示。

(2) G17、G18、G19 为模态功能，可相互注销，G17 为缺省值。

(3) 移动指令与平面选择无关。例如执行指令 G17 G01 Z10 时，Z 轴照样会移动。

3) G02/G03 圆弧插补指令

(1) 功能。

使刀具在指定的平面内按给定进给速度进行顺时针圆弧 (G02) 或逆时针圆弧 (G03) 切削加工，如图 3-30 所示。

(2) 指令格式。

G17 G02(G03)X_Y_R_(I_J_)F_;
G18 G02(G03)X_Z_R_(I_K_)F_;
G19 G02(G03)Y_Z_R_(J_K_)F_;

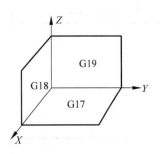

图 3-29　坐标平面选择指令 G17、G18、G19

其中：G02/G03——顺/逆时针圆弧插补指令，从指定平面相垂直的坐标轴的正向往负向看，G02 圆弧为顺时针旋转，G03 圆弧为逆时针旋转，如图 3-31 所示；

X、Y、Z——圆弧终点坐标；

R——圆弧半径，0°＜圆心角＜180°时取正，180°≤圆心角＜360°时取负；

I/J/K——圆心 X/Y/Z 坐标相对圆弧起点 X/Y/Z 坐标的增量；

F——进给速度。

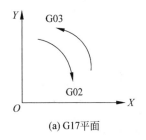
(a) G17平面

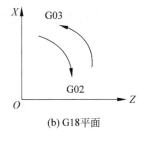
(b) G18平面

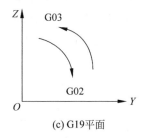
(c) G19平面

图 3-30　G02/G03 圆弧插补平面图

(3) 注意事项。

① I、J、K 为零时可以省略。

② 在同一程序段中，若 I、J、K 与 R 同时出现，R 有效。

③ 加工整圆时只能用圆心坐标 I、J、K 编程。

④ 螺旋线进给。

指令格式：

G17 G02(G03)X_Y_R_(I_J_)Z_F_;
G18 G02(G03)X_Z_R_(I_K_)Y_F_;
G19 G02(G03)Y_Z_R_(J_K_)X_F_;

说明：X、Y、Z 中由 G17/G18/G19 平面选定的两个坐标为螺旋线投影圆弧的终点，意义同圆弧进给，第 3 坐标是与选定平面相垂直的坐标轴终点，其余参数的意义同圆弧进给。

使用 G03 对图 3-32 所示的螺旋线编程,程序如下。

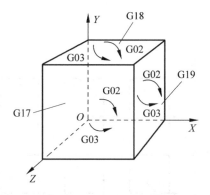

图 3-31　各平面 G02/G03 圆弧插补示意图

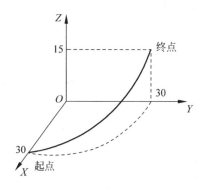

图 3-32　螺旋线编程

G90 编程时:

G90 G17 F300;
G03 X0 Y30.0 R30.0 Z15.0;

G91 编程时:

G91 G17 F300;
G03 X-30.0 Y30.0 R30.0 Z15.0;

4) 子程序调用 M98 及从子程序返回 M99

一次装夹加工多个形状相同或刀具运动轨迹相同的零件,即一个零件有重复加工部分的情况下,为了简化加工程序,把重复轨迹的程序段独立编成一程序进行反复调用,这重复轨迹的程序称为子程序,而调用子程序的程序称主程序。如图 3-33 所示为子程序调用执行过程。

说明:

(1) 调用子程序的格式

M98 P_ L_;

说明:

M98——用来调用子程序;

P——被调用的子程序号;

L——重复调用次数,省略重复次数,则认为重复调用次数为 1 次。例如,M98 P123 L3;
　　表示程序号为 123 的子程序被连续调用 3 次。

(2) 子程序的格式

O****　　　;子程序名
⋮
M99　　　　;子程序结束

说明:M99 表示子程序结束,执行 M99 使控制返回到主程序。

在子程序开头必须规定子程序号作为调用入口地址,在子程序的结尾用 M99,以控制执行完该子程序后返回主程序。

【实例 3-1】 加工如图 3-34 所示的六个方形凸台轮廓,高度为 4mm,已知刀具起始位置为(0,0,50),试编制程序。

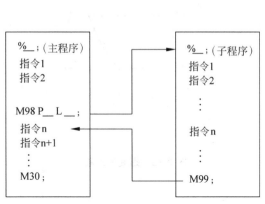

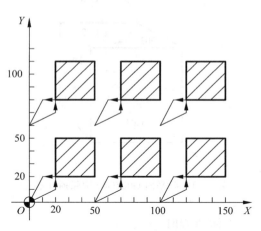

图 3-33　子程序调用执行过程　　　　　图 3-34　子程序调用

程序如下:

O100;	主程序
N10 G92 X0 Y0 Z50.0;	设定工件坐标系
N20 M03 S500 M07;	启动主轴,冷却液开
N30 G90 G00 Z3.0;	快速定位到工件零点上方 3mm
N40 M98 P99 L3;	调用子程序 O99,并连续调用 3 次,完成 3 个方形轮廓的加工
N50 G90 G00 X0 Y60.0;	快速定位到加工另 3 个方形轮廓的起始点位置
N60 M98 P99 L3;	调用子程序 O99,并连续调用 3 次,完成 3 个方形轮廓的加工
N70 G90 G00 X0 Y0 Z50.0;	回到起刀点
N80 M05 M09;	主轴停,冷却液关
N90 M30;	程序结束
O99;	子程序,加工一个方形轮廓的轨迹路径
N10 G91 G01 Z-7.0 F100;	相对坐标编程,进切深到工件表面以下 4mm 处
N20 G41 X20.0 Y10.0 D01;	建立刀具半径左补偿
N30 Y40.0;	直线插补
N40 X30.0;	直线插补
N50 Y-30.0;	直线插补
N60 X-40.0;	直线插补
N70 G40 X-10.0 Y-20.0;	取消刀补
N80 G00 Z7.0;	快速退刀
N90 G00 X50.0	
N100 M99;	子程序结束

在使用子程序编程时,应注意主、子程序使用不同的编程方式。一般主程序使用 G90 指令,而子程序使用 G91 指令,避免刀具在同一位置加工。

【任务实施】

1. 图样分析

零件主要加工对象是一个由两个 R15 的凸圆弧、一个 R20 的凹圆弧与直线连接而成的凸台。

2. 加工工艺方案

（1）利用平口钳装夹毛坯，使毛坯高出钳口 20mm 左右。

（2）用 φ16 三刃立铣刀铣凸台，余量手工切除，走刀路线由 $A→B→C→…→B→J→A$，如图 3-35 所示。

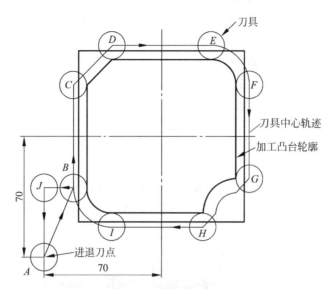

图 3-35　数控加工走刀路线

3. 程序编程

以工件上表面对称中心为工件坐标系原点，加工程序如表 3-3 所示。

表 3-3　凸台轮廓加工程序

程　序	说　明
O3002	程序名
G91 G28 Z0;	返回 Z 轴参考点
M06 T01;	换 1 号 φ16 三刃立铣刀
G54 G90 G00 X−70.0 Y−70.0;	绝对坐标，第一工件坐标系，快速定位到 A 点
G00 Z50.0;	刀具快速定位至 Z50.0
M03 S1000;	主轴正转，转速为 1000r/min
M08;	切屑液开
Z5.0;	刀具快速定位至 Z5.0
G01 Z−4.0 F240;	直线插补至 Z−4.0，进给量 240mm/min
G41 X−45.0 Y−30.0 D01;	直线插补至 B 点，增加刀具半径补偿，Y 值可取更小些 Y−33.0，直线切入
Y30.0;	直线插补至 C 点
X−30.0 Y45.0;	直线插补至 D 点
X30.0;	直线插补至 E 点
G02 X45.0 Y30.0 R15.0;	圆弧插补至 F 点
G01 Y−25.0;	直线插补至 G 点
G03 X25.0 Y−45.0 R20.0;	圆弧插补至 H 点
G01 X−30.0;	直线插补至 I 点

续表

程　序	说　明
G02 X-45.0 Y-30.0 R15.0;	圆弧插补至 B 点
G01 X-70.0;	直线插补至 J 点
G40 X-70.0 Y-70.0;	直线插补至 A 点,取消刀具半径补偿
G00 Z5.0;	快速抬刀至 Z5.0
Z150.0;	抬刀至 Z150.0
M09;	冷却液关
M05;	主轴停止
M30;	程序结束并返回起点

4. 仿真加工

启动软件→选择机床与数控系统→激活机床→回零→设置毛坯并安装→基准工具 X、Y 方向对刀→刀具 Z 向对刀→输入 O3002 程序→自动加工→测量尺寸,仿真结果如图 3-36 所示。

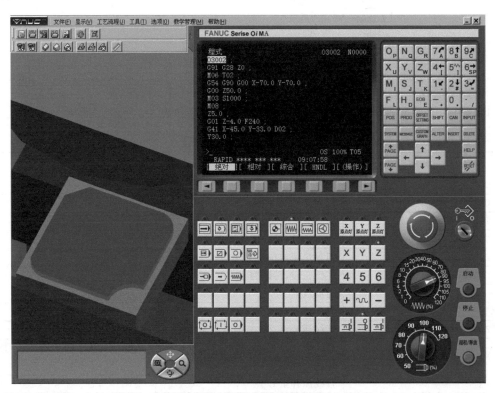

图 3-36　数控加工仿真零件图

【同步训练】

零件如图 3-37 和图 3-38 所示,材料硬铝合金,毛坯 100×100×20,编写加工程序,使用仿真软件验证程序并加工。

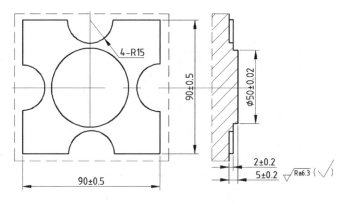

图 3-37　同步训练 1

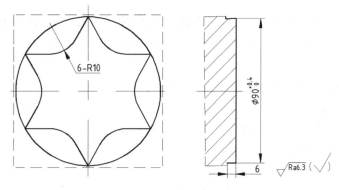

图 3-38　同步训练 2

3.3　任务 3　型腔零件的编程及仿真加工

【学习目标】
(1) 熟悉型腔零件加工工艺。
(2) 掌握 G43/G44/G49 和 G10 指令及应用。
(3) 学习仿真加工中刀具的 Z 向对刀操作。
(4) 具有读图、识图的能力。
(5) 具有编写型腔零件加工程序的能力。
(6) 具有使用仿真软件验证型腔零件程序正确性的能力。

【任务描述】
如图 3-39 所示零件材料为硬铝合金,毛坯 100×100×30,使用 3 轴立式加工中心,单件生产,编写加工程序,运用 VNUC 4.3 软件进行仿真加工。

【相关知识】

1. 加工工艺

1) 刀具的选择

型腔铣削时,采用的刀具一般有键槽铣刀和普通立铣刀。

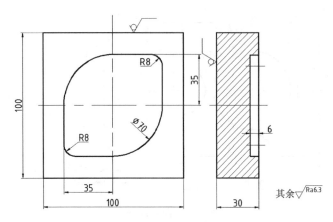

图 3-39 型腔零件

键槽铣刀其端部刀刃通过中心,可以垂直下刀,但由于只有两刃切削,加工时的平稳性比较差,加工工件的表面粗糙度较大,因此适合小面积或被加工零件表面粗糙度要求不高的型腔加工。

普通立铣刀具有较高的平稳性和较长使用寿命,但是由于大多数立铣刀端部切削刃不过中心,所以不宜直接沿 Z 向切入工件。一般先用钻头预钻工艺孔,然后沿工艺孔垂直切入。适合大面积或被加工零件表面粗糙度要求较高的型腔加工。

2) 刀具 Z 向切入方法

键槽铣刀可以直接沿 Z 向切入工件。

立铣刀不宜直接沿 Z 向切入工件,可以采用以下两种方法:方法一先用钻头预先加工出工艺孔,然后沿工艺孔垂直切入工件;方法二选择斜向切入或螺旋切入的方法,如图 3-40 所示。

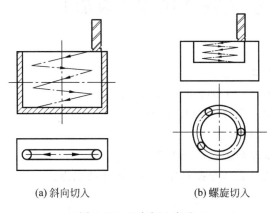

(a) 斜向切入 (b) 螺旋切入

图 3-40　Z 向切入方法

3) 粗加工走刀路线

粗加工走刀路线有行切法、环切法和先行切后环切法,如图 3-41 所示。

行切法走刀路线较短,但是加工出的表面粗糙度不好;环切法获得的表面粗糙度好于行切法,但是刀位点计算复杂;先行切后环切法既可以获得较短的走刀路线又能获得较好的表面粗糙度。

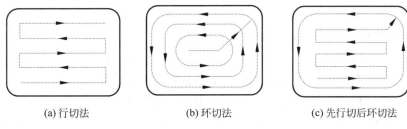

(a) 行切法　　　　　　　(b) 环切法　　　　　　(c) 先行切后环切法

图 3-41　粗加工走刀路线

2. 编程基础

1) G43/G44/G49 刀具长度补偿指令

(1) 功能。

当由于刀具磨损、更换刀具等原因使刀具长度发生变化时,该指令使得数控机床能够根据实际使用的刀具尺寸自动调整差值。刀具长度补偿指令主要针对刀具轴向(Z 方向)的补偿。它能使刀具在 Z 方向上的实际偏移量在程序给定值基础上增加或减少一个偏置量,由 G43 和 G44 两个指令实现。G43 为刀具长度正补偿,G44 为刀具长度负补偿,G49 取消刀具长度补偿。

(2) 指令格式。

```
G43 G00/G01 Z__ H__;
G44 G00/G01 Z__ H__;
G49 G00/G01 Z__;
```

其中：G43——刀具长度正方向补偿,即 Z 实际值＝Z 程序指令值＋H 代码中的偏置值,编程时一般使用 G43 指令,通过改变 H 指令的刀具偏置值的正负来实现向正或负方向移动,如图 3-42 所示；

G44——刀具长度负方向补偿,即 Z 实际值＝Z 程序指令值－H 代码中的偏置值；

G49——取消刀具长度补偿；

Z——目标点坐标；

H——刀具长度补偿值的存储地址。

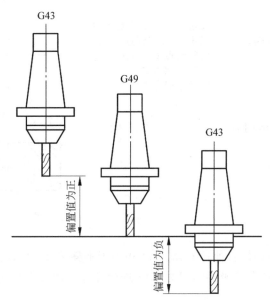

图 3-42　刀具长度补偿 G43

(3) 注意事项。

① 刀具沿 Z 轴方向第一次移动时建立刀具长度补偿。

② 使用 G43、G44 指令时,不管是 G90 指令有效还是 G91 指令有效,刀具移动的最终 Z 方向位置,都是程序中指定的 Z 与 H 指令的对应偏置量进行计算。

③ G43、G44 为模态代码,除用 G49 取消刀具长度补偿外,也可用 H00 指令。

如图 3-43 所示,当执行 G43 时,用已存放在刀具参数表中的数值与 Z 坐标相加,即 Z 实际值 = Z 指令值 + (H_{xx});当执行 G44 时,用已存放在刀具参数表中的数值与 Z 坐标相减,即 Z 实际值 = Z 指令值 − (H_{xx})。其中,(H_{xx})是指 xx 寄存器中的补偿量,其值可以是正值或者是负值。当刀长补偿量取负值时,G43 和 G44 的功效将互换。另外,需要注意的是,当偏置号改变时,新的偏置值并不加到旧偏置值上。例如:设 H01 的偏置值为 20,H02 的偏置值为 30,执行程序 G90 G43 Z100 H01,Z 将达到 120;执行程序 G90 G43 Z100 H02,Z 将达到 130。

图 3-43 G43 与 G44 的区别

刀具长度补偿指令通常用在下刀或提刀的程序指令 G00 或 G01 中,使用多把刀具时,通常是每一把刀具对应一个刀长偏置号,下刀时使用 G43 或 G44,该刀具加工结束后提刀时使用 G49 取消刀长补偿。如图 3-44 所示为刀具长度补偿实例,程序如下。

设(H02)= 160mm 时:

```
N10 G92 X0 Y0 Z0;           设定当前点 O 为程序零点
N20 G90 G00 G44 Z10.0 H02;  指定点 A,实到点 B
N30 G01 Z-20.0;             实际到点 C
N40 Z10.0;                  实际返回点 B
N50 G49 G00 Z0;             实际返回点 O
  ⋮
```

设(H02)= −160mm 时:

```
N10 G92 X0 Y0 Z0;
N20 G90 G00 G43 Z10.0 H02;
N30 G91 G01 Z-30.0;
N40 Z30.0;
N50 G49 G00 Z150.0;
  ⋮
```

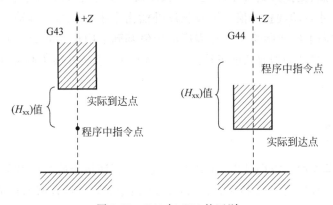

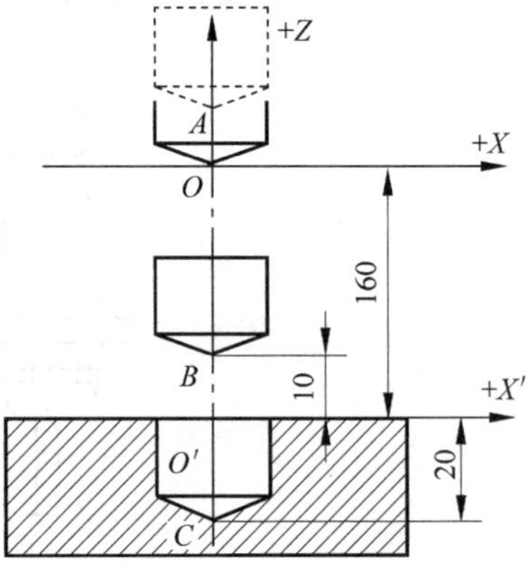

图 3-44 刀具长度补偿实例

从上述程序例中可以看出,使用 G43、G44 相当于平移了 Z 轴原点,即将坐标原点 O 平移到了 O′ 点处,后续程序中的 Z 坐标均相对于 O′ 进行计算。使用 G49 时则又将 Z 轴原点平移回到了 O 点。

同样地,也可采用 G43 H00 或 G44 H00 来替代 G49 的取消刀具长度补偿功能。

2) G10 用程序输入补偿值指令

(1) 功能。

在程序中运用编程指令指定刀具的补偿值。

(2) 指令格式。

H 的几何补偿值编程格式:G10 L10 P_ R_;
H 的磨损补偿值编程格式:G10 L11 P_ R_;
D 的几何补偿值编程格式:G10 L12 P_ R_;
D 的磨损补偿值编程格式:G10 L13 P_ R_;

其中:P——刀具补偿号,即刀具补偿存储器页面中的"番号";

R——刀具补偿量。G90 有效时,R 后的数值直接输入到"番号"中相应的位置;G91 有效时,R 后的数值与相应"番号"中的数值相叠加,得到一个新的数值替换原有数值。

如图 3-45 所示,利用 G10 指令编写刀具半径补偿值分别为 R8、R22、R32。

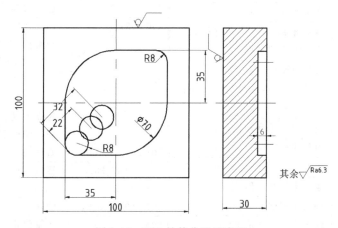

图 3-45　G10 补偿位置示意图

【任务实施】

1. 图样分析

加工表面是由两段 R35 的圆弧、两段 R8 的圆弧以及四段直线连接而成的型腔轮廓,表面粗糙度为 Ra6.3。与前一任务对比,增加了内轮廓加工。

2. 加工工艺方案

1) 加工方案

(1) 利用平口钳装夹毛坯,使毛坯高出钳口 10mm 左右。

(2) 利用盘铣刀手动铣削毛坯上表面,保证工件高度为 20mm。

(3) 利用 φ16 钻头加工工艺孔。

(4) 用 φ16 三刃立铣刀粗铣型腔轮廓,工件单边留 0.2mm 精加工余量。采用直进法切削,粗铣型腔的刀具路线如图 3-46 所示。

(5) 用 φ12 三刃立铣刀精铣型腔轮廓,采用圆弧切向进退刀法,刀具路线如图 3-47 所示。

2) 程序编程

加工程序如表 3-4~表 3-6 所示。

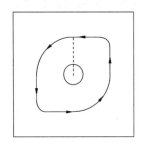

图 3-46 数控加工走刀路线

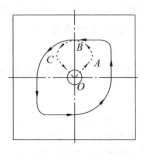

图 3-47 加工进刀路线

表 3-4 型腔零件加工程序

程　序	说　明	程　序	说　明
O3003	程序名	M05;	主轴停止
G91 G28 Z0;	返回 Z 轴参考点	M09;	关闭切削液
M06 T01;	换 1 号 ϕ16 三刃立铣刀	G91 G28 Z0;	返回 Z 轴参考点
G54 G90 G00 X0 Y0;	绝对坐标,第一工件坐标系,快速定位到零点	M06 T02;	换取 2 号刀 ϕ12 三刃立铣刀
G00 Z50.0;	刀具快速定位至 Z50.0	G54 G90 G00 X0 Y0;	绝对坐标,第一工件坐标系,快速定位到零点
M03 S1000;	主轴正转,转速为 1000r/min	M03 S1200;	主轴正转,转速为 1200r/min
M08;	切屑液开	M08;	切屑液开
G43 G00 Z50.0 H01;	建立刀具长度补偿并定位	G43 G00 Z50.0 H02;	建立刀具长度补偿并定位
Z5.0;	刀具快速定位至 Z5.0	Z5.0;	刀具快速定位至 Z5.0
G01 Z-6.0 F60;	直线插补,进给量 60mm/min	G01 Z-6.0 F60;	直线插补,进给量 60mm/min
G10 L12 P1 R32.0	输入半径补偿值 32mm	G10 L12 P2 R6.0	输入半径补偿值 6mm
M98 P3013;	调用子程序 O3013 一次	M98 P3023	调用子程序 O3023 一次
G10 L12 P1 R22.0	输入半径补偿值 22mm	G00 G49 Z150.0;	快速抬刀
M98 P3013;	调用子程序 O3013 一次	M05;	主轴停止
G10 L12 P1 R8.2;	输入半径补偿值 8.2mm	M09;	关闭切削液
M98 P3013;	调用子程序 O3013 一次	M30;	程序结束并返回起点
G00 Z150.0;	快速抬刀		

表 3-5 粗铣型腔轮廓加工程序

程　序	说　明
O3013	粗加工子程序名
G41 G01 Y35.0 D01 F400;	直线插补到点(0,35),建立刀具半径左补偿
G03 X-35.0 Y0 R35.0;	粗铣型腔轮廓
G01 Y-35.0;	
X0;	
G03 X35.0 Y0 R35.0;	
G01 Y35.0;	
X0;	
G40 X0 Y0;	退刀至 X0 Y0,取消刀具半径补偿
M99;	子程序结束

表 3-6 精铣型腔轮廓加工程序

程　　序	说　　明
O3023	精加工子程序名
G41 G01 X15.0 Y20.0 D02 F400;	直线插补到点(15,20),建立刀具半径左补偿
G03 X0 Y35.0 R15.0;	圆弧切向进刀点(0,35)
G03 X-35.0 Y0 R35.0;	精铣型腔轮廓
G01 Y-27.0;	
G03 X-27.0 Y-35.0 R8.0;	
G01 X0;	
G03 X35.0 Y0 R35.0;	
G01 Y27.0;	
G03 X27.0 Y35.0 R8.0;	
G01 X0;	
G03 X-15.0 Y20.0 R15.0;	圆弧切向退刀至(-15.0,20.0)
G40 G01 X0 Y0;	退刀,取消刀具半径补偿
M99;	子程序结束

3. 仿真加工

启动软件→选择机床与数控系统→激活机床→回零→设置毛坯并安装→基准工具 X、Y 方向对刀→T01、T02 两把刀具 Z 向对刀→输入程序→自动加工→测量尺寸,仿真结果如图 3-48 所示。

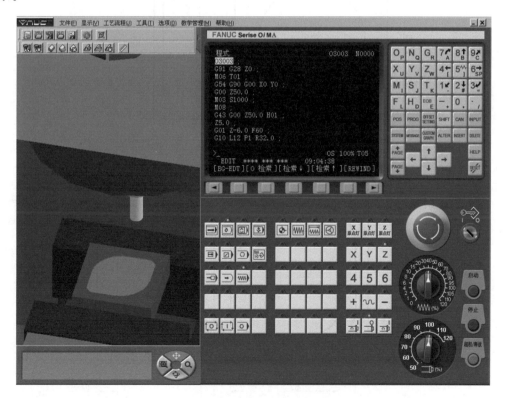

图 3-48 数控加工仿真零件图

【同步训练】

零件如图 3-49～图 3-51 所示,材料硬铝合金,毛坯 $100×100×30$,编写加工程序,使用仿真软件验证程序并加工。

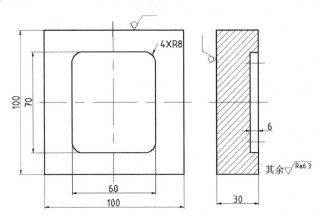

图 3-49 同步训练 1

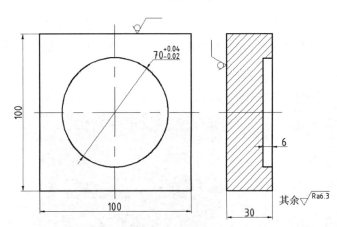

图 3-50 同步训练 2

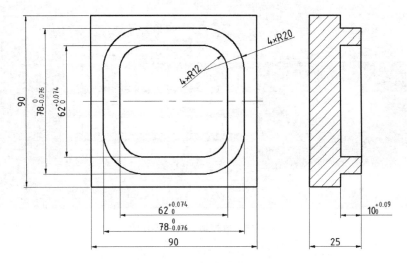

图 3-51 同步训练 3

3.4 任务4 孔系零件的编程及仿真加工

【学习目标】
(1) 熟悉孔的加工方法、加工刀具及加工路线。
(2) 掌握 G81、G82、G83、G85、G76、G74、G84 指令及应用。
(3) 具有零件图的识读能力。
(4) 具有使用孔加工固定循环指令编写孔系零件加工程序的能力。
(5) 具有使用仿真软件验证程序正确性的能力。

【任务描述】
如图 3-52 所示的孔系零件,材料硬铝合金,毛坯 100×100×20,使用 VDF850 立式数控加工中心,单件生产,编写加工程序,运用 VNUC 4.3 软件进行仿真加工。

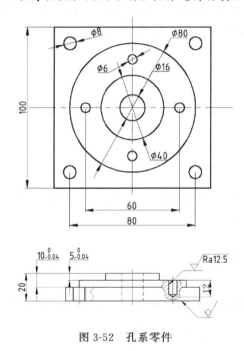

图 3-52 孔系零件

【相关知识】

1. 加工工艺方案

无论是手工编程还是自动编程,在编程以前都要对所加工的零件进行工艺分析。所谓数控加工工艺,就是采用数控机床加工零件的一种方法。程序编制人员进行工艺分析时,要有机床说明书、编程手册、切削用量表、标准工具、夹具手册等资料,根据被加工工件的材料、轮廓形状、加工精度等选用合适的机床,制订加工方案,确定零件的加工顺序,各工序所用刀具、夹具和切削用量等,以求高效率地加工出合格的零件。

1) 加工方法

孔系零件一般采用钻、镗、铰等工艺,其尺寸精度主要由刀具保证,而位置精度主要由机床或夹具导向保证。数控机床一般不采用夹具导向进行孔系加工,而是直接依靠数控机床的坐标控制功能满足孔间的位置精度要求。这类零件通常采用数控钻、镗、铰类机床或加工中心进行。从功能上讲,数控铣床或加工中心覆盖了数控钻、镗床,而用于机械行业的纯金属切削类数控钻床作为商业化产品几乎没有市场生存空间。目前,对于一般单工序的简单孔系加工,通常采用数控铣或数控镗床进行加工;而对于复合工序的复杂孔系加工,一般采用加工中心在一次装夹下,通过自动换刀依次进行加工。

常见孔加工方法有钻孔、扩孔、锪孔、铰孔、镗孔、攻螺纹等。

(1) 钻孔。钻孔是用钻头在实体材料上加工孔的一种方法。

(2) 扩孔。扩孔是用扩孔钻对已有孔进行扩大孔径的加工方法。

(3) 锪孔。锪孔是用锪钻加工锥形沉孔或平底沉孔。

(4) 铰孔。铰孔是用铰刀对孔进行精加工的操作方法。

(5) 镗孔。镗孔是用镗刀对孔进行精加工方法之一。

(6) 攻螺纹。用丝锥在工件孔中切削出内螺纹的加工方法。

在生产实践中,公称直径在 M24 以下的螺纹孔,一般采用攻螺纹的方式加工。

攻内螺纹前应先加工螺纹底孔。一般用下列经验公式计算内螺纹底孔直径 d_0。

对于钢件及韧性金属:

$$d_0 \approx d - P$$

对于铸铁及脆性金属:

$$d_0 \approx d - (1.05 \sim 1.1)P$$

式中:d_0——底孔直径;

d——螺纹公称直径;

P——螺距。

攻不通孔螺纹时,因丝锥不能攻到底,所以钻孔的深度要大于螺纹的有效长度。一般钻孔的深度=螺纹孔深度+0.7d。

2) 加工刀具

孔加工刀具如图 3-53 所示。

(1) 中心钻。

中心钻的作用是在实体工件上加工出中心孔,以便在孔加工时起到定位和引导钻头的作用。

(2) 普通麻花钻。

普通麻花钻是钻孔最常用的刀具。麻花钻有直柄和锥柄之分。

(3) 扩孔钻。

扩孔钻和普通麻花钻结构有所不同。它有 3~4 条切削刃,没有横刃。

(4) 锪钻。

锪钻有柱形锪钻、锥形锪钻和端面锪钻。锪钻是标准刀具,也可以用麻花钻改磨成锪钻。

(5) 铰刀。

加工中心上经常使用的铰刀是通用标准铰刀。通用标准铰刀有直柄、锥柄和套式三种。

(6) 镗刀。

镗刀的种类很多,按加工精度可分为粗镗刀和精镗刀。精镗刀目前较多的选用可调精镗刀。

项目3 加工中心零件的编程及仿真加工

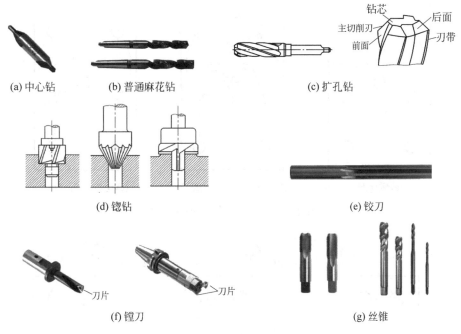

图 3-53 孔加工刀具

(7) 丝锥。

常用的丝锥有直槽和螺旋槽两大类。直槽丝锥加工容易、精度略低、切削速度较慢;螺旋槽丝锥多用于数控加工中心上攻盲孔,加工速度较快,精度高,排屑较好,对中性好。

3) 加工路线

加工孔时,一般是先将刀具在 XY 平面内快速定位运动到孔中心线的位置上,然后刀具再沿 Z 向(轴向)运动进行加工。所以孔加工进给路线的确定包括以下内容。

(1) 确定 XY 平面内的加工路线。

孔加工时,刀具在 XY 平面内的运动属点位运动,确定加工路线时,主要考虑定位要迅速。也就是在刀具不与工件、夹具和机床碰撞的前提下空行程时间尽可能短。例如,加工图 3-54(a)所示的零件时,按图 3-54(b)所示的加工路线进给比按图 3-54(c)所示的加工路线节省定位时间近一半。这是因为在定位运动情况下,刀具由一点运动到另一点时,通常是沿 X、Y 坐标轴方向同时快速移动,当 X、Y 轴各自移距不同时,短移距方向的运动先停,待长移距方向的运动停止后刀具才达到目标位置。图 3-54(b)所示的方案使沿两轴方向的移距接近,所以定位过程迅速。

(2) 定位要准确。

安排加工路线时,要避免机械进给系统反向间隙对孔位精度的影响。例如,镗削图 3-55(a)所示零件上的四个孔。按图 3-55(b)所示的加工路线加工,由于 4 孔与 1、2、3 孔定位方向相反,Y 向反向间隙会使定位误差增加,从而影响 4 孔与其他孔的位置精度。按图 3-55(c)所示的加工路线,加工完 3 孔后往上多移动一段距离至 P 点,然后再折回来在 4 孔处进行定位加工,这样方向一致,就可避免反向间隙的引入,提高了 4 孔的定位精度。

有时定位迅速和定位准确两者难以同时满足,在上述两例中,图 3-55(b)是按最短路线加工,但不是从同一方向趋近目标位置,影响了刀具定位精度。图 3-55(c)是从同一方向趋近目标位置,但不是最短路线,增加了刀具的空行程。这时应抓主要矛盾,若按最短路线加工能保

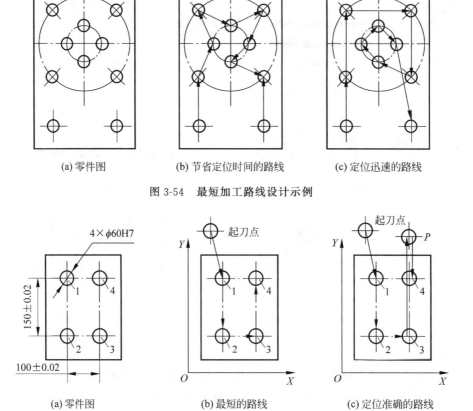

(a) 零件图　　　　(b) 节省定位时间的路线　　　　(c) 定位迅速的路线

图 3-54　最短加工路线设计示例

(a) 零件图　　　　(b) 最短的路线　　　　(c) 定位准确的路线

图 3-55　准确定位加工路线设计示例

证定位精度,则取最短路线;反之,应取能保证定位准确的路线。

（3）确定 Z 向（轴向）的加工路线。

刀具在 Z 向的加工路线分为快速移动进给路线和工作进给路线。刀具先从初始平面快速运动到距工件加工表面一定距离的 R 平面（距工件加工表面一定切入距离的平面）上,然后按工作进给速度进行加工。图 3-56(a) 所示为加工单个孔时刀具的加工路线。对多孔进行加工,为减少刀具空行程进给时间,加工中间孔时,刀具不必退回到初始平面,只要退回到 R 平面即可,其加工路线如图 3-56(b) 所示。

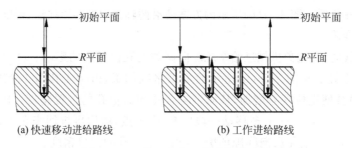

(a) 快速移动进给路线　　　　(b) 工作进给路线

图 3-56　刀具 Z 向加工路线设计示例

在工作进给路线中,工作进给距离 Z_F 包括加工孔的深度 H、刀具的切入距离 Z_a 和切出距离 Z_0（加工通孔）。如图 3-57 所示,图中 T_t 为刀头尖端长度,加工不通孔时,工作进给距

为 $Z_F=Z_a+H+T_t$；加工通孔时，工作进给距离为 $Z_F=Z_a+H+Z_0+T_t$，式中刀具切入、切出距离的经验数据如表 3-7 所示。

表 3-7 经验数据表

加工方式	已加工表面	毛坯表面
钻孔	2-3	5-8
扩孔	3-5	5-8
镗孔	3-5	5-8
铰孔	3-5	5-8
铣削	3-5	5-10
攻螺纹	5-10	5-10

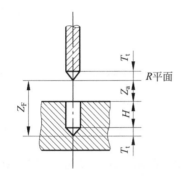 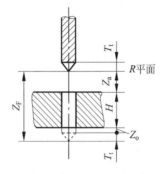

(a) 加工不通孔时的工作进给距离　　(b) 加工通孔时的工作进给距离

图 3-57　工作进给距离计算图

2. 编程基础

1）固定循环的动作

如图 3-58 所示的孔加工固定循环通常由以下 6 个动作组成。

动作 1——X、Y 轴定位，刀具快速定位到孔加工的位置。

动作 2——快进到 R 点，刀具自初始点快速进给到 R 点（准备切削位置）。

动作 3——孔加工，以切削进给方式执行孔加工的动作。

动作 4——在孔底的动作，包括暂停、主轴准停、刀具移位等动作。

动作 5——返回到 R 点，继续下一步的孔加工。

动作 6——快速返回到初始点，孔加工完成。

说明：

（1）初始点（或称初始平面）是为安全进刀切削而规定的一个平面。初始平面到工件表面的距离可以任意设定一个安全的高度上，当使用一把刀具加工若干孔时，只有空间存在障碍需要跳跃或全部孔加工完成时，才使用 G98，使刀具返回初始平面。

（2）R 点（或称 R 平面）。R 平面又叫 R 参考平面，这个平面是刀具切削时由快进转为工进的高度平面，距工件表面的距离主要考虑工件表面尺寸的变化，一般可取 2～5mm。循环中使用 G99，刀具将返回到该平面的 R 点。

（3）孔底平面。加工盲孔时孔底平面就是孔底 Z 轴高度，加工通孔时一般刀具还要伸长超过工件底平面一段距离，保证全部孔深的加工，钻削时还应考虑钻头的钻尖对孔深的影响。

孔加工循环与平面选择指令（G17、G18或G19）无关，即不管选择了哪个平面，孔加工都在XY平面上定位，并在Z轴方向上进行孔加工。

2）固定循环指令组的程序格式

固定循环的数据表达形式可以用绝对坐标（G90）和相对坐标（G91）表示，如图3-59所示，其中图3-59(a)是采用G90的表示，图3-59(b)是采用G91的表示。

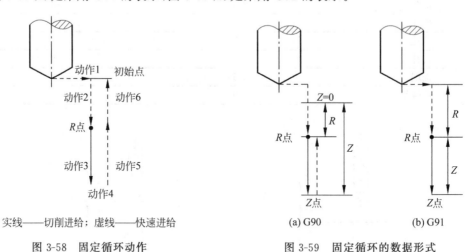

图3-58 固定循环动作　　　　　图3-59 固定循环的数据形式

固定循环的程序格式包括数据形式、返回点平面、孔加工方式、孔位置数据、孔加工数据和循环次数。数据形式（G90或G91）在程序开始时就已指定，因此，在固定循环程序格式中可不注出。固定循环的程序格式如下：

G98(G99)G_X_Y_Z_R_Q_P_I_J_K_F_;

说明：

G98——返回初始平面；

G99——返回R点平面；

G——固定循环代码G73、G74、G76和G81～G89之一；

X、Y——加工起点到孔位的距离（G91）或孔位坐标（G90）；

Z——R点到孔底的距离（G91）或孔底坐标（G90）；

R——初始点到R点的距离（G91）或R点的坐标（G90）；

Q——每次进给深度（G73/G83）；

P——刀具在孔底的暂停时间；

I、J——刀具在轴反向位移增量（G76/G87）；

K——指定孔加工的循环次数，只对等间距孔有效，须以增量方式指定；

F——切削进给速度。

G73、G74、G76和G81～G89、Z、R、P、F、Q、I、J、K是模态指令。G80、G01～G03等代码可以取消固定循环。在使用固定循环编程时，一定要在前面的程序段中指定M03或M04，使主轴启动。固定循环指令不能和后指令M代码（如M00、M05）同时出现在同一程序段。在固定循环中，刀具半径补偿G41、G42无效，刀具长度补偿（G43、G44）有效。取消固定循环（G80），该指令能取消固定循环，同时R点和Z点也被取消。

3）固定循环指令

（1）钻孔循环（G81）与带停顿的钻孔循环（G82）。

格式：

G98(G99)G81 X_ Y_ Z_ R_ F_ L_ ;
G98(G99)G82 X_ Y_ Z_ R_ P_ F_ L_ ;

说明：G81 指令用于正常的钻孔，包括 X、Y 坐标定位、快进、工进和快速返回等动作。G82 指令除了要在孔底暂停外，其他动作与 G81 相同，暂停时间由地址 P 给出。G82 指令主要用于加工盲孔，以提高孔深精度。

（2）攻左旋螺纹（G74）与攻右旋螺纹（G84）。

格式：

G98(G99)G74(G84)X_ Y_ Z_ R_ P_ F_ L_ ;

说明：G74 用于加工左旋螺纹，执行该指令时，主轴反转，在 XY 平面快速定位后快速移动到 R 点，执行攻螺纹达到孔底后，主轴正转回到 R 点，主轴恢复反转，完成攻丝作业。反之，执行 G84（攻右旋螺纹）。G74、G84 指令动作循环如图 3-60 和图 3-61 所示。

攻螺纹时，进给量 F 根据不同的进给模式指定。当常用 G94（mm/min）模式时，F＝导程×转速；当采用 G95（mm/r）模式时，F＝导程。

攻丝时速度倍率进给保持均不起作用，R 应选在距工件表面 7mm 以上的地方，如果 Z 的移动量为零，该指令不执行。

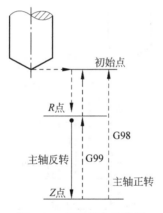 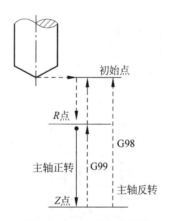

图 3-60　G74 指令动作图　　　图 3-61　G84 指令动作图

【实例 3-2】　用 G81、G84 编制如图 3-62 所示螺纹孔的加工程序，设刀具起点为（0,0,50），切削深度为 10mm。

先用 G81 钻孔，参考程序如下：

O1000
N10 G92 X0 Y0 Z50.0;
N20 G91M03 S600;
N30 G99 G81 X30.0 Y30.0 Z－12.0 R－48.0 F200;
N40 G91X30.0 L3;
N50 Y40.0;
N60 X－30.0 L3;

```
N70 G90 G80 X0 Y0 Z50.0 M05;
N80 M30;
```

再用 G84 攻丝,程序如下:

```
O2000
N10 G92 X0 Y0 Z50.0;
N20 G91 M03 S200;
N30 G99 G84 X30.0 Y30.0 R-42.0 Z-18.0 F100;
N40 X30.0 L3;
N50 Y40.0;
N60 X-30.0 L3;
N70 G90 G80 X0 Y0 Z50.0 M05;
N80 M30;
```

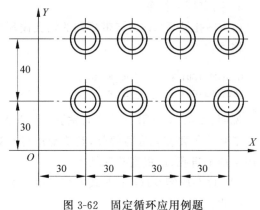

图 3-62　固定循环应用例题

(3) 高速深孔加工循环(G73)。

格式:

G98(G99)G73 X_Y_Z_R_Q_P_K_F_L_;

说明:

Q——每次进给深度;

K——每次退刀距离。

G73 指令动作循环如图 3-63 所示;G83 指令动作循环如图 3-64 所示。

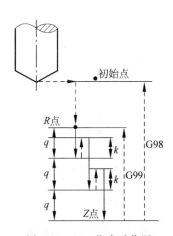 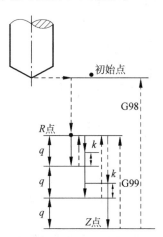

图 3-63　G73 指令动作图　　　　图 3-64　G83 指令动作图

G73 用于 Z 轴的间歇进给,每次进给深度由 Q 指定,且每次工作进给后都快速退回一段距离 K,使深孔加工时容易排屑,减少退刀量,可以进行高效率的加工。

例如,如图 3-63 所示深孔加工,设起刀点(0,0,50),孔底坐标(20,30,-30),参考点距工件表面 2mm,每次进给深 6mm,每次退刀距离 3mm。用 G73 指令编程如下:

```
O0001
N10 G92 X0 Y0 Z50.0;
N20 M03 S600;
N30 G99 G73 X20.0 Y30.0 Z-38.0 R2.0 Q6.0 K3.0 F100.0;
N40 G80 G00 X0 Y0 Z50.0 M05;
```

N50 M30;

（4）深孔（啄钻）加工循环（G83）。

格式：

G98(G99)G83 X_Y_Z_R_Q_P_K_F_L_;

说明：

Q——每次进给深度；

K——每次退刀后，再次进给时，由快速进给转换为切削进给时距上次加工面的距离。

G73 指令动作循环如图 3-63 所示。

G83 该指令适用于加工较深的孔（见图 3-64），与 G73 不同的是每次刀具间歇进给后退至 R 点，可把切屑带出孔外，以免增加切削阻力。

（5）G76（精镗孔循环）与 G87（反镗孔循环）。

格式：

G98(G99)G76(G87)X_Y_Z_R_P_I_J_F_L_;

说明：

I——X 轴刀尖反向位移量；

J——Y 轴刀尖反向位移量。

G76 精镗时，主轴在孔底定向停止后，向刀尖反方向移动，然后快速退刀，如图 3-65 所示。这种带有让刀的退刀不会划伤已加工平面，保证了镗孔精度。

G87 反镗孔，指令动作循环描述如下（见图 3-66）。

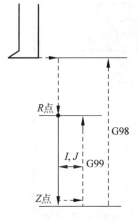
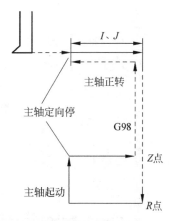

图 3-65　G76 指令动作图　　图 3-66　G87 指令动作图

① 在 X、Y 轴定位，主轴定向停止。

② 在 X、Y 方向分别向刀尖的反方向移动 I、J 值。

③ 定位到 R 点（孔底）。

④ 在 X、Y 方向分别向刀尖方向移动 I、J 值。

⑤ 主轴正转，在 Z 轴正方向上加工至 Z 点。

⑥ 主轴定向停止。

⑦ 在 X、Y 方向分别向刀尖反方向移动 I、J 值。

⑧ 返回到初始点(只能用 G98)。
⑨ 在 X、Y 方向分别向刀尖方向移动 I、J 值。
⑩ 主轴正转。

【实例 3-3】 设起刀点为(0,0,50),孔底坐标为(30,30,-20),参考点距工件表面(或孔底以下)2mm,主轴在孔底定向停止后,向刀尖反方向移动距离 I=5mm,用 G76 或 G87 指令编程如下:

```
O0001
N10 G92 X0 Y0 Z50.0;
N20 M03 S600;
N20 G98 G76 X30.0 Y30.0 Z-20.0 R2 I5.0 P2 F60.0;
(或 N20 G98 G87 X30.0 Y30.0 Z-20.0 R-22.0 I-5.0 P2 F60.0;)
N30 G80 G00 X0 Y0 Z50.0 M05;
N40 M30;
```

(6) 镗孔循环(G85、G86、G88、G89)。

G85 指令与 G84 指令相同,但在孔底时主轴不反转。

G86 指令与 G81 指令相同,但在孔底时主轴停止然后快速退回。

G88 指令格式:

G98(G99)G88 X_ Y_ Z_ R_ P_ F_ L_;

G88 动作循环如图 3-67 所示,描述如下。

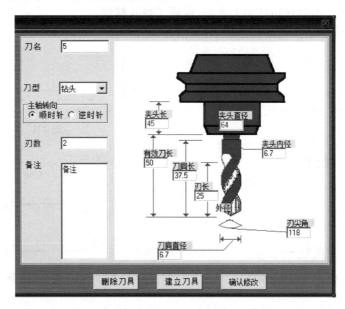

图 3-67 钻头的选择

① 在 X、Y 轴定位。
② 定位到 R 点。
③ 在 Z 轴方向上加工至 Z 点孔底。
④ 暂停后主轴停止。
⑤ 转换为手动状态,手动将刀具从孔中退出。

⑥ 返回到初始平面。
⑦ 主轴正转。

G89 指令与 G86 指令相同,但在孔底有暂停。

3. 仿真加工

本任务需要用到钻头(以 ϕ6.7 钻头为例)和铰刀(ϕ16)。钻头的选择如图 3-67 所示,铰刀的选择如图 3-68 所示。因为 VNUC 4.3 仿真软件中没有提供中心钻和丝锥,所以在仿真时用钻头代替中心钻和丝锥。

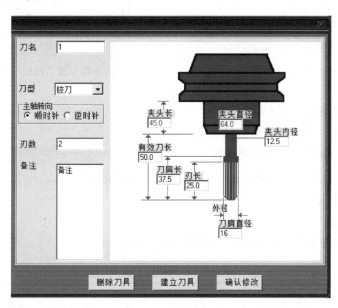

图 3-68　铰刀的选择

【任务实施】

1. 图样分析

零件的加工部位有 4×ϕ6 深孔,4×M8 螺纹孔,重点保证的尺寸有 ϕ16H7,此外还需加工两个高度为 5mm 直径分别为圆形凸台。

2. 加工工艺方案

1) 加工方案

(1) 采用平口钳装夹,毛坯高出钳口 15mm 左右。

(2) 用 ϕ80 盘铣刀手动铣削毛坯上表面,保证工件高度 30mm。

(3) 用 ϕ20 立铣刀粗铣 ϕ80 凸台,单边留 0.1mm 精加工余量。

(4) 用 ϕ20 立铣刀粗铣 ϕ40 凸台,单边留 0.1mm 精加工余量。

(5) 用 ϕ10 立铣刀精铣 ϕ80 凸台和 ϕ40 凸台,采用圆弧进刀的方法,刀具自 $A{\rightarrow}B{\rightarrow}C{\rightarrow}$ 顺时针方向加工凸台,沿 $C{\rightarrow}D{\rightarrow}A$ 退刀,加工路线如图 3-69 所示。

(6) 用 ϕ10 立铣刀精铣 ϕ40 凸台,采用圆弧进刀的方法。

(7) 采用中心钻钻中心孔。

钻中心孔加工路线:1→2→3→4→5→6→7→8→9,如图 3-70 所示。

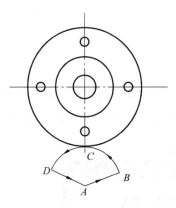

图 3-69　进退刀路线

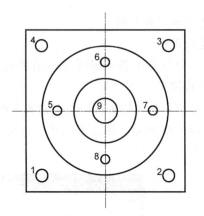

图 3-70　加工路线示意图

(8) 用 $\phi 6$ 钻头钻 4 个 $\phi 4$ 深孔。

(9) 用 $\phi 6.8$ 钻头钻 4 个 M8 螺纹底孔。

(10) 用 M8 丝锥攻 4 个 M8 螺纹孔。

(11) 用 $\phi 15.8$ 钻头钻 $\phi 16H7$ 孔,单边留有 0.1mm 铰削余量。

(12) 用 $\phi 16H7$ 铰刀铰 $\phi 16H7$ 孔。

2) 刀具的选用

刀具的选用如表 3-8 所示,加工工序如表 3-9 所示。

表 3-8　数控加工刀具卡

零件名称		孔加工零件		零件图号		3-52	
序号	刀具号	刀具名称	数量	加工表面	半径补偿号及补偿值	长度补偿号	备注
1		$\phi 80$ 盘铣刀	1	铣削上表面		H01	手动
2	T01	$\phi 20$ 立铣刀	1	粗铣 $\phi 80$、$\phi 40$ 凸台	D01(10.0)	H02	
3	T02	$\phi 10$ 立铣刀	1	精铣 $\phi 80$、$\phi 40$ 凸台	D02(5.0)	H03	
4	T03	中心钻	1	钻中心孔		H04	
5	T04	$\phi 6$ 钻头	1	钻 $\phi 6$ 深孔		H05	
6	T05	$\phi 6.7$ 钻头	1	钻 M8 螺纹底孔		H06	
7	T06	M8 丝锥	1	攻 M8 螺纹孔		H07	
8	T07	$\phi 15.8$ 钻头	1	钻 $\phi 16H7$ 底孔		H08	
9	T08	$\phi 16H7$ 铰刀	1	铰 $\phi 16H7$ 孔		H09	

表 3-9　数控加工工序卡

单位名称			零件名称	孔系零件	零件图号	3-52
程序号		夹具名称	使用设备	数控系统		场地
O2411～O2418		平口钳	XH714D	FANUC 0i Mate-MC		数控实训中心
工步号	工步内容		刀具号	主轴转速 $n/(r \cdot min^{-1})$	进给量 $(F/mm \cdot min^{-1})$	背吃刀量 a_p/mm	备注
1	平口钳装夹工件,盘铣刀将上表面铣平,保证 20mm 的高度						手动

续表

工步号	工步内容	刀具号	主轴转速 $n/(\text{r}\cdot\text{min}^{-1})$	进给量 $(F/\text{mm}\cdot\text{min}^{-1})$	背吃刀量 a_p/mm	备注
2	粗铣 $\phi80$ 凸台	T01	600	40		
3	粗铣 $\phi40$ 凸台		600	40		
4	精铣 $\phi80$ 凸台	T02	800	50		O3401
5	精铣 $\phi40$ 凸台		800	50		O3402
6	钻中心孔	T03	2000	20		O3403
7	钻 $\phi6$ 孔	T04	1400	30		O3404
8	钻 M8 螺纹底孔	T05	1200	20		O3405
9	攻 M8 螺纹孔	T06	100	125		O3406
10	钻孔	T07	350	30		O3407
11	铰 $\phi16H7$ 孔	T08	100	10		O3408

3. 编制加工程序

1) 数值计算

(1) 工件原点。选择工件上表面中心作为工件坐标系原点。

(2) M8 螺纹底孔计算。经查表，M8 粗牙螺纹的螺距为 1.25。对于钢件及韧性金属，根据经验公式 $d_0 \approx d - P = 8 - 1.25 = 6.75\text{mm}$，螺纹底孔直径取 6.8mm。

(3) 经查表 $\phi16H7$ 尺寸为：$\phi16^{+0.021}_{0}$。

2) 加工程序

$\phi80$、$\phi40$ 的圆凸台粗加工应用精加工程序，在运行程序前修改 D01、D02 的数值，实现粗加工。

(1) $\phi80$ 的圆凸台精加工程序如表 3-10 所示。

表 3-10 $\phi80$ 圆凸台精加工程序

程 序	说 明
O3401；	程序号
G91G28Z0；	返回 Z 轴参考点
M06T02；	换 02 号刀具
M03S800；	主轴正转，转速为 800r/min
M08；	切削液打开
G90G54G43G00Z100.0H02；	绝对坐标，第一工件坐标系，Z 向快速定位至 Z100，建立 02 号刀具长度补偿
G00X0Y-75.0；	快速定位到 A 点
G41G01X30.0Y-70.0D01F50；	直线插补到 B 点，建立刀具半径左补偿，进给速度 50mm/min
G03X0Y-40.0R30.0；	圆弧切入工件到 C 点
G02X0Y-40.0I0J40.0；	圆弧插补加工 $\phi80$ 凸台
G03X-30.0Y-70.0R30.0；	圆弧切出工件到 D 点
G40G00X0Y-75.0；	取消刀具半径回 A 点
G00Z2.0；	快速抬刀至 Z2.0mm
X0Y0Z150.0；	回到 X0Y0Z150.0 点
M30；	程序结束

(2) φ40 的圆凸台精加工程序如表 3-11 所示。

表 3-11 φ40 圆凸台加工程序

程 序	说 明
O3402；	程序号
G91G28Z0；	返回 Z 轴参考点
M06T02；	换 02 号刀具
M03S800；	主轴正转，转速为 800r/min
M08；	切削液打开
G90G54G43G00Z100.0H02；	绝对坐标，第一工件坐标系，Z 向快速定位至 Z100.0，建立 02 号刀具长度补偿
G00X0Y−35.0；	快速定位到点(0,−35.0)
G41G01X13.0Y−27.5D02F80；	直线插补到点(13.0,−27.0)，建立刀具半径左补偿，进给速度 80mm/min
G03X0Y−20.0R15.0；	圆弧切入工件到点(0,−20.0)
G02X0Y−20.0I0J20.0；	圆弧插补加工 φ80 凸台
G03X−13.0Y−27.5R15.0；	圆弧切出工件到点(−13.0,−27.0)
G40G00X0Y−35.0；	取消刀具半径回点(0,−35.0)
G00Z2.0；	快速抬刀至 Z2.0
X0Y0Z150.0；	回到点(0,0,150.0)
M30；	程序结束

(3) 钻中心孔加工程序如表 3-12 所示。

表 3-12 钻中心孔加工程序

程 序	说 明
O3403；	程序号
G91 G28 Z0；	返回 Z 轴参考点
M06 T03；	换 03 号刀具(中心钻)
G90 G54 G43 G00 Z100.0 H03；	绝对坐标，第一工件坐标系，Z 向快速定位至 Z100，建立 03 号刀具长度补偿
M03 S2000；	主轴正转，转速为 2000r/min
M08；	切削液开
G99 G81 X−40.0 Y−40.0 Z−12.0 R−7.0 F20；	钻中心孔 1，孔位(−40,−40)，加工中心孔深至 Z−12，R 平面确定在 Z−7 处，刀具返回 R 平面，进给量为 20mm/min
X40.0；	钻中心孔 2
Y40.0；	钻中心孔 3
G98 X−40.0；	钻中心孔 4，刀具返回初始平面
X−30.0 Y0 Z−8.0 R−2.0；	钻中心孔 5，R 平面确定在 Z−2 处
X0 Y30.0；	钻中心孔 6
X30.0 Y0；	钻中心孔 7
X0 Y−30.0；	钻中心孔 8
G99 X0 Y0 Z−3.0 R3.0；	钻中心孔 9，R 平面确定在 Z3 处，刀具返回 R 平面
G80；	取消固定循环
G00 Z150.0；	快速抬刀至 150mm
M30；	程序结束并返回起点

(4) φ6深孔钻削程序如表3-13所示。

表3-13 φ6深孔钻削加工程序

程　序	说　明
O3404;	程序号
G91 G28 Z0;	返回Z轴参考点
M06 T04;	换04号刀具(φ4钻头)
G90 G54 G43 G00Z100.0H04;	绝对坐标,第一工件坐标系,Z向快速定位至Z100,建立04号刀具长度补偿
M03 S1400;	主轴正转,转速为1500r/min
M08;	切削液开
G98G83X-30.0Y0Z-22.0R-2.0Q3.0F30;	钻孔5,孔位(-30.0,0),加工孔深至Z-22,R平面确定在Z-2处,每次进刀3mm,刀具返回初始平面,进给量为30mm/min
X0Y-30.0;	钻孔6
X30.0 Y0;	钻孔7
X0 Y-30.0;	钻孔8
G80;	取消固定循环
G00 Z150.0;	快速抬刀至Z150
M30;	程序结束并返回起点

(5) M8螺纹底孔加工程序如表3-14所示。

表3-14 M8螺纹底孔加工程序

程　序	说　明
O3405;	程序号
G28 G91 Z0;	返回Z轴参考点
M06 T05;	换05号刀具(φ6.8钻头)
G90 G54 G43 G00 Z100.0 H05;	绝对坐标,第一工件坐标系,Z向快速定位至Z100,建立05号刀具长度补偿
M03 S1200;	主轴正转,转速为100r/min
M08;	切削液开
G99G81X-40.0Y-40.0R-7.0Z-22.0F20;	攻螺纹1,进给量为125mm/min
X40.0;	攻螺纹2
Y40.0;	攻螺纹3
G98 X-40.0;	攻螺纹4,返回初始平面
G80;	取消固定循环
G00 Z150.0;	快速抬刀至Z150
M30;	程序结束并返回起点

(6) M8 螺纹加工程序如表 3-15 所示。

表 3-15　M8 螺纹加工程序

程　序	说　明
O3406；	程序号
G91 G28 Z0；	返回 Z 轴参考点
M06 T06；	换 06 号刀具(M8 丝锥)
G90 G54 G43 G00 Z100.0 H06；	绝对坐标，第一工件坐标系，Z 向快速定位至 Z100，建立 06 号刀具长度补偿
M03 S100；	主轴正转，转速为 100r/min
M08；	切削液开
G99G84X－40.0Y－40.0Z－23.0R－7.0 F125；	攻螺纹 1，进给量为 125mm/min
X40.0；	攻螺纹 2
Y40.0；	攻螺纹 3
G98 X－40.0；	攻螺纹 4，返回初始平面
G80；	取消固定循环
G00 Z150.0；	快速抬刀至 Z150
M30；	程序结束并返回起点

(7) ϕ15.8 钻孔加工程序如表 3-16 所示。

表 3-16　ϕ15.8 钻孔加工程序

程　序	说　明
O3407；	程序号
G91 G28 Z0；	返回 Z 轴参考点
M06 T07；	换 07 号刀具(ϕ15.8 钻头)
G90 G54 G43 G00 Z100.0 H07；	绝对坐标，第一工件坐标系，Z 向快速定位至 Z100，建立 07 号刀具长度补偿
M03 S350；	主轴正转，转速为 350r/min
M08；	切削液开
G99 G83 X0 Y0 Z－23.0R3.0Q3.0 F30；	钻孔 9，加工孔深至 Z-23，R 平面确定在 Z3 处，每次进刀 3mm 刀具返回 R 平面，进给量为 30mm/min
G80；	取消固定循环
G00 Z150.0；	快速抬刀至 Z150
M30；	程序结束并返回起点

(8) ϕ16H7 铰孔加工程序如表 3-17 所示。

表 3-17　ϕ16H7 铰孔加工程序

程　序	说　明
O3408；	程序号
G91 G28 Z0；	返回 Z 轴参考点
M06 T08；	换 08 号刀具(ϕ16H7 铰刀)
G90 G54 G43 G00 Z100.0 H08；	绝对坐标，第一工件坐标系，Z 向快速定位至 Z100，建立 08 号刀具长度补偿

续表

程　　　序	说　　　明
X0 Y0;	快速点定位至(0,0)
Z5.0;	快速定位至 Z5
M03 S100;	主轴正转,转速为 100r/min
M08;	切削液开
G01 X0 Y0 Z-23.0 F10;	铰孔 9,进给量 10mm/min
Z5.0;	抬刀至 Z5.0
G00 Z150.0;	快速抬刀至 Z150.0
M30;	程序结束并返回起点

4. 仿真加工

启动软件→选择机床与数控系统→激活机床→回零→设置毛坯并安装→基准工具 X、Y 方向对刀→刀具 T01 至 T08 Z 向对刀→分别输入 O3401 至 O3408 程序→自动加工→测量尺寸,仿真结果如图 3-71 所示。

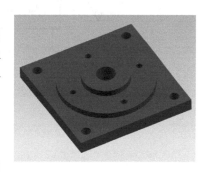

图 3-71　加工仿真图

【同步训练】

零件如图 3-72 和图 3-73 所示,材料硬铝合金,编写加工程序,使用仿真软件验证程序正确性并加工。

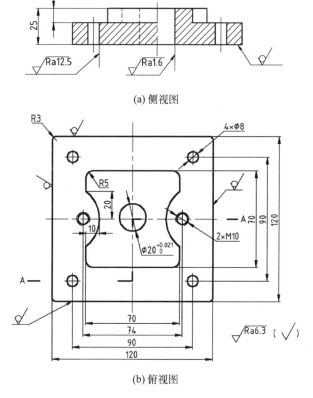

(a) 侧视图

(b) 俯视图

图 3-72　同步训练 1

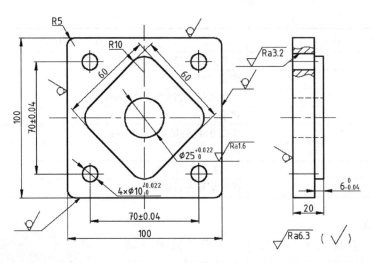

图 3-73 同步训练 2

项目 4

数控生产实例

4.1 任务1 数控车生产加工案例

【学习目标】
(1) 综合运用数控车床编程指令编写零件的加工程序。
(2) 学习刀具装夹、工件找正、对刀、程序模拟等实际操作。
(3) 学习使用量具检测产品质量。
(4) 学习数控车床安全操作规程。
(5) 具有编制加工工艺文件的能力。
(6) 具有合理选用切削用量和加工指令编写加工程序的能力。
(7) 具有使用数控车床加工零件的能力。
(8) 具有选择量具进行产品质量检测的能力。

【任务描述】
转轴和轴帽的装配图如图 4-1 所示,轴帽的零件图如图 4-2 所示,转轴的零件图如图 4-3 所示。综合运用所学知识编写零件加工程序,完成零件加工并检验产品加工质量。

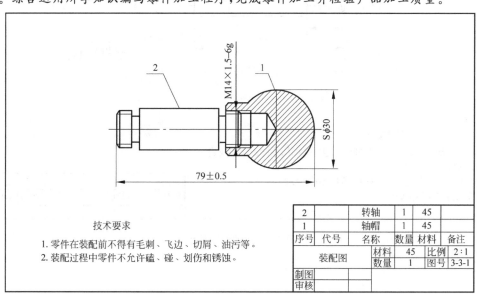

图 4-1 转轴和轴帽的装配图

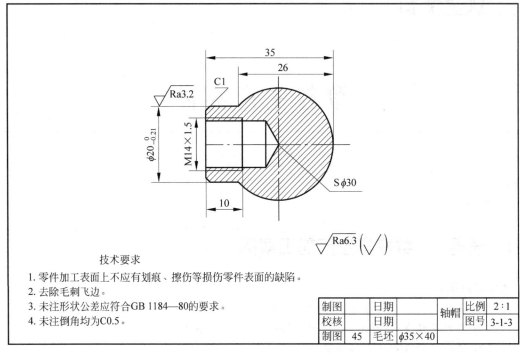

技术要求
1. 零件加工表面上不应有划痕、擦伤等损伤零件表面的缺陷。
2. 去除毛刺飞边。
3. 未注形状公差应符合GB 1184—80的要求。
4. 未注倒角均为C0.5。

图 4-2　轴帽的零件图

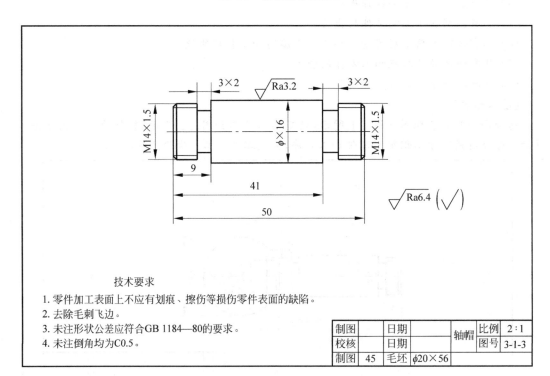

技术要求
1. 零件加工表面上不应有划痕、擦伤等损伤零件表面的缺陷。
2. 去除毛刺飞边。
3. 未注形状公差应符合GB 1184—80的要求。
4. 未注倒角均为C0.5。

图 4-3　转轴的零件图

【相关知识】

1. 数控车床介绍

数控车床操作面板可分为两部分：一部分为 CRT/MDI 面板，或称为编辑键盘；另一部分为机械控制面板，也称操作面板。相同的数控系统 CRT/MDI 面板都是一样的，但因数控车床厂家的不同，机械控制面板会有不同。下面以 CKA6150 数控车床操作面板为例做简单介绍，该数控车床的操作面板如图 4-4 所示，其按键功能如表 4-1 所示。

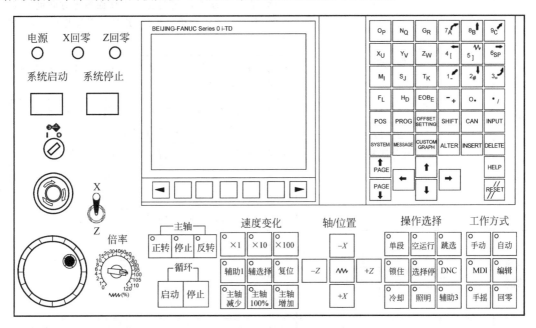

图 4-4 数控车床的操作面板

表 4-1 数控车床操作面板的按键功能

功能块名称	按 键	功 能 说 明
系统	系统启动	机床数控系统通电
	系统停止	机床数控系统断电
		急停：当出现异常情况时，按下此键机床立即停止工作

续表

功能块名称	按　键	功能说明
循环	循环 启动　停止	左侧按键为自动运行启动
		右侧按键暂停进给，按循环启动键后可以恢复自动运行
工作方式	工作方式 手动　自动 MDI　编辑 手摇　回零	手动：在手动方式下，通过按下操作面板上方向键＋X、－X、＋Z、－Z控制机床进给，并且可以操作换刀、主轴正反转等
		自动：在自动方式下，执行编辑后的程序，同时可以诊断程序格式的正确性
		MDI：在MDI方式下，手动输入数据或指令。程序一旦执行完毕，程序就不再驻留在内存
		编辑：程序的存储和编辑都必须在这个方式下进行
		手摇：在手摇方式下，通过摇动手摇脉冲发生器来达到机床移动控制的目的
		回零：在回零方式下，机床返回参考点
主轴功能	主轴 正转　停止　反转	主轴正转
		主轴反转
		主轴停转
操作选择	操作选择 单段　空运行　跳选 锁住　选择停　DNC	单段：在自动运行方式下，执行单段操作一个程序段后自动停止
		空运行：当执行空运行操作，滑板以进给倍率开关制定的速度移动，程序中的F代码无效
		跳选：在自动运行方式下，程序中开头有"/"符号的程序段跳过不执行
		锁住：按下此键机床锁住
		选择停：按下此键，在程序自动运行过程中，当执行到M01时，程序停止执行
		DNC：数据传输
速度变化	速度变化 ×1　×10　×100 主轴减少　主轴100%　主轴增大	×1：手摇轮转动一格滑板移动0.001mm
		×10：手摇轮转动一格滑板移动0.01mm
		×100：手摇轮转动一格滑板移动0.1mm
		主轴减少：主轴低于设定速度运行
		主轴100%：主轴按设定转速运行
		主轴增加：主轴高于设定速度运行

续表

功能块名称	按　键	功能说明
手轮	（倍率旋钮图示）	倍率：在自动状态下，可以调整由 F 代码指定的进给速度（0～150%）。车螺纹时无效
	（手摇轮图示）	手摇轮：沿"－"方向旋转（逆时针）表示沿轴负方向进给，沿"＋"方向旋转（顺时针）表示沿轴正方向进给
	 （X/Z 轴选择开关图示）	轴选择：指定选择的坐标轴，向上为 X 轴，向下为 Z 轴
指示灯	 电源　X回零　Z回零	指示电源通电或各轴回零到位

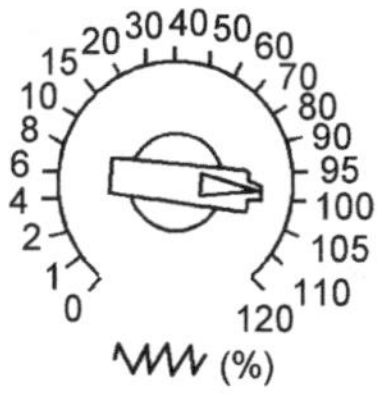

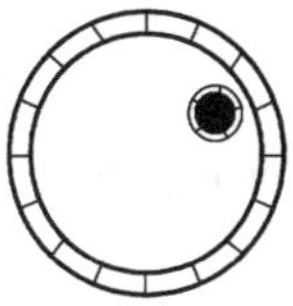

2. 数控车床操作

1) 机床上电

(1) 旋转机床主电源开关至 ON 位，机床电源指示灯亮。

(2) 按"系统启动"键，CRT 显示器上出现机床初始位置的坐标画面。

2) 返回参考点

采用增量式测量系统，机床工作前必须执行返回参考点操作。一旦机床出现断电、急停或超程报警信号，数控系统就失去了对参考点坐标的记忆，操作者在排除故障后，也必须执行返回参考点操作。采用绝对式测量系统不需要返回参考点操作。

手动返回机床参考点操作步骤如下。

(1) 按"回零"键。

(2) 按＋X 键和＋Z 键，刀具快速返回参考点，回零指示灯亮，查看 CRT 上机械坐标值是否为零。

注意：机床返回参考点的顺序是先 X 轴，后 Z 轴。防止刀架碰撞尾座。另外，当滑板上的挡块距离参考点不足 30mm 时，要使滑板向参考点的负方向移动一段距离，然后再返回机床参考点。

3) 手动操作机床

(1) 刀架手动进给。

手动进给的操作方法有两种：一种是用"手动"工作方式使刀架移动；另一种是用"手摇"工作方式使刀架移动。

① 用"手动"移动刀架。

a. 按下"手动"键。

b. 按下操作面板上方向键＋X、－X、＋Z、－Z，机床就朝着所选择的方向连续进给。需要快速移动时,需要按下中间的"快速"键。

② 用"手摇"移动刀架。

a. 按下"手摇"键。

b. 选择×1键、×10键或×100键。

c. 选择移动的坐标轴 X 或 Z。

d. 转动手摇轮,刀架按指定的方向移动。

(2) 手动控制主轴转动。

① 主轴转动。

a. 按下 MDI 键。

b. 按下 PROG 键,CRT 上出现 MDI 下的程序画面。

c. 输入"M03 S××;",如"M03 S500;",按下 EOB 键、INSERT 键。

d. 按下循环启动键,主轴按设定的转速正转。

② 主轴停止。

a. 在 MDI 程序画面中输入 M05,按下 EOB 键、INSERT 键。

b. 按下循环启动键,主轴停止。

开机后首次主轴转动采用上面方法,后面操作可以在"手动"方式下直接按主轴正转、反转或停止,即可完成相应的操作。

(3) 手动操作刀架转位。

a. 按下 MDI 键。

b. 按下 PROG 键,CRT 上出现 MDI 下的程序画面。

c. 输入"T××××;",如 T0101,按下 EOB 键、INSERT 键。

d. 按下循环启动键,选定刀具转到指定位置。

4) 工件装夹、找正

采用三爪自定心卡盘夹住棒料外圆,进行外圆找正后,再夹紧工件。找正方法一般为打表找正,常用的钟面式百分表如图 4-5 所示。百分表是一种指示式量仪,除用于找正(见图 4-6)外,还可以测量工件的尺寸、形状和位置误差。

(1) 注意事项。

使用百分表应注意如下事项。

① 使用前,应检查测量杆的灵活性。即轻轻推动测量杆时,测量杆在套筒内的移动要灵活,且每次放松后,指针能回到原来的刻度位置。

② 使用百分表时,必须把它固定在可靠的夹持架上(如固定在万能表架或磁性表座上)。

③ 用百分表测量零件时,测量杆必须垂直于被测量表面。

④ 不要使测量头突然撞在零件上。

⑤ 不要使百分表受到剧烈的振动和撞击。

(2) 操作步骤

百分表找正如图 4-6 所示,具体操作步骤如下。

① 准备阶段。将钟面式百分表装入磁力表座孔内锁紧,检查测头的伸缩性、测头与指针配合是否正常。

② 测量阶段。百分表测头与工件的回转轴线垂直,用手转动三爪卡盘,根据百分表指针的摆动方向轻敲工件进行调整,使工件的回转轴线,即工件坐标系的 Z 轴与数控车床的主轴

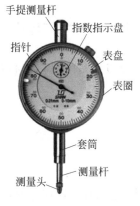

图 4-5 百分表的结构

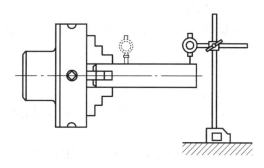

图 4-6 百分表找正

中心轴线重合。

(3) 工件装夹

工件装夹一定要牢固,注意事项如下。

① 装夹工件时应尽可能使基准统一,减少定位误差,提高加工精度。

② 装夹已加工表面时,应在已加工表面上包一层铜皮,以免夹伤工件表面。

③ 装夹部位应选在工件的强度和刚性好的表面。

5) 刀具安装

(1) 机夹外圆车刀的安装。

① 将刀片装入刀体内,旋入螺钉并拧紧。

② 刀杆装上刀架前,先清洁装刀表面和车刀刀柄。

③ 车刀在刀架上伸出长度约等于刀杆高度的 1.5 倍,伸出太长会影响刀杆的刚性。

④ 车刀刀尖应与工件中心等高。

⑤ 刀杆中心应与进给方向垂直。

⑥ 至少用两个螺钉压紧车刀,固定好刀杆。

(2) 钻头的安装。

直柄麻花钻用钻夹头(见图 4-7(a))装夹,再将钻夹头的锥柄插入车床尾座锥孔内。锥柄麻花钻可以直接或者用变径套(见图 4-7(b))插入车床尾座锥孔内。

(a) 钻夹头　　　　　　(b) 变径套

图 4-7 钻夹头与变径套

(3) 内孔车刀的安装。

① 刀杆与工件轴线基本平行。

② 刀杆的伸出长度应尽可能短,一般取孔深长度加刀头宽度即可,以增加刀杆的刚性,防

止产生振动。

③ 刀尖等高或略高于主轴的回转中心,防止刀杆在切削力作用下弯曲产生"扎刀"。

(4) 内、外螺纹车刀的安装。

内、外螺纹车刀在安装时,除了注意上述问题外还要注意车刀刀尖角的对称中心线与工件轴线垂直。

6) 对刀操作

对刀的主要操作步骤如下。

(1) 切削外圆直径,刀具沿 Z 轴正向移动远离工件(X 值不变)。

(2) 主轴停,测量切削直径的尺寸。

(3) X 向补正,即按下 OFFSET SETTING 键→刀偏→形状,进入对刀操作界面,光标移动到指定刀具号行,输入 X 和外圆直径值,如 X30.98,按下"刀具测量"键测量,此时,在 CRT 屏幕的指定刀具号位置,计算并显示出 X 坐标的绝对值。

(4) 切削端面,刀具沿 X 轴正向移动远离工件(Z 值不变)。

(5) Z 向补正,即输入 Z0,再按下"刀具测量"键测量,此时,在 CRT 屏幕的指定刀具号位置,计算并显示出 Z 坐标的绝对值。

(6) 对刀完成,退出界面。

7) 程序输入与模拟

(1) 程序输入。

程序输入的方法有两种:一种是通过键盘输入程序;另一种是通过数据传输导入程序。通过键盘输入程序及调出程序操作同仿真加工。以 FANUC 0i-TD 系统为例,其导入程序步骤如下:

① 确认输出设备已经准备好。

② 按数控系统上的"编辑"键→按 PROG 键→显示程序。

③ 按"列表"键→"操作"键→按右侧扩展键。

④ 选择"设备"键→选择"M-卡"键→显示卡中内容。

⑤ 按"F 读取"键→输入 M 卡程序序号→按"F 设定"键确认→输入机床中程序号→按"O 设定"键确认→按"执行"键→按 PROG 键在 CRT 上显示导入的程序。

⑥ 程序传输完毕,按"操作"键→按右侧扩展键→按"设备"键→按 CNCMEN 键,回到原始状态。

(2) 程序模拟。

输入的程序必须进行检查,常用图形模拟检查程序是否正确。程序模拟加工操作步骤是:按"编辑"键→按 PROG 键→输入程序号,按"↓"显示程序→按"自动"键→按 CUSTOM GRAPH 键→按"图形"键→按"空运行"键和"锁住"键→按"循环启动"键,观察程序的加工轨迹。应当注意的是模拟加工结束后,必须取消空运行和锁住功能。

8) 自动加工与检测

(1) 自动加工。

调用加工程序→"自动"方式→按"循环启动"键,自动加工零件。

(2) 零件检测。

将加工好的零件从机床上卸下,根据零件不同尺寸精度、粗糙度要求选用不同的量具进行检测。

3. 量具使用

本次任务主要使用的量具有游标卡尺、螺纹量规和粗糙度比较样板。

1) 游标卡尺

（1）应用。

游标卡尺是应用较广泛的通用量具。游标卡尺可以测量内、外尺寸，如长度、宽度、厚度、内径和外径、孔距、高度和深度等。

（2）结构。

常用的游标卡尺有普通游标卡尺和数显游标卡尺两种，其结构如图 4-8 所示。

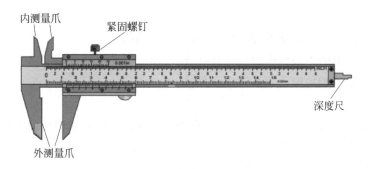

(a) 普通游标卡尺

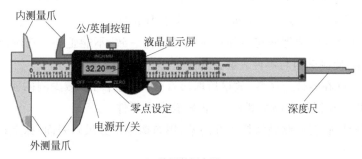

(b) 数显游标卡尺

图 4-8　游标卡尺的结构

（3）使用方法。

测量时，左手拿待测工件，右手拿住主尺，大拇指移动游标尺，使待测工件位于测量爪之间，当与测量爪紧紧相贴时，锁紧紧固螺钉，即可读数。

（4）读数。

数显游标卡尺可以直接在液晶显示屏上读数，普通游标卡尺读数步骤如下。

① 读出游标零线左面主尺上的毫米为整数值。

② 找出游标尺上与主尺上对齐的游标刻线，将对齐的游标刻线与游标尺零线间的格数乘以卡尺的精度为小数值。

③ 把整数值与小数值相加即为测量的实际尺寸。

2) 外径千分尺

（1）应用。

外径千分尺是一种比游标卡尺更为精密的量具。常用的外径千分尺可以测量零件的外径、凸肩厚度、板厚和壁厚等。

（2）结构

外径千分尺的结构如图4-9所示。

（3）使用方法。

① 使测微螺杆与测砧接触，检测微分筒的零线是否与固定套筒的零线对齐。

② 左手握住工件，右手拿住千分尺。

③ 将物体放在测砧与测微螺杆之间，然后旋转棘轮测力装置，听到三声响后，核实测微螺杆和测砧工件接触是否良好。

（4）读数。

① 以微分筒的端面为基准线，读出固定套筒上的数值。

② 以固定套筒上的中心线作为读数基准线，读出微分筒上的数值。

③ 两部分的数值相加即为测量的实际尺寸。

（5）注意事项。

① 测量前被测工件表面应擦干净，以免有赃物存在而影响测量精度。不能用百分表测量表面粗糙或带有研磨剂的零件表面，以免使测砧面磨损，影响测量精度。

② 不能测量旋转的工件，这样会造成严重损坏。

③ 测量时，应该握住弓架，旋转微分筒的力量要适当，不能用力旋转微分筒来增加测量压力，使测微螺杆精密螺纹因受力过大而发生变形，损坏精度。

④ 测量时，注意使测微螺杆与零件被量尺寸方向一致，不能歪斜。在旋转测力装置的同时，轻轻晃动弓架，使测砧面与零件表面接触良好。

⑤ 测量时，最好在零件上读数，放松后取出百分尺，这样可以减少测砧面的磨损。如必须取下读数时，应用制动器锁紧测微螺杆后，再轻轻滑出零件。

⑥ 存储千分尺前，要使测微螺杆离开测砧，用布擦净千分尺外表面，抹上黄油。

3）内径千分尺

（1）应用。

内径千分尺主要用于测量精度较高的孔径和槽宽等尺寸。

（2）结构。

内径千分尺的结构如图4-10所示。

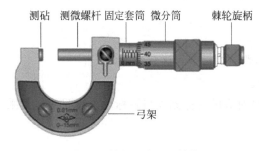

图4-9 外径千分尺的结构

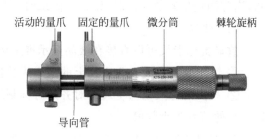

图4-10 内径千分尺的结构

（3）使用方法。

测量时，根据测量的尺寸调整量杆长度，使测量范围包含需要测量的尺寸，对零位进行校准,将内径千分尺放入被测孔内,测量其接触的松紧程度是否合适,读出直径的正确数值。

(4) 读数。

与外径千分尺的读数方法相同。

(5) 注意事项。

① 内径千分尺上没有测力装置,测量压力的大小完全靠手的感觉。

② 测量时,不能用力把内径百分尺压过孔径,以免使细长的测量杆弯曲变形后,损伤量具精度,影响测量结果。

③ 其他见注意事项参见外径千分尺。

4) 螺纹量规

(1) 应用。

螺纹量规是测量内、外螺纹尺寸的常用量具。螺纹量规通常分为环规和塞规,环规检测外螺纹尺寸,塞规检测内螺纹尺寸。

(2) 结构。

螺纹量规的结构如图 4-11 所示。用于通过的过端量规叫通规,用字母 T 表示;用于限制通过的止端量规叫止规,用字母 Z 表示。

(a) 赛规　　　　　(b) 环规

图 4-11　螺纹量规结构

(3) 使用方法。

① 用螺纹通规与被测螺纹旋合,如果能够通过,就表明被测螺纹的作用中径没有超过其最大实体牙型的中径。

② 用螺纹止规与被测螺纹旋合,旋合量不超过两个螺距,即螺纹止规不完全旋合,表明单一中径没有超出其最小实体牙型的中径,被测螺纹中径合格。

4. 实训要求及安全教育

操作者参加实训前必须要进行安全教育,实训要求及安全教育如下。

(1) 数控系统的编程、操作和维修人员必须经过专门的技术培训,熟悉所用数控车床的使用环境、条件和工作参数,严格按机床和系统的使用说明书要求正确、合理地操作机床。

(2) 上机单独操作,发现问题应立即停止生产,严格按照操作规程安全操作。

(3) 强调操作者爱惜公共财产,节约资源,避免浪费,培养良好的作风和习惯。

5. 数控车床安全操作规程

1) 安全操作注意事项

(1) 工作时请穿好工作服、安全鞋,戴好工作帽及防护镜,严禁戴手套操作机床。

(2) 不要移动或损坏安装在机床上的警告标牌。

(3) 不要在机床周围放置障碍物,工作空间应足够大。

(4) 某一项工作如需要两人或多人共同完成时,应注意相互间的协调一致。

(5) 不允许采用压缩空气清洗机床电气柜及 NC 单元。

(6) 任何人员违反上述规定或规章制度,实习指导人员或设备管理员有权停止其使用、操作,并根据情节轻重,报相关部门处理。

2) 工作前的准备工作

(1) 机床工作开始工作前要有预热,认真检查润滑系统工作是否正常,如机床长时间未启动,可先采用手动方式向各部分供油润滑。

(2) 使用的刀具应与机床允许的规格相符,有严重破损的刀具要及时更换。

(3) 调整刀具所用的工具不要遗忘在机床内。

(4) 检查大尺寸轴类零件的中心孔是否合适,以免发生危险。

(5) 刀具安装好后应进行一两次试切削。

(6) 认真检查卡盘夹紧的工作状态。

(7) 机床开动前,必须关好机床防护门。

3) 工作过程中的安全事项

(1) 禁止用手接触刀尖和铁屑,铁屑必须要用铁钩子或毛刷来清理。

(2) 禁止用手或其他任何方式接触正在旋转的主轴、零件或其他运动部位。

(3) 禁止加工过程中测量、变速,更不能用棉丝擦拭零件,也不能清扫机床。

(4) 车床运转中,操作者不得离开岗位,机床发现异常现象应立即停车。

(5) 经常检查轴承温度,过高时应找有关人员进行检查。

(6) 在加工过程中,不允许打开机床防护门。

(7) 严格遵守岗位责任制,机床由专人使用,未经同意不得擅自使用。

(8) 零件伸出车床 100mm 以外时,须在伸出位置设防护物。

(9) 禁止进行尝试性操作。

(10) 手动原点回归时,注意机床各轴位置要距离原点 －100mm 以上,机床原点回归顺序为:首先＋X 轴,其次＋Z 轴。

(11) 使用手轮或快速移动方式移动各轴位置时,一定要看清机床 X、Z 轴各方向"＋、－"号标牌后再移动。移动时先慢转手轮观察机床移动方向无误后方可加快移动速度。

(12) 编完程序或将程序输入机床后,须先进行图形模拟,准确无误后再要进行机床试运行,并且刀具应离开零件端面 200mm 以上。

(13) 程序运行注意事项。

① 对刀应准确无误,刀具补偿号应与程序调用刀具号符合。

② 检查机床各功能按键的位置是否正确。

③ 光标要放在主程序头。

④ 加注适量冷却液。

⑤ 站立位置应合适,启动程序时,右手做按停止按钮的准备,程序在运行当中手不能离开停止按钮,如有紧急情况立即按下停止按钮。

(14) 加工过程中认真观察切削及冷却状况,确保机床、刀具的正常运行及零件的加工质量。并关闭防护门以免铁屑、润滑油飞出。

（15）在程序运行时须暂停测量零件，要待机床完全停止运行、主轴停转后方可进行测量，以免发生事故。

（16）关机时要等主轴停转 3min 后方可关机。

（17）未经许可禁止打开电器箱。

（18）各手动润滑点必须按说明书要求润滑。

（19）修改程序的钥匙在程序调整完后要立即拿掉，不得插在机床上，以免无意改动程序。

（20）使用机床时，每日必须使用切削油循环 0.5h，冬天时间可稍短一些，切削液要定期更换，一般为 1~2 月，机床若数天不使用，则每隔一天应对 NC 及 CRT 部分通电 2~3h。

4）工作完成后的注意事项

（1）清除切屑，擦拭机床，使机床与环境保持清洁状态。

（2）注意检查或更换磨损坏了的机床导轨上的油擦板。

（3）检查润滑油、冷却液的状态，及时添加或更换。

（4）依次关掉机床操作面板上的电源和总电源。

【任务实施】

1. 图样分析

转轴和轴帽的材料为 45 钢，加工表面有 $\phi16$ 圆柱面、$\phi30$ 球面、倒角、退刀槽和 M14×1.5 内外螺纹等，表面粗糙度分别为 Ra1.6 和 Ra3.2。现有 CKA6150 数控车床能够完成该零件加工要求。

2. 加工工艺方案制定

1）加工方案

（1）零件1：轴帽加工

① 采用三爪自定心卡盘装卡，零件伸出卡盘 20mm。

② 手动车端面、外圆、倒角。

③ 调头夹持已车外圆。

④ 车端面保总长，外圆倒角。

⑤ 钻中心孔。

⑥ 用 $\phi10$ 钻头钻孔。

⑦ 粗、精车螺纹底孔。

⑧ 粗精车 M14×1.5 螺纹孔，用塞规测量。

（2）零件2：转轴加工

① 采用三爪自定心卡盘装卡，零件伸出卡盘 45mm。

② 粗车端面及外轮廓。

③ 切槽 3×2。

④ 粗、精车 M14×1.5 螺纹，并试配。

⑤ 调整工件伸出长度，伸出卡盘 15mm。

⑥ 装配上零件1，粗、精车零件1的外轮廓。

⑦ 卸下零件 1。

⑧ 零件 2 调头,夹持 16 外圆,并找正。

⑨ 车削端面保总长。

⑩ 粗、精车左端外轮廓。

⑪ 切左端槽 3×2。

⑫ 粗、精车左端 M14×1.5 螺纹,并试配。

⑬ 去毛刺。

2) 选择机床设备

根据零件图样要求,尺寸公差都比较大,选用经济型数控车床即可达到要求,故选用 CKA6150 型数控卧式车床。

3) 选择刀具

根据需要选择并安装刀具,转轴配合件数控加工刀具卡如表 4-2 所示。

表 4-2 数控加工刀具卡

零件名称		转轴配合件		零件图号		4-2、4-3	
序号	刀具号	刀具名称	数量	加工表面	刀尖半径 R/mm	刀尖方位 T	备注
1	T01	主偏角 90° 外圆右偏刀	1	粗、精加工零件 2 外轮廓	0.4	3	55°刀尖角
2		中心钻	1	钻中心孔			手动
3		φ10 钻头	1	钻孔			
4	T02	镗刀	1	镗孔	0.4	2	
5	T03	60°牙型角 内螺纹车刀	1	粗、精加工内螺纹			
6	T04	宽 3mm 的槽刀	1	切槽、切断			
7	T05	60°牙型角 外螺纹车刀	1	粗、精加工外螺纹			
8	T06	主偏角 90° 外圆右偏刀	1	粗、精加工零件 1 外轮廓	0.4	2	35°刀尖角
编制		审核		批准	日期	共1页	第1页

4) 确定切削用量

切削用量的具体数值应根据该机床性能、相关的手册并结合实际经验确定,详见加工工序卡,如表 4-3 所示。

5) 确定工件坐标系、对刀点和换刀点

确定以工件右端面与轴心线的交点为工件原点,建立工件坐标系。采用手动试切对刀方法,把点工件原点作为对刀点。换刀点选在不碰工件为准。

6) 加工工序

如表 4-3 所示为转轴配合件的数控加工工序卡,该配合件的加工编制了 27 个工步,对应程序号见备注。

表 4-3 转轴配合件的数控加工工序卡

单位名称				零件名称		零件图号	
				转轴配合件		4-2、4-3	
程序号	夹具名称		使用设备	数控系统		场地	
	三爪自定心卡盘		CKA6150	FANUC 0i-TD		数控实训中心	
工步号	工步内容		刀具号	主轴转速 $n/(\text{r·min}^{-1})$	进给量 $/(\text{mm·r}^{-1})$	背吃刀量 /mm	备注
1	装夹零件1并打表找正						手动
2	车端面、车外圆		T01				
3	掉头						
4	钻中心孔						
5	钻孔						
6	车端面保持总长、车外倒角		T01				
7	手动对刀						
8	粗车内轮廓,留余量1mm		T02	400	0.2	1	O1001
9	精车内轮廓		T02	600	0.1	0.5	O1001
10	粗、精车 M14×1.5 螺纹孔		T03	400	1.5		O1002
11	三爪卡盘装卡零件2并找正						手动
12	粗车外轮廓		T01	500	0.2	1.5	O1003
13	精车外轮廓		T01	1000	0.1	0.5	O1003
14	切槽 3×2		T04	400	0.08		O1004
15	粗精车 M14×1.5 螺纹		T05	400	1.5		O1005
16	调整工件伸出长度						手动
17	将零件1装配到零件2上						
18	粗车零件1外轮廓		T06	500	0.2	1.5	O1006
19	精车零件1外轮廓		T06	1000	0.1	0.5	O1006
20	拆卸零件1						手动
21	零件2调头						
22	三爪卡盘装卡零件2并找正						
23	车端面,定总长						
24	粗车左侧外轮廓		T01	500	0.2	1.5	O1003
25	精车左侧外轮廓		T01	1000	0.1	0.5	O1003
26	切槽 3×2		T04	400	0.08		O1004
27	粗精车 M14×1.5 螺纹		T05	400	1.5		O1005
编制		审核		批准	日期	共1页	第1页

3. 程序编程与加工

完成转轴和轴帽的加工,编制6个参考程序,分别是 O4111～O4116,详细代码如下。

1) 零件1：内轮廓加工

```
O1001;
N10 G40 G97 G99 M03 S400 F0.2;        程序初始化,启动主轴
N20 G00 X100.0 Z100.0;
N30 T0202;                              换刀
N40 G00 Z5.0;                           快速接近工件
N50 X10.0;
```

```
N60 G71 U1.0 R0.5;                              粗加工复合循环
N70 G71 P80 Q120 U-0.5 W0;
N80 G00 X15;
N90 G01 Z0;
N100 X12.35 Z-0.5;
N110 Z-10.0;
N120 G01 X10.0;                                 循环结束
N130 G00 Z100.0;
N140 X100.0;
N150 M05;                                       主轴停
N160 M00;                                       程序停止
N170 M03 S600 F0.1;
N180 G41 G00 Z5.0;                              刀尖半径补偿
N190 X10.0;                                     定位循环起点
N200 G70 P80 Q120;                              精加工循环
N210 G40 G00 Z100.0;                            取消刀尖半径补偿,退刀
N220 X100.0;
N230 M30;
```

2) 零件1：内螺纹加工

```
O4112;
N10 G40 G97 G99 M03 S400;                       程序初始化,启动主轴
N20 G00 X100.0 Z100.0;
N30 T0303;                                      换刀
N40 G00 Z5.0;                                   快速接近工件
N50 X11.5;
N60 G92 X13 Z-7 F1.5;                           内螺纹加工
N70 X13.5;
N80 X13.8;
N90 X14.0;
N100 X14.0;
N110 G00 Z100.0;                                退刀
N120 X100.0;
N130 M30;                                       程序结束
```

3) 零件2：右侧外轮廓加工

```
O4113;
N10 G40 G97 G99 M03 S500 F0.2;                  程序初始化,启动主轴
N20 G00 X100.0 Z100.0;
N30 T0101;                                      换刀
N40 G00 Z5.0;                                   快速接近工件
N50 X20.0;                                      定位循环起点
N60 G71 U1.5 R0.5;                              粗加工复合循环
N70 G71 P80 Q150 U0.5 W0;
N80 G00 X12.0;
N90 Z0;
N100 G01 X13.85 Z-1.0;
N110 Z-9.0;
N120 X15.0;
N130 X16.0 Z-9.5;
N140 Z-42.0;
```

N150 G01 X20;	循环结束
N160 G00 X100.0;	
N170 Z100.0;	
N180 M05;	
N190 M00;	程序停止
N200 M03 S1000 F0.1;	
N210 G42 G00 Z5.0;	刀尖半径补偿
N220 X20.0;	
N230 G70 P80 Q150;	精加工循环
N240 G40 G00 X100.0;	取消刀尖半径补偿,退刀
N250 Z100;	
N260 M30;	程序结束

4) 零件2：切槽加工

O4114;	
N10 G40 G97 G99 M03 S400 F0.08;	程序初始化,启动主轴
N20 G00 X100.0 Z100.0;	
N30 T0404;	换刀
N40 G00 Z-9.0;	定位
N50 X17.0;	接近工件
N60 G01 X11.0;	切槽进刀
N70 G04 X2.0;	暂停
N80 G01 X17.0;	切槽退刀
N90 G00 X100.0;	
N100 Z100.0;	
N110 M30;	程序结束

5) 零件2：外螺纹加工

O4115;	
N10 G40 G97 G99 M03 S400;	程序初始化,启动主轴
N20 G00 X100.0 Z100.0;	
N30 T0505;	换刀
N40 G00 Z5.0;	接近工件
N50 X15.0;	循环起点
N60 G92 X13.0 Z-8.0 F1.5;	车外螺纹
N70 X12.5;	
N80 X12.2;	
N90 X12.05;	
N100 X12.05;	
N110 G00 X100.0;	退刀
N120 Z100.0;	
N130 M30;	

6) 零件1：外轮廓加工

O4116;	
N10 G40 G97 G99 M03 S500 F0.2;	程序初始化,启动主轴
N20 G00 X100.0 Z100.0;	
N30 T0606;	换刀
N40 G00 Z5.0;	接近工件

```
N50 X35.0;                              循环起点
N60 G73 U10.0 W0 R4;                    仿形复合循环
N70 G73 P80 Q120 U0.5 W0.08;
N80 G00 X0;
N90 G01 Z0;
N100 G03 X20.0 Z-26.0 R15.0;
N110 G01 Z-36.0;
N120 X35.0;                             循环结束
N130 G00 X100.0;
N140 Z100.0;
N150 M05;                               主轴停
N160 M00;                               程序停止
N170 M03 S1000 F0.1;
N180 G42 G00 Z5.0;                      刀尖半径补偿
N190 X35.0;
N200 G70 P80 Q120;                      精加工循环
N210 G40 G00 X100.0;                    取消刀尖半径补偿,退刀
N220 Z100.0;
N230 M30;                               程序结束
```

【同步训练】

千斤顶零件图如图 4-12～图 4-16 所示,使用 CKA6150 卧式数控车床加工零件,并装配。

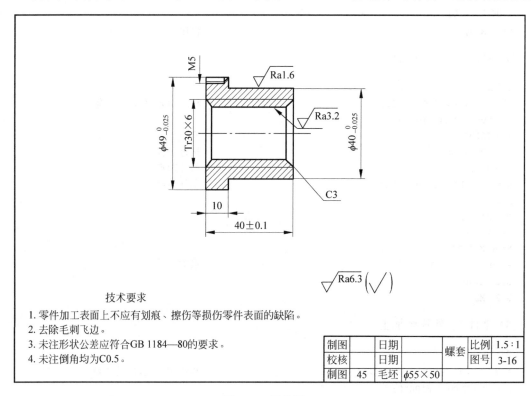

图 4-12 零件图 1

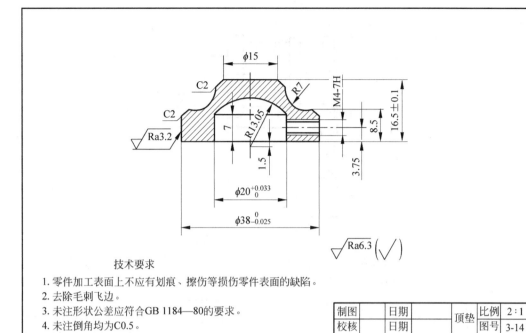

图 4-13 零件图 2

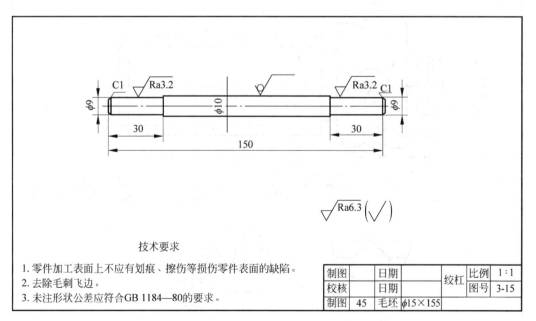

图 4-14 零件图 3

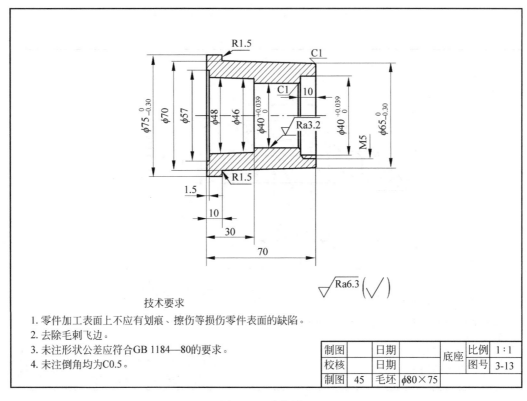

图 4-15　零件图 4

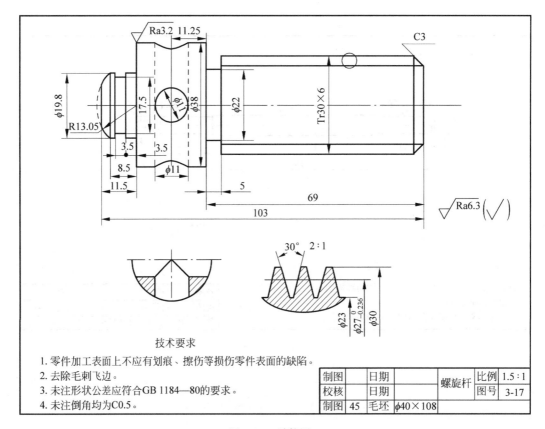

图 4-16　零件图 5

4.2 任务 2 加工中心零件生产实例

【学习目标】
(1) 综合运用数控铣削加工编程指令编写零件的加工程序。
(2) 学习刀具装夹、工件找正、对刀、程序模拟等实际操作。
(3) 学习使用量具检测产品质量。
(4) 学习 5S 管理标准。
(5) 具有编制加工工艺文件的能力。
(6) 具有合理选用切削用量和加工指令编写加工程序的能力。
(7) 具有使用数控加工中心加工零件的能力。
(8) 具有选择量具进行产品质量检测的能力。

【任务描述】
腰形槽底板如图 4-17 所示,毛坯尺寸为 100mm×80mm×20mm,长度方向侧面对宽度侧

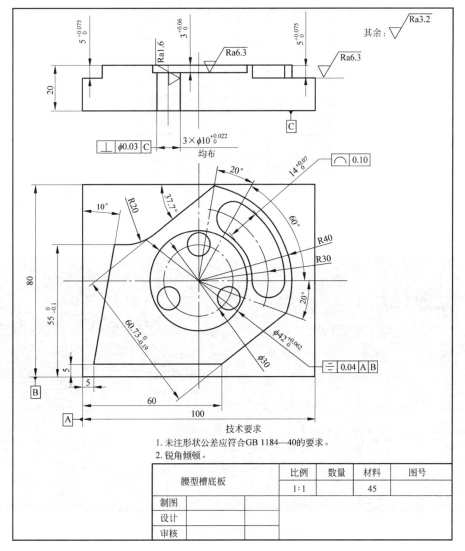

图 4-17 腰形槽底板零件图

面及底面的垂直度公差为 0.03,零件材料为 45 钢,表面粗糙度有 Ra1.6、Ra3.2 和 Ra6.3 三种,按单件生产安排其数控铣削工艺,编写出加工程序。

【相关知识】

1. 数控加工中心操作面板简介

不同的数控机床的操作面板布局也不同。一般来说,操作面板可分为两部分:一部分为 CRT/MDI 面板,或称为编辑键盘,如图 4-18 所示;另一部分为控制面板,也称机械操作面板,如图 4-19 所示。下面以 FANUC 0i-mate 数控系统 XH715D 型立式数控铣床的操作面板为例介绍各部分的主要功能。

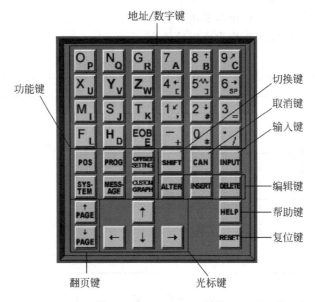

图 4-18 CRT/MDI 面板

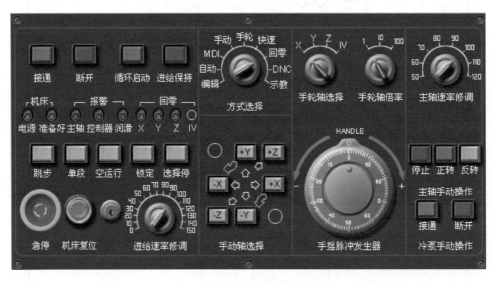

图 4-19 XH715D 控制面板

1) CRT/MDI 面板

(1) MDI 面板上的按键。

MDI 面板上的按键如图 4-18 所示，按键说明如表 4-4 所示。

表 4-4 MDI 面板上的按键说明

序号	名　称	说　明
1	复位键  RESET	按此键可使 CNC 系统复位，用以消除报警等
2	帮助键  HELP	按此键用来显示如何操作机床，如 MDI 键的操作，可在 CNC 发生报警时提供报警的详细信息（帮助功能）
3	软键	根据具体使用，软键有对应功能，其功能提示显示在 CRT 屏幕的底部
4	地址和数字键 	该类按键共 24 个，可输入字母、数字以及其他字符
5	换挡键  SHIFT	地址和数字键一般有两个字符，按 SHIFT 键来选择上下挡字符
6	输入键  INPUT	当地址或数字键被按下后，该数据被送入到缓冲器并在 CRT 屏幕显示。为了把缓冲器中的数据复制到寄存器，按下 INPUT 键，该键功能等同于软键 INPUT 键
7	取消键  CAN	该键可删除已输入到缓冲器中的最后一个字符或符号。例如：＞N001×100Z 时，按取消键，则字符 Z 被取消，并显示：＞N001×100
8	程序编辑键  ALTER INSERT DELETE	当系统的工作方式为编辑时，通过该键进行替换、插入或删除操作
9	功能键 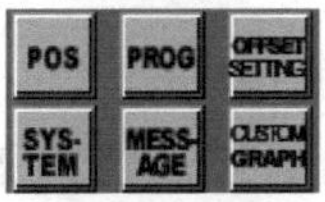 POS PROG OFFSET SETTING SYSTEM MESSAGE CUSTOM GRAPH	该类键用于切换各种功能显示画面
10	光标移动键 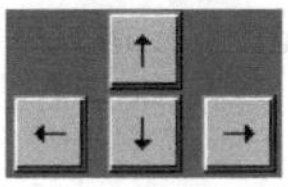	该类建向相应的方向移动光标键
11	翻页键  PAGE PAGE	该类键实现向上翻页和向下翻页

(2) 功能键和软键。

功能键是用来切换待显示的界面或功能。在 MDI 面板上有以下功能键。

(1) POS 键。显示位置坐标界面。

(2) PROG 键。显示程序编辑界面。

(3) SYSTEM 键。显示系统功能界面。

(4) MASSAGE 键。显示信息提示界面。

(5) OFFSET SETING 键。显示各种坐标系偏置或刀具补偿设置界面。

(6) CUSTOM GRAPH 键。显示用户宏界面或程序仿真轨迹显示界面。

当按下上述功能键时,相应的软键功能就对应显示在 CRT 屏幕的下方,通过前后翻页键 ◀ ▶ 选择相应的功能。

2) 机床操作面板

机床操作面板的功能和按钮的排列与具体数控机床有关,但其完成的功能种类相似,这里以 XH715D 型数控铣床的操作面板为例(如图 4-19 所示)介绍如下。

(1) 各种启动和保持开关。

① 循环启动开关是用来在自动方式和 MDI 方式下运行程序的;进给保持开关是用来暂停程序执行。如果将程序继续执行,须再按循环启动按钮。

② 程序保护开关是写保护开关,控制用户程序或参数是否允许修改。

③ 冷却泵启动和停止开关,控制是否使用冷却液,该类开关的功能等同于程序代码 M08 和 M09。

④ 主轴手动正转、反转、停止开关,控制主轴正转、反转和停转,功能等同于程序代码 M03、M04 和 M05。

(2) 进给倍率开关。

该开关有两种功能,外层数字符号表示手动进给倍率,当在手动方式下,按方向进给键时,伺服电机就按照所标示的进给速度进给,例如在 150 挡位上时,按下 +X 方向键,X 轴就以 F150.00 的进给速度朝 X 轴正方向连续进给。

此外,该开关还有一个功能,即进给速率修调。快速进给倍率分为 0、25%、50%、100% 四挡,所以在处理这个功能的时候,把程序的进给倍率(0~150%)分为四挡控制,如下所示。

① 0~10% 对应于快速进给倍率的 0。

② 20%、30%、40% 对应于快速进给倍率的 25%。

③ 50%、60%、70%、80%、90% 对应于快速进给倍率的 50%。

④ 100%、110%、120%、130%、140%、150% 对应于快速进给倍率的 100%。

例如,通过参数设置把 X 轴快速进给速度定为 6mm/min,Z 轴的快速进给速度定为 8mm/min;则在执行快速进给时,如果把倍率开关打在 50% 的挡位上时,机床实际运行的速度为 X 轴:6mm/min×50%=3mm/min;Z 轴:8mm/min×50%=4mm/min。

2. 数控加工中心操作

1) 数控机床的基本操作

(1) 电源的接通。

① 检查铣床的外表是否正常,如电控柜门是否关上、铣床内部是否有其他异物。

② 打开位于铣床后面电控柜上的主电源开关,应听到电控柜风扇和主轴电动机风扇开始工作的声音。

③ 按操作面板上的电源接通按钮接通电源,过几秒钟,当 CRT 显示屏上出现 X、Y、Z 坐标时,才能操作数控系统上的按钮,否则容易损坏机床。

(2) 电源的断开。

① 自动加工循环结束,自动循环按钮指示灯也灭。

② 机床运动部件停止运动。

③ 按操作面板上的电源断开按钮,断开数控系统的电源。

④ 最后切断电源柜上的机床电源开关。

(3) 手动返回机床参考点。

机床上有一个确定机床位置的基准点,这个点叫作参考点,并且在这一点上进行换刀和设定坐标值。通常上电后,机床要返回参考点。手动返回参考点就是用操作面板上的开关或者按钮,将刀具移动到参考点位置,也可以用程序指令完成这种操作,这一操作称为自动返回参考点操作。

手动返回参考点的步骤如下。

① 将工作方式选择开关置于回零位置。

② 为降低移动速度,调整快速移动倍率。

③ 按下轴和方向的选择开关,选择要返回参考点的轴和方向即可。有的系统需要按住这一开关不放,直到刀具返回到参考点为止。在回参考点的过程中,刀具以快速移动速度移动到减速点,然后以参数中设置的 FL 速度(减速速度)移动到参考点。如果设置相应的参数,刀具也可以沿着三个轴同时返回参考点。当刀具已经回到参考点后,参考点返回完毕指示灯亮。

④ 执行其他轴的参考点返回操作。以上只是一个范例,实际的操作请见机床制造厂商提供的相关说明书。

(4) 手动操作及调整机床。

使用机床操作面板上的开关、按钮或手轮,用手动操作移动刀具,可使刀具沿各坐标轴移动。

① 手动连续进给。用手动可以连续地移动机床,操作步骤如下。

a. 如图 4-20 所示,将方式选择开关置于快速的位置上。

b. 按下相应移动轴及方向,则各坐标轴向相应的方向移动,如图 4-21 所示。

图 4-20　方式开关　　　　图 4-21　连续移动开关

② 快速进给。将工作方式选择开关置于快速位置上,按下方向按钮,刀具将按选择的方向快速进给。

③ 手摇脉冲发生器进给。手摇脉冲发生器主要用于机床微量进给,其步骤如下。

a. 将工作方式选择开关置于手轮的位置上,转动手轮轴选择按钮,待移动坐标轴,如图 4-22 所示。

b. 选择手轮轴倍率切换旋钮，切换到相应的倍率，如图 4-23 所示。

c. 转动手摇脉冲发生器，如图 4-24 所示，右转为正方向，左转为负方向。

图 4-22　手轮轴选择　　　　图 4-23　手轮倍率切换　　　　图 4-24　手摇脉冲发生器

(5) 程序自动执行操作。

① 存储器程序自动加工运行方式，其步骤如下。

a. 预先将程序存入存储器中。

b. 选择要运行的程序。

c. 将方式选择开关置于自动位置。

d. 按循环启动按钮，即开始自动运转。

② MDI 运行方式，即从 CRT/MDI 操作面板输入一个程序段或几个程序段指令并执行。例如，执行下列程序：

G91 G00 X18.80 Y90.88;

a. 将方式选择开关置于 MDI 的位置。

b. 按 PRGRM 按钮。

c. 按 PAGE 按钮，使画面的左上角显示 MDI。

d. 由数据输入键输入 G91。

e. 按 INPUT 键，在按 INPUT 键之前，如果发现键入的数字是错误的，按 CAN 键进行清除。

f. 同理分别键入 G00、X18.80、Y90.88，并分别按 INPUT 键，屏幕显示出程序段：

G91 G00 X18.80 Y90.88;

g. 按机床操作面板上的循环启动按钮。

(6) 程序输入与编辑。

① 把程序保护开关置于 ON，接通数据保护键。

② 将操作方式置为编辑方式。

③ 按显示功能键 PRGRM 或"程序"软键后，显示程序后方可编辑程序。

④ 输入程序名称如 O0009，按 INSERT 键，进入程序输入界面依次输入程序。可以进行程序的输入、编辑和修改，程序将自动保存在存储器中。

(7) 数控铣床的保护。

如果红色指示灯亮的时候，说明机床出错报警，不能进行正常操作，如图 4-25 所示，机床报警一般分为主轴报警、控制器报警、润滑报警。

① 在 CRT 上显示错误代码时，请查找原因，若错误代码出现 PS 的字样，则一定是程序或

设定数据的错误,请修改程序或修改设定的数据。

② 在 CRT 上没有显示错误代码时,可能是由于机床执行了一些故障操作,请参见"维修手册"。

关于 NC ALARM 和 SERVO ALARM,请参阅 FANUC 公司提供的操作手册中有关报警信息注释的内容加以解除,关于 PLC ALARM,请根据 CRT 上的报警信息给予解除。

③ 机床在遇到紧急情况时,应立即按下急停按钮,如图 4-26 所示,这时机床紧急停止,主轴也紧急停转。当排除故障后,将急停按钮复位,如图 4-27 所示,机床操作恢复正常。

④ 各坐标轴移动超过了机床限位开关限定的行程范围或者进入由参数指定的禁止区域,CRT 显示"超程"报警,且刀具减速停止。当机床碰到急停限位时,机床急停报警。要想解除急停报警,按操作面板上的机床复位按钮,用手动或手轮方式反方向移动,移出限位区域,按复位按钮解除报警即可。

图 4-25　报警显示　　　　图 4-26　急停按钮开关　　　图 4-27　机床复位按钮

2) 工件和夹具的安装

根据工件形状选用定位可靠、夹紧力足够的夹具,常用夹具如下。

(1) 螺钉压板。利用 T 形槽螺栓和压板将工件固定在机床工作台上。

(2) 平口钳。形状比较规则的零件铣削时,常用平口钳装夹。这种方法方便灵活,适应性广。当加工精度要求较高,需要较大的夹紧力时,可采用较高精度的机械式或液压式平口钳。平口钳在数控铣床工作台上的安装要根据加工精度要求控制钳口与 X 轴或 Y 轴的平行度,零件夹紧时要注意控制工件变形和钳口上翘。

(3) 铣床用卡盘。当需要在数控铣床上加工回转体零件时,可以采用三爪卡盘装夹,对于非回转零件可采用四爪卡盘装夹。铣床用卡盘的使用方法与车床卡盘相似,使用时用 T 形槽螺栓将卡盘固定在机床工作台上即可。

(4) 安装夹具前,一定要先将工作台和夹具清理干净。

(5) 夹具装在工作台上,先用百分表对夹具找正、找平,再用螺钉或压板将夹具压紧在工作台上。夹具在机床工作台上的安装位置必须给刀具运动路线留有空间,不能和刀具路线发生干涉。

(6) 安装工件时也有用百分表找正、找平工件,之后再夹紧工件。安装工件时,应确保工件在本次安装中所有需要完成的待加工面充分暴露在外,方便加工,同时考虑机床主轴与工作台面之间的最小距离和刀具的装夹长度,确保在主轴的行程范围内能使工件的加工内容全部完成。当加工通透工件时,要抽出工件下部的垫铁,留出加工空间。

3) 对刀(设置工件坐标系)

(1) 用偏心式寻边器进行 X、Y 方向的对刀。

① 偏心式寻边器工作原理。偏心式寻边器上下两部分由弹簧连接,如图 4-28 所示,上部分通过弹簧夹头装在刀柄上与主轴同步旋转,主轴旋转时寻边器的下半部分在弹簧的带动下一起旋转,在没有与工件接触时,上下错位偏心转动出现虚像;当寻边器下部与工件刚好接触

时，上下两部分重合同心转动，当寻边器下部与工件过分接触时，上下反向再次错位。

② 偏心式寻边器使用注意事项。

a. 主轴转速为 400～500r/min。

b. 寻边器接触工件时机床的手动进给倍率应由快到慢。

c. 在观察偏心式寻边器的影像时，不能只在一个方向上观察，应在互相垂直的两个方向上观察。

d. 寻边器不能进行 Z 坐标的对刀。

（2）用 Z 轴设定器进行 Z 方向对刀。

① 刀具装在主轴上。

② 调整乙轴设定器。如图 4-29 所示，将设定器左侧对零旋钮左转至调零状态，按下对刀平面至指针静止状态，转动表圈使大指针对准零位刻度线。

图 4-28　寻边器的结构　　　图 4-29　Z 轴设定器

③ 将设定器对零旋钮右转至工作状态后放置在工件上表面→磁性座开关旋到 ON。

④ 工作模式旋钮至手轮模式→向下移动主轴，让刀具靠近 Z 轴设定器对刀平面。

⑤ 减小倍率，让刀具慢慢接触 Z 轴设定器对刀平面，直到其指针指示到零位。记录此时刀具 Z 轴机床（机械）坐标。

⑥ 按 OFFSET SETTING 键→按"补正"键→进入刀具补偿存储器界面→移动光标至相应刀具"番号"与"形状（H）"相交处→若 Z 轴设定器高度为 100mm，将上述记录的刀具 Z 轴机床坐标值减 100 后所得值输入。

⑦ 加工时，按 OFFSET SETTING 键→按"坐标系"键→移动光标至 G54 的 Z 坐标→输入 Z0。

3. 量具使用

本任务除了使用量具外，还需要深度游标卡尺。

1）应用

深度游标卡尺通常被简称为"深度尺"，用于测量零件凹槽及孔的深度或梯形工件的梯层高度等尺寸。

2）结构

深度游标卡尺的结构如图 4-30 所示。

3）使用方法

尺框端部的基座和下部的游标尺连为一体，松开紧固螺钉，尺身可在尺框内移动。测

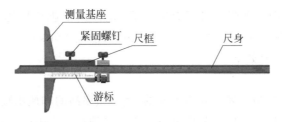

图 4-30 深度游标卡尺

量时,先将测量基座的两个量爪轻轻贴合在工件的基准面(工件被测深部的顶面)上,再将尺身推入零件待测深度底部的测量表面,然后用紧固螺钉固定尺框,提起卡尺,则尺身端面至测量基座端面之间的距离,即为被测零件的深度尺寸。各种表面深度尺寸的测量方式如图 4-31 所示。

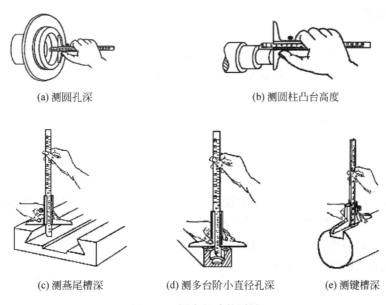

图 4-31 深度尺寸的测量

4) 注意事项

(1) 测量时尺身不得倾。

(2) 由于尺身测量面小,容易磨损,在测量前需检查深度尺的零位是否正确。

(3) 深度尺一般都不带有微动装置,如使用带有微动装置的深度尺时,需注意切不可接过度,以致带来测量误差。

(4) 由于尺框测量面比较大,在使用时,应使测量面清洁,无油污灰尘,并去除毛刺、锈位等缺陷的影响。

(5) 多台阶小直径的内孔深度测量,要注意尺身端面是否在测量的台阶上,如图 4-31(d)所示。

(6) 当基准面是曲线时,如图 4-31(e)所示,测量基座的端面必须放在曲线的最高点上测量出的深度尺寸才是工件的实际尺寸,否则会出现测量误差。

4. 实训过程 5S 管理标准

实训过程参照企业 5S 标准进行管理和实施。5S 管理法起源于日本,指在生产现场中对人员、机器、材料、方法等生产要素进行有效管理,是日式企业独特的一种管理方法。5S 即 Seiri(整理)、Seiton(整顿)、Seiso(清扫)、Seiketsu(清洁)、Shitsuke(素养)这五个单词,又被称为"五常法则",具体内容如下。

1) 整理

整理是指将物品区分为需要的和不需要的、使用频率高的和使用频率低的、价值高的和价值低的,在弄清楚这些以后,分门别类地进行安置。整理在工作中的实际应用如下。

(1) 办公桌的整理。

(2) 文件资料的整理。

(3) 各种信件的整理。

(4) 会议记录的整理。

(5) 传真信息的整理。

(6) 软盘的整理。

2) 整顿

整顿是指对现场所需的物品进行有条理地定量放置,使这些物品始终处于任何人随时都能方便取放的位置,从而提高工作效率。整顿在工作中的实际应用如下。

(1) 工具等频繁使用物品的整顿。

(2) 切削工具的整顿。

(3) 测量用具的整顿。

(4) 在制品的整顿。

3) 清扫

清扫是指使生产现场始终处于无垃圾、无灰尘的整洁状态,生产现场存在的影响人们工作情绪和工作效率的东西都可以当作清扫的对象。

(1) 先把地面、墙壁和窗户打扫干净。

(2) 划分物品放置区域和界限。

(3) 清除污染源。

(4) 设备的清洁。

4) 清洁

清洁是指维持和巩固整理、整顿、清洁活动获得的结果,保持工作现场任何时候都整齐、干净、有条不紊,使人产生愉快的心情,有利于提高工作效率。实施清洁有 4 种方法。

(1) 编制规范手册。

(2) 定期检查。

(3) 明确规范的状态。

(4) 环境色彩化。

5) 素养

素养是指培养并养成整洁有序、自觉执行单位规定和规则的良好习惯,自觉地进行"整理""整顿""清扫""清洁""素养"。"素养"在工作中的实际应用如下。

(1) 加强服务意识。

(2) 管理越简单越好。

(3) 注重礼节和仪容仪表。

(4) 满足顾客最大需求。

【任务实施】

1. 图样分析

腰形槽底板零件材料为 45 钢,毛坯尺寸为 100mm×80mm×20mm;长度方向侧面对宽度侧面及底面的垂直度公差为 0.03。加工表面有外形轮廓、加工 3×ϕ10mm 孔、圆形槽和腰形槽。表面粗糙度有 Ra1.6、Ra3.2、Ra6.3。XH715D 数控加工中心能够满足加工要求。

2. 加工工艺方案

1) 工艺分析

加工过程如下。

(1) 外轮廓的粗、精铣削,批量生产时,粗精加工刀具要分开,本例采用同一把刀具进行。粗加工单边留 0.2mm 余量。

(2) 加工 3×ϕ10mm 孔。

(3) 圆形槽粗、精铣削,采用同一把刀具进行。

(4) 腰形槽粗、精铣削,采用同一把刀具进行。

2) 选择刀具

如表 4-5 所示为转轴配合件数控加工刀具卡,根据需要安装刀具。

表 4-5 数控加工刀具卡

零件名称		腰型槽底板		零件图号		图 4-17	
序号	刀具号	刀具名称	数量	加工表面	半径补偿号及补偿值/mm	长度补偿号	备注
1	T01	ϕ20 立铣刀	1	去除轮廓边角料粗精加工外轮廓	10.2(粗)/9.96(精)	H01	
2	T02	ϕ3 中心钻	1	钻中心孔			
3	T03	ϕ9.7 麻花钻	1	钻 3×ϕ10mm 孔和垂直进刀工艺孔			
4	T04	ϕ10 铰刀	1	铰 ϕ10mm 孔			
5	T05	ϕ16 键槽铣刀	1	圆形槽铣削	8.2(粗)/7.98(精)	H05	
6	T06	ϕ12 键槽铣刀	1	腰形槽铣削	6.1(粗)/5.98(精)	H06	
编制		审核		批准	日期	共 1 页	第 1 页

3) 确定切削用量

切削用量的具体数值应根据该机床性能、相关的手册并结合实际经验确定,详见加工工序卡。

4) 装夹方案

用平口台虎钳装夹零件,零件上表面高出钳口约 8mm。校正固定钳口的平行度及零件上表面的平行度,确保精度要求。

5) 加工工序划分

腰形槽底板加工工序划分如表 4-6 所示。

表 4-6 数控加工工序卡

单位名称				零件名称	零件图号
				腰形槽底板	
程序号	夹具名称		使用设备	数控系统	场地
	三爪卡盘		XH715D	FANUC 0i-mate	数控实训中心
工步号	工步内容		刀具号	主轴转速 /(r·min^{-1})	进给量 /(mm·min^{-1})	背吃刀量 /mm	备注

工步号	工步内容	刀具号	主轴转速 /(r·min^{-1})	进给量 /(mm·min^{-1})	背吃刀量 /mm	备注
1	去除轮廓边角料		400	80		O2001
2	粗加工外轮廓	T01	500	100		O2002
3	精加工外轮廓	T01	800	80		
4	钻中心孔	T02	2000	80		
5	钻 3×φ10mm 孔	T03	600	80		O2003
6	铰 φ10mm 孔	T04	200	50		
7	粗加工圆形槽	T05	500	80		O2004
8	半精加工、精加工圆形槽	T05	600/750	80(半精加工) /60(精加工)		O2005
9	粗加工腰形槽	T06	400			O2006
10	半精加工、精加工腰形槽	T06	600	80(半精加工) /60(精加工)		O2007
编制	审核	批准	日期		共1页	第1页

3. 程序编程与加工

在零件中心建立零件坐标系，Z 轴原点设在零件上表面。

1) 外形轮廓铣削

（1）去除轮廓边角料。

安装 φ20mm 立铣刀（T01）并对刀，去除轮廓边角料程序如下：

```
O2001;
N10 G17 G21 G40 G54 G80 G90 G94;        程序初始化
N20 G00 Z50 M08;                         刀具定位到安全平面,打开切削液
N30 M03 S400;                            启动主轴
N40 X-65 Y32;                            去除轮廓边角料
N50 Z-5;
N60 G01 X-24 F80;
N70 Y55;
N80 G00 Z50;
N90 X40 Y55;
N100 Z-5;
N110 G01 Y35;
N120 X52;
N130 Y-32;
N140 X40;
N150 Y-55;
N160 G00 Z50 M09;                        去除边角料完成,关闭切削液
N170 M05;                                主轴停
N180 M30;                                程序结束并返回
```

(2) 粗、精加工外形轮廓。

如图 4-32 所示,有计算机绘图求得该零件的外形轮廓各坐标点坐标如下:$P_0(15.0,-62.0)$、$P_1(15.0,-50.0)$、$P_2(0,-35)$、$P_3(-45,-35)$、$P_4(-36.184,15.0)$、$P_5(-31.442,15.0)$、$P_6(-19.212,19.176)$、$P_7(6.946,39.392)$、$P_8(37.588,-13.681)$、$P_9(10.004,-35.0)$、$P_{10}(-15.0,-35.0)$、$P_{11}(-15.0,-62.0)$。

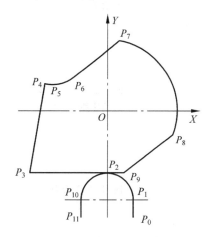

图 4-32 外形轮廓粗、精加工走到路线

粗、精加工外形轮廓程序如下:

```
O2002;                              粗加工外轮廓
N10 G17 G21 G40 G54 G80 G90 G94;    程序初始化
N20 G00 Z50 M08;                    刀具定位到安全平面,打开切削液
N30 M03 S500;                       启动主轴,精加工 800r/min
N40 X15.0 Y-62;
N50 Z10;
N60 G01 Z-5 F40;                    下刀
N70 G41 D01 X15.0 Y-50.0 F100;      建立刀补,粗加工时刀补设为 10.2mm,精加工时刀补改为 10.2mm(根据实测尺寸调整),精加工时进给速度 80mm/min
N80 G03 X0 Y-35 R15;                1/4 圆弧切向切入
N90 G01 X-45 Y-35;
N100 G01 X-36.184 Y15.0;
N110 G01 X-31.442 Y15.0;
N120 G03 X-19.212 Y19.176 R20;
N130 G01 X6.946 Y39.392;
N140 G02 X37.588 Y-13.681 R40;
N150 G01 X10.004 Y-35.0;
N160 G01 X-15.0 Y-35.0;
N170 G40 G01 X-15.0 Y-62.0;
N180 G00 Z50 M09;                   抬刀,关闭切削液
N190 X0 Y0;
N200 M05;                           主轴停
N210 M30;                           程序结束
```

2) 孔加工

加工 $3\times\phi10$mm 孔需要经过 3 个工步:即钻中心孔、钻孔、铰孔,分别选用 $\phi3$ 中心钻、$\phi9.7$ 麻花钻、$\phi10$ 铰刀,刀具编号分别为 T02、T03、T04。孔的位置坐标分别为(0,15)、(-12.99,

—7.5)、(12.99,—7.5),孔加工程序编写如下:

```
O2003;                              程序初始化
N10 G17 G21 G40 G54 G80 G90 G94;    刀具定位到安全平面,打开切削液
N20 T02 M06;                        换刀,φ3中心钻
N30 G00 Z50 M08;
N40 M03 S2000;                      启动主轴
N50 G99 G81 X0 Y15 Z-5 R10 F80;
N60 X-12.99 Y-7.5;
N70 X12.99 Y-7.5;
N80 G80
N90 T03 M06;                        换刀,φ9.7麻花钻
N100 M03 S600;                      启动主轴
N110 G99 G81 X0 Y15 Z-25 R10 F80;
N120 X-12.99 Y-7.5;
N130 X12.99 Y-7.5;
N140 G80
N150 T04 M06;                       换刀,φ10铰刀
N160 M03 S200;                      启动主轴
N170 G99 G81 X0 Y15 Z-25 R10 F50;
N180 X-12.99 Y-7.5;
N190 X12.99 Y-7.5;
N200 G80
N210 G00 Z50 M09;                   抬刀,关闭切削液
N220 M05;                           主轴停
N230 M30;                           程序结束并返回
```

3) 圆形槽铣削

安装φ16mm键槽铣刀(T05)并对刀。圆形槽铣削程序如下:

(1) 粗铣圆形槽。

粗铣圆形槽加工程序如下:

```
O2004;                              程序初始化
N10 G17 G21 G40 G54 G80 G90 G94;    刀具定位到安全平面,打开切削液
N20 G00 Z50 M08;
N30 M03 S500;                       启动主轴
N40 X0 Y0;
N50 Z10;
N60 G01 Z-3 F40;                    下刀
N70 X5 F80;                         去除圆形槽中材料
N80 G03 I-5;
N90 G01 X12;
100 G03 I-12;
N110 G00 Z50 M09;                   抬刀,关闭切削液
N120 M05;                           主轴停
N130 M30;                           程序结束并返回
```

(2) 半精、精铣圆形槽边界。

如图4-33所示的圆形槽的半精、精加工,仍然使用φ16mm键槽铣刀(T05)并对刀,采用同一程序,通过设置刀补值控制加工余量和达到尺寸要求。

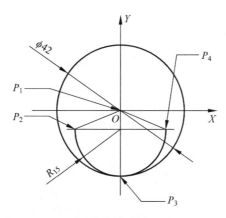

图 4-33　圆形槽半精、精加工走到路线

程序如下(程序中切削参数为半精加工参数)：

```
O2005;
N10 G17 G21 G40 G54 G80 G90 G94;         程序初始化
N20 G00 Z50 M08;                          刀具定位到安全平面,打开切消液
N30 M03 S600;                             精加工时设为 750r/min
N40 X0 Y0;
N50 Z10;下刀
N60 G01 Z-3 F40;
N70 G41 D05 X-15 Y-6 F80;                 建立刀补,半精加工时刀补设为 8.2mm,精加工时刀补设为
                                          7.98mm(根据实测尺寸调整),精加工时 F 设 60mm/min
N80 G03 X0 Y-21 R15;                      1/4 圆弧切向切入
N90 G03 J21;                              铣削圆形槽边界
N100 G03 X15 Y-6 R15;                     切向切出
N110 G01 G40 X0 Y0;                       取消刀补,回到圆心
N120 G00 Z50 M09;                         抬刀,关闭切削液
N130 M05;                                 主轴停
N140 M30;                                 程序结束
```

4) 铣削腰形槽

(1) 粗铣腰形槽。

如图 4-34 所示,粗铣腰形槽需安装 ϕ12mm 键槽铣刀(T05)并对刀,其加工路线关键点为 $P_1(30.0, 0)$ 和 $P_2(15.0, 25.981)$。粗铣腰形槽,参考程序如下：

```
O2006;
N10 G17 G21 G40 G54 G80 G90 G94;         程序初始化
N20 G00 Z50 M08;                          刀具定位到安全平面,打开切削液
N30 M03 S400;                             精加工时设为 800r/min
N40 X30 Y0;
N50 Z10;
N60 G01 Z-2.5 F40;                        下刀,第一层加工
N70 G03 X15.0 Y25.981 R30;
N80 G01 Z-5 F40;                          下刀,第二层加工
N90 G02 X30 Y0 R30;
N100 G00 Z50 M09;                         抬刀,关闭切削液
N110 X0 Y0;
N130 M05;                                 主轴停
N140 M30;                                 程序结束
```

（2）半精、精铣腰形槽。

如图 4-34 所示，半精、精铣腰形槽需使用 $\phi 12mm$ 键槽铣刀（T05）并对刀，其加工路线关键点为 $A_0(30,0)$、$A_1(30.5,-6.5)$、$A_2(37.0,0)$、$A_3(18.5,32.043)$、$A_4(11.5,19.919)$、$A_5(23.0,0)$ 和 $A_6(30.5,6.5)$。

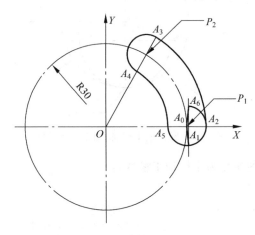

图 4-34　腰形槽铣削加工路线

腰形槽半精、精加工采用同一程序，通过设置刀补值控制加工余量和达到尺寸要求。程序如下（程序中切削参数为半精加工参数）：

```
O2007;
N10 G17 G21 G40 G54 G80 G90 G94;         程序初始化
N20 G00 Z50 M08;                         刀具定位到安全平面,打开切削液
N30 M03 S600;                            精加工时设为800r/min
N40 X30 Y0;
N50 Z10;
N60 G01 Z-5 F40;                         下刀
```

N70 G41 X30.5 Y-6.5 D06 F80 建立刀补,半精加工时刀补设为 6.1mm,精加工时刀补设为 5.98m（根据实测尺寸调整），精加工时 F 设 60m/min。

程序如下：

```
N80 G03 X37 Y0 R6.5;                     切向切入
N90 G03 X18.5 Y32.043 R37;               铣削腰形槽边界
N100 G03 X11.5 Y19.919 R7;
N110 G02 X23 Y0 R23;
N120 G03 X37 Y0 R7;
N130 G03 X30.5 Y6.5 R6.5;
N140 G01 G40 X30 Y0;                     取消刀补
N150 G00 Z50 M09;                        抬刀、关闭切削液
N160 M05;                                主轴停
N170 M30;                                程序结束并返回
```

【同步训练】

图 4-35 所示为泵盖零件图，请使用 XH715D 数控加工中心完成零件加工，并检验产品质量。

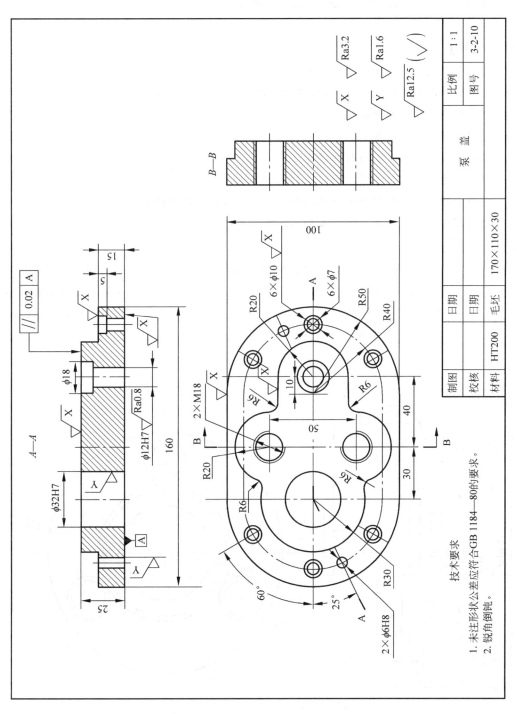

图 4-35 泵盖零件图

4.3 任务3 车铣复合零件生产实例

【学习目标】

(1) 综合运用相关工艺知识编写零件的加工工艺。
(2) 综合运用数控车床、加工中心编程指令,编写零件的加工程序。
(3) 学习使用量具检测产品质量。
(4) 学习宏程序的相关知识。
(5) 学习数控车床的维护与保养的方法。
(6) 具有根据零件图编写数控加工工艺的综合能力。
(7) 具有合理选用切削用量和加工指令编写加工程序的综合能力。
(8) 具有操作不同数控机床完成零件加工的综合能力。

【任务描述】

如图 4-36 所示的行星架零件,工件材料为 45 钢,毛坯为 φ195×50mm 圆柱料,完成该零件的加工需要先在数控车床加工出如图 4-37 所示的形状,再到加工中心完成整个零件的加工,编写零件加工程序并完成零件加工。在加工过程中,学习并灵活运用数控加工宏程序、5S管理标准和数控机床维护与保养等相关知识。

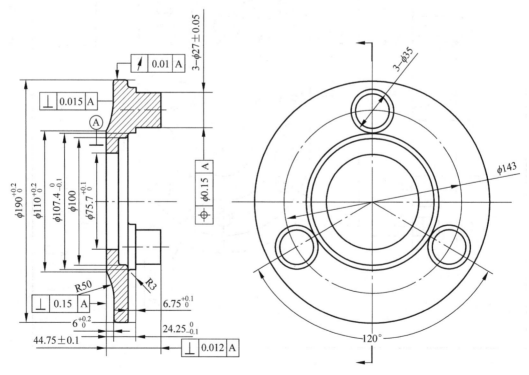

图 4-36 行星架零件

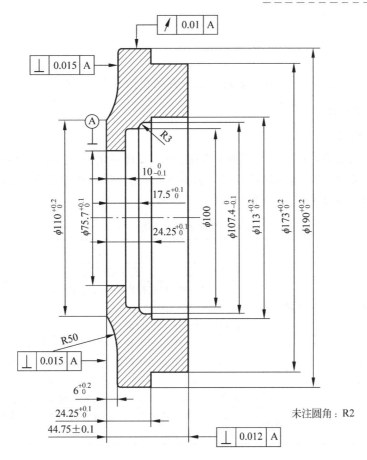

图 4-37 行星架零件车削加工部分零件图

【相关知识】

1. 宏程序

FANUC 0i 数控系统为用户配备了强有力的类似于高级语言的宏程序功能,用户可以使用变量进行算术运算、逻辑运算和函数的混合运算。此外宏程序还提供了循环语句、分支语句和子程序调用语句,利于编制各种复杂的零件加工程序,减少乃至免除手工编程时进行烦琐的数值计算,以及精简程序量。宏程序指令适合抛物线、椭圆、双曲线等没有插补指令的曲线编程。较大地简化编程,扩展了应用范围。

1) 变量

普通加工程序直接用数值指定 G 代码和移动距离,例如:

G01 X100.0;

使用宏程序时,数值可以直接指定或用变量指定,当用变量指定时,变量值可以用程序或由 MDI 设定或修改,例如:

♯11 = ♯22 + 123;
G01 X♯11 F500;

(1) 变量的表示。

计算机中允许使用变量名,宏程序则不行,变量需用变量符号"♯"和后面的变量号指定。

例如：

♯11

表达式可以用指定变量号,这时表达式必须封闭在括号中,例如：

♯[♯11+♯12-123]

(2) 变量的类型。

变量从功能上主要可以归纳为两种：系统变量(系统占用部分),用于系统内部运算时各种数据的存储；用户变量,包括局部变量和公共变量,用户可以单独使用,系统作为处理资料的一部分,FANUC 0i 系统的变量类型如表 4-7 所示。

表 4-7　FANUC 0i 变量类型

变量名		类　型	功　　能
♯0		空变量	该变量总是空,没有值能赋予该变量
用户变量	♯1~♯33	局部变量	局部变量只能在宏程序中存储数据,例如运算结果。断电时,局部变量清除(初始化为空)； 可以在程序中对其赋值
	♯100~♯199 ♯500~♯999	公共变量	公共变量在不同的宏程序中的意义相同(即公共变量对于主程序和从这些主程序调用的每个宏程序来说是共用的)； 断电时,♯100~♯199 清除(初始化为空),通电时复位到"0"； 而♯500~♯999 数据,即使在断电时也不清除
♯1000 以上		系统变量	系统变量用于读和写 CNC 运行时各种数据变化,例如,刀具当前位置和补偿值等

(3) 变量值的范围。

局部变量和公共变量可以是 0 值或以下范围中的值：$-10^{47} \sim 10^{-29}$ 或 $10^{-29} \sim 10^{47}$,如果计算结果超出有效范围,则触发程序错误 P/S 报警 No.111。

(4) 小数点的省略。

当在程序中定义变量值时,整数值的小数点可以省略。例如：

当定义

♯11=123;

变量♯11 的实际值是 123.00。

(5) 变量的引用。

在程序中使用变量值时,应指定后面所跟变量号的地址。当用表达式指定变量时,必须把表达式放在括号中,例如：

G01 X[♯11+♯22] F♯3;

被引用变量的值根据地址的最小设定单位自动舍入。

改变引用变量值的符号,要把负号(一)放在♯的前面。例如：

G00 X-♯11

当引用非定义的变量时,变量及地址都被忽略。例如,当变量♯11 的值是 0 并且变量♯22 的值为空时,G00 X♯11 Y♯22 的执行结果为：

G00 X0;

不能用变量代表的地址符有程序号为 O、顺序号 N 和任选程序段跳转号 /。

另外,使用 ISO 代码编程时,可用 # 代码表示变量,若 EIA 代码,则应用 & 代替 #,因为 EIA 代码中没有 #。

2) 算数和逻辑运算

表 4-8 中列出的运算可以在变量中运行。等式右边的表达式可以包含常量或由函数或运算符组成的变量。表达式中的变量 #j 和 #k 可以用常量赋值。等式左边的变量也可以用表达式赋值。其中算数运算主要是指加、减、乘、除函数等,逻辑运算为比较运算。

表 4-8 FANUC 0i 算数和逻辑运算一览表

功 能		格 式	备 注
定义、置换		#i=#j	
算数运算	加法	#i=#i+#k	
	减法	#i=#i−#k	
	乘法	#i=#i*#k	
	除法	#i=#i/#k	
	正弦	#i=SIN[#j]	
	反正弦	#i=ASIN[#j]	三角函数及反三角函数的数值均以度为单位来指定,如 90°30′应表示为 90.5°
	余弦	#i=COS[#j]	
	反余弦	#i=ACOS[#j]	
	正切	#i=TAN[#j]	
	反正切	#i=ATAN[#j]/[#k]	
	平方根	#i=SQRT[#j]	
	绝对值	#i=ABS[#j]	
	舍入	#i=ROUND[#j]	
	指数函数	#i=EXP[#j]	
	(自然)对数	#i=LN[#j]	
	上取整	#i=FIX[#j]	
	下取整	#i=FUP[#j]	
逻辑运算	与	#i AND #j	
	或	#i OR #j	
	异或	#i XOR #j	
从 BCD 转为 BIN		#i=BIN[#j]	用于与 PMC 的信号交换
从 BIN 转为 BCD		#i=BCD[#j]	

注:① 上取整和下取整:无条件的舍去小数部分为上取整;小数部分进到整数成为下取整,对于负数处理要特别小心,如:假如 #2=−1.2,当执行 #3=FUP[#2] 时,结果 #3=−2.0。

② 混合运算时的运算顺序为函数运算→乘除法运算→加减法运算。

③ 对应括号嵌套情况,里层的 [ ] 优先计算,括号最多可以嵌套 5 级。

3) 赋值与变量

赋值是指将一个数据赋予一个变量。例如,#1=0,则表示 #1 的值为 0。其中 #1 代表变量,# 为变量符号(注意:根据数控系统的不同,它的表示方法可能有差别),0 就是给变量 #1 赋的值。这里的 = 是赋值符号,起语句定义作用。

赋值的规律如下。

(1) 赋值号(♯)两边的内容不能随意互换,左边只能是变量,右边可以是表达式、数值或变量。
(2) 一个赋值语句只能给一个变量赋值。
(3) 可以多次给一个变量赋值,新变量值将取代原变量值。
(4) 赋值语句具有运算功能,它的一般形式为:变量=表达式。在赋值运算中,表达式可以是变量自身与其他数据的运算结果,如:♯1=♯1+1,则表示♯1的值为♯1+1。需要强调的是,♯1=♯1+1形式的表达式是宏程序运行的"原动力",任何宏程序几乎都离不开这种类型的赋值运算。
(5) 赋值表达式的运算顺序与数学运算顺序相同。

2. 转移和循环

在程序中,使用GOTO语句和IF语句可以改变程序的流向。有3种转移和循环操作可供使用。

(1) 无条件转移(GOTO语句)。

格式为:

GOTO n;

n为顺序号(其值为1~99999)。

表示转移(跳转)到标有顺序号n的程序段。

(2) 条件转移(IF语句)。

格式为:

IF [<条件表达式>] GOTO n

表示如果指定的条件表达式满足时,则转移(跳转)到标有顺序号n的程序段。如果不满足指定的条件表达式,则顺序执行下个程序段。

IF [<条件表达式>] THEN

如果条件表达式满足时,则执行指定的宏程序语句,而且只执行一个宏程序语句。

IF [♯1 EQ ♯2] THEN ♯3=10;

如果♯1=♯2时,♯3=10。

说明:

① 条件表达式必须包括运算符,并且用括号([ ])封闭。

② 运算符由两个字母组成(见表4-9),用于两个值的比较,以决定它们相等还是一个值小于或大于另一个值。

表4-9 运算符及其含义

运算符	含义	英文注释
EQ	等于(=)	Equal
NE	不等于(≠)	Not Equal
GT	大于(>)	Great Than
GE	大于或等于(≥)	Great Than or Equal
LT	小于(<)	Less Than
LE	小于或等于(≤)	Less Than or Equal

(3) 循环(WHILE 语句)。

在 WHILE 后指定一个条件表达式。当条件满足时,则执行 DO…END 之间的程序;否则,转到 END 后的程序段。

DO 后面的号是指定程序执行范围的标号,标号值为 1,2,3。

格式为:

WHILE [条件表达式] DO m(m = 1,2,3)
⋮
END m

综上所述,在宏程序的应用中,应熟练掌握这些知识。在编制宏程序时应优先考虑的应该是数学表达是否正确,思路是否简洁,逻辑是否严密,最后用相应的程序语句表达自己的编程思想,至于用什么语句来实现,则不必拘泥。

3. 数控车床的维护与保养

数控车床种类多,各类数控车床因其功能、结构及系统的不同,其维护保养的内容和规则也各有其特色,具体应根据其机床种类、型号及实际使用情况,并参照机床使用说明书要求,制定和建立必要的定期、定级保养制度。下面是一些通用的日常维护保养内容。

1) 数控系统的维护

(1) 严格遵守操作规程和日常维护制度。

无论是什么类型的数控车床,都有一套自己的操作规程,这既是保证操作人员人身安全的重要措施之一,也是保证设备安全、使用寿命等的重要措施。因此,使用者必须按照操作规程正确操作数控车床,并按照日常维护制度对数控车床进行定期维护。

(2) 应尽量少开数控柜和强电柜的门。

在机加工车间的空气中一般都会有油雾、灰尘甚至金属粉末,一旦它们落在数控系统内的电路板或电子器件上,容易引起元器件间绝缘电阻下降,甚至导致元器件及电路板损坏。有的用户在夏天为了使数控系统能超负荷长期工作,采取打开数控柜的门来散热,这是一种极不可取的方法,其最终将导致数控系统的加速损坏。

(3) 定时清扫数控柜的散热通风系统。

应该检查数控柜上的各个冷却风扇工作是否正常。每半年或每季度检查一次风道过滤器是否有堵塞现象,若过滤网上灰尘积聚过多,不及时清理,会引起数控柜内温度过高。

(4) 直流电动机电刷的定期检查和更换。

直流电动机电刷的过渡磨损,会影响电动机的性能,甚至造成电动机损坏。为此,应对电动机电刷进行定期检查和更换。数控车床、数控铣床、加工中心等,应每年检查一次。

(5) 定期更换存储用电池。

一般数控系统内对 CMOS RAM 存储器件设有可充电电池维护电路,以保证系统不通电期间能保持其存储器的内容。在一般情况下,即使尚未失效,也应每年更换一次,以确保系统正常工作。电池的更换应在数控系统供电状态下进行,以防更换时 RAM 内信息丢失。

(6) 备用电路板的维护。

备用的印制电路板长期不用时,应定期装到数控系统中通电运行一段时间,以防损坏。

2）机械部分的维护

（1）主传动链的维护。

定期调整主轴驱动带的松紧程度，防止因带打滑造成的丢转现象；检查主轴润滑的恒温油箱、调节温度范围，及时补充油量，并清洗过滤器；主轴中刀具夹紧装置长时间使用后，会产生间隙，影响刀具的夹紧，需及时调整液压缸活塞的位移量。

（2）滚珠丝杠螺母副的维护。

定期检查、调整丝杠螺母副的轴向间隙，保证反向传动精度和轴向刚度；定期检查丝杠与床身的连接是否有松动；丝杠防护装置有损坏要及时更换，以防灰尘或切屑进入。

（3）刀库及换刀机械手的维护。

严禁把超重、超长的刀具装入刀库，以避免机械手换刀时掉刀或刀具与工件、夹具发生碰撞；经常检查刀库的回零位置是否正确，检查机床主轴回换刀点位置是否到位，并及时调整；开机时，应使刀库和机械手空运行，检查各部分工作是否正常，特别是各行程开关和电磁阀能否正常动作；检查刀具在机械手上锁紧是否可靠，发现不正常应及时处理。

3）电气部分的维护

定期检查三相电源的电压值是否正常，有无偏相；检查所有电气连接是否良好；检查各类开关是否有效；检查各继电器、接触器是否工作正常，触点是否完好；检验热继电器、电弧抑制器等保护器件是否有效。

4）液压系统的维护

定期检查各液压阀、液压缸及管子接头是否外漏；液压泵或液压马达运转时是否有异常噪声等现象；油液的温度是否在允许的范围内；对油液取样化验，定期过滤或更换油液；电气控制或撞块控制的换向阀工作是否灵敏可靠；油箱内油量是否在油标刻线范围内；行程开关或限位挡块的位置是否有变动；检查清洗或更换液压元件；检查或清洗液压油箱和管道，对过滤器或分滤网进行清洗或更换；液压系统各测压点压力是否在规定的范围内，压力是否稳定。

5）气动系统的维护

选用合适的过滤器清除压缩空气中的杂质；定期检查气动元件润滑是否良好；保持气动系统的密封性；保证压力表工作可靠，读数准确；每天应检查压缩空气的压力是否正常；定期对气压系统分水滤气器放水。

6）机床精度的维护

定期进行机床水平和机械精度检查并校正。机械精度的校正方法有软硬两种：软方法主要是通过系统参数补偿，如丝杠反向间隙补偿、各坐标定位精度定点补偿、机床回参考点位置校正等；硬方法一般要在机床大修时进行，如进行导轨修刮、滚珠丝杠螺母副预紧调整反向间隙等。

另外，应定期检查编码器、光栅尺、感应同步器、磁尺、旋转变压器等检测元件的连接是否松动，是否被油液或灰尘污染。

数控车床日常维护与保养的具体方法、要求如表4-10所示。

表 4-10 数控车床日常维护具体方法

序号	检查周期	检查部位	检查内容
1	每天	导轨润滑机构	油标、润滑泵,每天使用前手动打油润滑导轨
2	每天	导轨	清理切屑及赃物,检查滑动导轨有无划痕、滚动导轨润滑情况
3	每天	液压系统	油泵有无异常噪声,工作油面高度是否合适,压力表指示是否正常,有无泄漏
4	每天	主轴润滑油箱	油量、油质、温度、有无泄漏
5	每天	液压平衡系统	工作是否正常
6	每天	气源自动分水过滤器、自动干燥器	及时清理分水器中过滤出的水分,检查压力
7	每天	电器箱散热、通风装置	冷却风扇工作是否正常,过滤器有无堵塞,及时清洗过滤器
8	每天	各种防护罩	有无松动、漏水现象,特别是导轨防护装置
9	每天	机床液压系统	液压泵有无噪声,压力表各个接头有无松动,油面是否正常
10	每周	空气过滤器	坚持每周清洗一次,保持无尘、通畅,发现损坏及时更换
11	每周	各电气柜过滤网	清洗黏附的尘土
12	半年	滚珠丝杠	清洗丝杠上的旧润滑脂,更换新润滑脂
13	半年	液压油路	清洗各类阀、过滤器,清洗油箱底,换油
14	半年	主轴润滑箱	清洗过滤器、油箱,更换润滑油
15	半年	各轴导轨上镶条,压紧滚轮	按说明书要求调整,使其松紧适度
16	一年	检查和更换电动机电刷	检查换向器表面,去除毛刺,吹净碳粉,对于磨损过多的电刷要及时更换
17	一年	冷却油泵过滤器	清洗冷却油池,更换过滤器
18	不定期	主轴电动机冷却风扇	除尘,清理异物
19	不定期	运屑器	清理切屑,检查是否卡住
20	不定期	电源	供电网络大修,停电后检查电源的相序、电压
21	不定期	电动机传动带	调整传动带的松紧
22	不定期	刀库	检查刀库定位情况,机械手相对主轴的位置
23	不定期	切削液箱	随时检查液面高度,及时添加切削液,如果切削液太脏应及时更换

【任务实施】

1. 图样分析

如图 4-37 所示的行星架零件需要经过数控车铣复合加工完成。行星架零件车削加工部分加工表面有 $\phi75.7$、$\phi100$、$\phi107.4$ 和 $\phi113$ 内圆柱表面,以及 $\phi173$ 和 $\phi190$ 外圆柱表面,R50 圆弧面等,工艺流程图如图 4-38 所示,如图 4-36 所示的行星架零件铣削加工部分的加工表面有 3—$\phi27\pm0.05$ 和 3—$\phi35$ 圆柱的加工。

2. 数控车削加工工艺方案

1) 加工方案

该零件为盘类零件,以轴心线为工艺基准,用三爪自定心卡盘夹持 $\phi195$mm 外圆一头,使工件伸出卡盘 30mm。

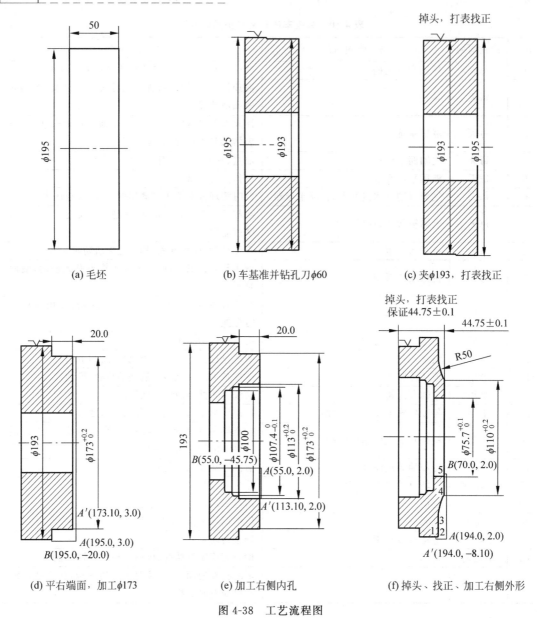

图 4-38 工艺流程图

2）选择机床设备

根据零件图样要求，尺寸公差都比较大，选用经济型数控车床即可达到要求，故选用 CKA6150 型数控卧式车床。

3）选择刀具

根据加工要求，选择刀具如表 4-11 所示。

4）确定切削用量

切削用量的具体数值应根据该机床性能、相关的手册并结合实际经验确定，详见加工工序卡。

5）确定工件坐标系、对刀点和换刀点

确定以工件右端面与轴心线的交点为工件原点，建立工件坐标系。采用手动试切对刀方法，把点工件原点作为对刀点。换刀点选在不碰工件为准。

表 4-11 数控加工刀具卡

零件名称		螺纹零件		零件图号		1-69		
序号	刀具号	刀具名称	数量	加工表面	刀尖半径 R/mm	刀尖方位 T	备注	
1	T01	主偏角90° 外圆右偏刀	1	粗精加工外轮廓	0.4	3	刀尖角55°	
2	T02	主偏角93° 内孔右偏刀	1	粗精加工外轮廓	0.4	2	刀尖角55°	
编制		审核		批准		日期	共1页	第1页

6) 加工工序

如表 4-12 所示为转轴配合件的数控加工工序卡,该配合件的加工编制了 15 个工步,对应的程序号见备注。

表 4-12 数控加工工序卡

单位名称				零件名称	零件图号
				螺纹零件	1-69
程序号	夹具名称	使用设备		数控系统	场地
	三爪自定心卡盘	CKA6150		FANUC 0iT	数控实训中心
工步号	工步内容		刀具号	主轴转速 /(r·min^{-1})	进给量 /(mm·r^{-1})	背吃刀量 /mm	备注
1	装夹零件并打表找正						手动
2	手动对刀						手动
3	车基准ϕ193×30,车端面		T01	300	0.3	1.0	MDI
4	钻孔到ϕ60						手动
5	掉头定位装夹,并打表找正						手动
6	手动对刀						手动
7	粗加工$\phi 173_0^{+0.2}$段		T01	300	0.3	2.0	O3001
8	精加工$\phi 173_0^{+0.2}$段		T01	600	0.1	0.5	
9	粗加工右侧内孔轮廓		T02	400	0.3	2.0	O3002
10	精加工右侧内孔轮廓		T02	800	0.1	0.5	
11	掉头定位装夹,并打表找正						手动
12	车端面保证44.75±0.1		T01				MDI
13	手动对刀并车外圆保证$\phi 190_0^{+0.2}$						手动
14	粗加工零件图左侧外形		T01	300	0.3	2.0	O3003
15	精加工零件图左侧外形		T01	600	0.1	0.5	
编制		审核	批准	日期	共1页	第1页	

3. 数控车削编程与加工

1) 粗加工ϕ173段圆柱面

如图 4-38(d)所示,粗精加工$\phi 173_0^{+0.2}$段圆柱面,编写程序如下:

```
O3001;
N10 T0101 S300 M03;           外圆刀,90°主偏角,55°刀尖角
N20 G00 X195.0 Z3.0 M08;      定位循环起点A点
```

```
N30 G71 U2.0 R0.5;                    粗车复合循环
N40 G71 P50 Q80 U1.0 W0.05 F0.3;
N50 G42 G00 X173.10;                  A'点,引入刀尖半径补偿
N60 G01 Z-20.0 F0.1;                  未加工到 24.25$^{+0.1}_{0}$ 尺寸,为后续加工留 0.5 的余量
N70 X193.0;
N80 G40 X195.0 Z-20.0;                B 点,取消刀尖半径补偿,循环结束
N90 S600;
N100 G70 P50 Q80;                     精加工 $\phi$173 圆柱面
N110 G00 X200.0 Z200.0;               换刀点
N120 M09 M05 M30;
```

2) 粗精加工零件右侧内孔轮廓

如图 4-38(e)所示,右侧内孔轮廓粗、精加工,编写程序如下:

```
O3002;
N10 T0202 S400 M03;                   内孔刀,93°主偏角,55°刀尖角
N20 G00 X55.0 Z2.0 M08;               定位到循环的起点 A
N30 G71 U2.0 R0.5;
N40 G71 P50 Q150 U1.0 W0.05 F0.3;
N50 G41 G00 X113.10;                  点位 A'点,引入刀尖半径补偿
N60 G01 X113.10 Z-20.5 F0.1;          以下几点坐标需借助 CAD 软件计算
N70 X107.35 Z-20.5;                   尺寸计算 107.4+(0-0.1)/2=107.4-0.05=107.35
N80 X107.35 Z-24.250;
N90 G03 X102.952 Z-27.148 R3.0;
N100 G02 X100.0 Z-29.25 R2.0;
N110 G01 X100.0 Z-32.750;
N120 G03 X96.0 Z-34.750 R2.0;
N130 G01 X75.7;
N140 Z-45.75;                         多走 1mm
N150 G40 G01 X55.0 Z-45.75;           取消刀尖补偿,并切到 B 点
N160 S800;
N170 G70 P50 Q150;                    精加工右侧内孔轮廓
N180 G00 X200.0 Z200.0;               换刀点
N190 M09 M05 M30;
```

3) 粗加工零件左侧外形

如图 4-38(f)所示,零件左侧外形粗加工,编写程序如下:

```
O3003;
N10 T0101 S300 M03;                   外圆刀,90°主偏角,55°刀尖角
N20 G00 X194.0 Z2.0 M08;              定位到循环的起点 A
N30 G72 W2.0 R0.5;
N40 G72 P50 Q110 U0.6 W0.5 F0.3;
N50 G41 G00 Z-8.1;                    定位 A'点,引入刀尖半径补偿,考虑公差
N60 G01 X190.0 Z-8.1 F0.1;
N70 G02 X186.0 Z-6.1 R2.0;
N80 G01 X157.498 Z-6.1;               该点借助 CAD 软件计算
N90 G03 X110.1 Z0 R50.0;              考虑公差
N100 G01 X70.0;
N110 G40 G01 X70.0 Z2.0;              B 点,取消刀尖半径补偿
N120 S600;
N130 G70 P50 Q110;                    精加工
N140 G00 X200.0 Z200.0;               换刀点
N150 M09 M05 M30;
```

4. 数控铣削加工工艺方案

1）加工方案

（1）本例毛坯为短圆柱形，采用下表面为定位基准，用三爪卡盘进行装夹，将三爪卡盘固定在工作台上，调平并保证加工部位敞开。一次装夹完成全部粗精加工。

（2）工步顺序如表 4-14 所示。

2）选择机床设备

根据零件图样的尺寸公差和表面粗糙度要求，选用 XH715D 立式加工中心。

3）选择刀具

选择刀具如表 4-13 所示，同时把刀具的长度补偿和半径补偿值输入相应的刀具补偿参数中。

表 4-13 数控加工刀具卡

零件名称		内轮廓零件		零件图号		5-45	
序号	刀具号	刀具名称	数量	加工表面	半径补偿号及补偿值/mm	长度补偿号	备注
1	T01	ϕ40 机夹立铣刀	1	粗加工，开 3 个宽 40mm 槽及开槽后的余量，见图 4-39		H01	
2	T02	ϕ16 合金立铣刀	1	精加工 $\phi27\pm0.05$ 圆柱	D02=8	H02	
3	T03	ϕ16r3 合金立铣刀	1	精加工 ϕ35 圆柱，刀具保证 R3 尺寸	D03=8	H03	
编制		审核		批准	日期	共1页	第1页

4）确定切削用量

切削用量的具体数值应根据该机床性能、相关的手册并结合实际经验确定，如表 4-14 所示。

表 4-14 数控加工工序卡

单位名称				零件名称		零件图号	
				内轮廓零件		5-43	
程序号	夹具名称		使用设备	数控系统		场地	
主程序 O3004	三爪卡盘		XH715D	FANUC 0i Mate		数控实训中心	
工步号	工步内容		刀具号	主轴转速/(r·min^{-1})	进给量/(mm·min^{-1})	背吃刀量/mm	备注
1	三爪卡盘装夹零件并找正						手动
2	粗加工，开 3 个宽 40mm 槽，如图 4-39 中 AB 段		T01	800	120	5.4	子程序 O0050
3	开 40 槽后还有 6 小段余量，见图 4-39 中 CD 和 EF 段，并完成圆柱粗加工		T01	800	120	5.4	子程序 O0051
4	精加工 $\phi27\pm0.05$ 圆柱		T02	1000	65		子程序 O0052
5	精加工 ϕ35 圆柱，刀具保证 R3 尺寸		T03	1000	65		子程序 O0053
编制		审核		批准	日期	共1页	第1页

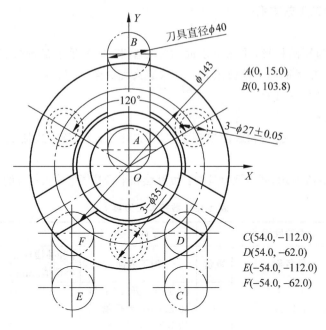

图 4-39 粗加工路线

5）确定工件坐标系、对刀点和换刀点

本例零件轮廓为对称状，故工件坐标系的原点设在工件下表面圆心处。

5. 数控车削编程与加工

1）主程序

主程序名为 O3004，主要调用 4 个子程序，分别是去除边角料子程序 O0050、粗加工 $\phi27$ 和 $\phi35$ 圆柱面子程序 O0051、精加工 $\phi27$ 圆柱子程序 O0052，以及精加工 $\phi35$ 圆柱的子程序 O0053。主程序编写如下：

```
O3004;
N10 T01 M06;                     换刀
N20 G54 G90 G00 X0 Y0;
N30 G43 H01 Z100.0;              加入刀具长度补偿
N40 S800 M3;                     启动主轴正转
N50 M98 P50 L1;                  去除边角料，开 40mm 宽的槽
N60 G68 X0 Y0 R120;              坐标系旋转
N70 M98 P50 L1;                  调用子程序
N80 G69;                         取消坐标系旋转
N90 G68 X0 Y0 R240;
N100 M98 P50 L1;
N110 G69;
N120 M98 P51 L1;                 粗加工加工圆柱 φ27、φ35，以及带圆角 R3 段的圆柱
N130 G68 X0 Y0 R120;
N140 M98 P51 L1;
N150 G69;
N160 G68 X0 Y0 R240;
```

```
N170 M98 P51 L1;
N180 G69;
N190 G90 G00 Z100.0;
N200 M05;                        主轴停止
N210 M01;                        程序选择性停止
N220 T02 M06;                    换刀
N230 G54 G90 G00 X0 Y0;
N240 G43 H02 Z100.0;             加入刀具长度补偿
N250 S1000 M3;
N260 M08;
N270 M98 P52 L1;                 精加工圆柱 φ27
N280 G68 X0 Y0 R120;
N290 M98 P52 L1;
N300 G69;
N310 G68 X0 Y0 R240;
N320 M98 P52 L1;
N330 G69;
N340 G90 G00 Z100.0;
N350 M05 M09;                    主轴停,关闭切削液
N360 M01;                        程序选择性停止
N370 T03 M06;                    换刀
N380 G54 G90 G00 X0 Y0;
N390 G43 H03 Z100.0;             加入刀具长度补偿
N400 S1000 M3;
N410 M08;                        打开切削液
N420 M98 P53 L1;                 精加工圆柱 φ35
N430 G68 X0 Y0 R120;
N440 M98 P53 L1;
N450 G69;
N460 G68 X0 Y0 R240;
N470 M98 P53 L1;
N480 G69;
N490 G90 G00 Z100.0;
N500 M09;
N510 M01;                        程序选择性停止
N520 G91 G28 Y0;                 回零
N530 M05 M30;                    程序结束
```

2) 子程序

(1) 去除边角料子程序。

去除边角料是用 φ40mm 立铣刀开 3 个 40mm 宽的槽,如图 4-39 所示的 AB 段,子程序如下:

```
O0050;                           子程序
N10 #1=5.4;                      每层下刀深度 5.4mm
```

N20 G90 G00 X0 Y15.0 Z90.0;   定位下刀点 A 点
N30 WHILE [#1LE27.0] DO 3;   总深 = 44.75 − 24.25 + 6.75 = 27.25, 取 27 且整除 5.4
N40 G00 Z[50.0 − #1];   下刀
N50 G01 Z[44.4 − #1] F120; $Z = (24.56 − 6.75)_{−0.1−0.1}^{0} + 27 = 44.5_{−0.2}^{0}$, 取 44.4
N60 Y103.8;   切槽终点 B 点
N70 G00 Z100;   抬刀
N80 X0 Y15.0;   回到 A 点
N90 #1 = #1 + 5.4;   层层递增, 为下刀做准备
N100 END3;
N110 G90 G00 Z100.0;
N120 M99;   子程序结束

(2) 粗加工 ϕ27、ϕ35 圆柱面子程序。

粗加工 ϕ27、ϕ35 圆柱面先去除 6 小段余量, 见图 4-39 中 CD 段和 EF 段, 再分别加工 ϕ27 圆柱面和 ϕ35 圆柱面, 子程序如下:

O0051;   子程序
N10 #1 = 5.4;   每层下刀深度
N20 G90 G00 X − 54.0 Y − 112.0 Z90.0; 定位下刀 E 点
N30 WHILE [#1LE27.0] DO 3;   总深 = 44.75 − 24.25 + 6.75 = 27.25, 取 27 且整除 5.4
N40 G01 Z[44.4 − #1] F120; $Z = (24.56 − 6.75)_{−0.1−0.1}^{0} + 27 = 44.5_{−0.2}^{0}$, 取 44.4
N50 Y − 62.0;   切到 F 点
N60 Y − 112.0;   退回 E 点
N70 #1 = #1 + 5.4;
N80 END3;
N90 G90 G00 Z100.0;
N100 #1 = 5.4;
N110 G90 G00 X54.0 Y − 112.0 Z90.0;   定位下刀 C 点
N120 WHILE [#1 LE 27.0] DO 2;
N130 G01 Z[44.4 − #1] F120;
N140 Y − 62.0;   切到 D 点
N150 Y − 112.0;   退回 C 点
N160 #1 = #1 + 5.4;
N170 END2;
N180 G90 G00 Z100.0;
N190 M00;   程序停止, 检测后按循环启动
N200 #1 = 5.0;   开始粗加工 ϕ27 圆柱
N210 G00 X0 Y − 128.0;
N220 G00 Z60.0;
N230 WHILE [#1 LE 20.0] DO 1;   总深 = 44.75 − 24.25 = 20.5, 取 20 且能整除 5
N240 G01 Z[44.2 − #1] F120;   保证 $24.5_{−0.1}^{0}$, $Z = 24.25_{−0.1}^{0} + 5 × 4 = 44.5_{−0.1}^{0}$, 取 44.2
N250 G01 Y − 105.F120;   加工 ϕ27 圆柱面, 刀直径 ϕ40, 定位圆弧起点
N260 G02 Y − 105. J33.5;   R = 27/2 + 20 = 33.5, 刀具直径略小于的尺寸为精加工余量
N270 G01 Y − 128.0;   退刀
N280 #1 = #1 + 5.0;

N290 END1

N300 G00 X0 Y-128.0;   加工 ϕ35 圆柱面,分两层来切削
N310 G01 Z20.5 F200;   第一层,切深 20.5
N320 G01 Y-109.0;
N330 G02 Y-109.0 J37.5;   整圆
N340 G01 Y-128.0;
N350 G00 X0 Y-128.0;
N360 G01 Z17.4 F200;   切深,$Z = 24.25_{-0.1}^{0} - 6.75_{0}^{0.1} = (24.25 - 6.75)_{-0.1-0.1}^{0} = 17.5_{-0.2}^{0}$,取 17.4
N370 G01 Y-112.0
N380 G02 Y-112. J40.5;   考虑 R3 尺寸,$R = 35/2 + 3 + 20 = 40.5$
N390 G01 Y-128.0;
N400 G00 Z100.0;
N410 M99;

(3) 精加工 ϕ27 圆柱子程序。

O0052;   子程序
N10 G00 X0 Y-110.0;
N20 Z28.0;
N30 G01 Z24.25 F65;
N40 G41 Y-100.0 D02;   引入刀具半径补偿
N50 G03 Y-93.0 R7.0;   R7 圆弧切入
N60 G02 Y-93.0 J21.5;   整圆
N70 G03 Y-100.0 R7.0 F100;   R7 圆弧切出
N80 G00 Z100.0;
N90 M99;

(4) 精加工 ϕ35 圆柱的子程序。

O0053;   子程序
N10 G00 X0 Y-110.0;
N20 Z20.0;
N30 G01 Z17.5 F65;
N40 G41 Y-100.0 D03;   引入刀具半径补偿
N50 G03 Y-97.0 R3.0;   R3 圆弧切入
N60 G02 Y-97.0 J25.5;   整圆
N70 G03 Y-100.0 R3.0 F100;   R3 圆弧切出
N80 G00 Z100.0;
N90 M99;

【同步训练】

图 4-40 所示为透盖零件图,该零件需要车铣复合加工来完成零件加工,加工该零件并检验产品质量。

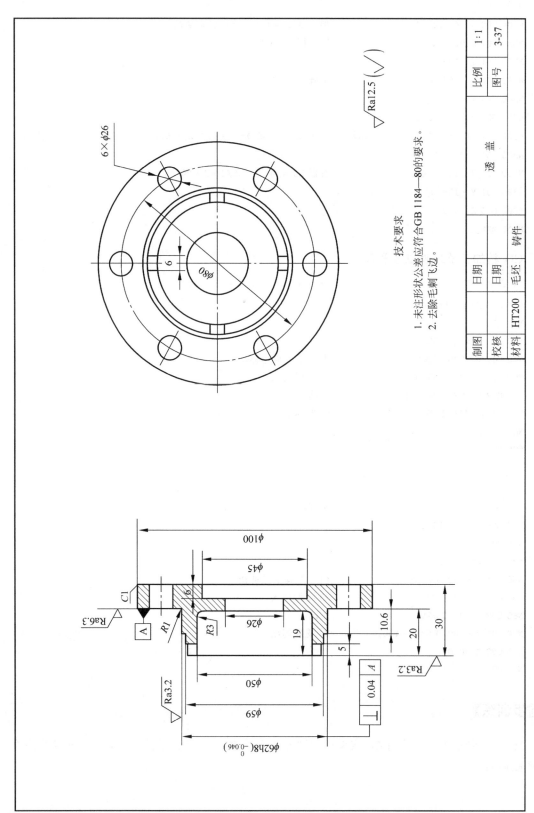

图 4-40 透盖零件图

项目 5

基于 CAXA 的自动编程

5.1 任务1 端盖零件的加工

【学习目标】

(1) 熟悉 CAXA 制造工程师建模及实现加工的步骤。
(2) 熟悉常用的加工方法及参数设置。
(3) 熟悉定位基准的选择及工件的装夹。
(4) 具有零件图的识读能力。
(5) 具有程序生成及后置处理能力。
(6) 具有运用平面区域粗加工、钻孔加工及平面轮廓精加工加工零件的能力。

【任务描述】

由图 5-1 可知,要加工的端盖零件材料为 45 钢,毛坯尺寸为 200mm×200mm×20mm,完成如图 5-1 所示的端盖零件的实体造型和加工。

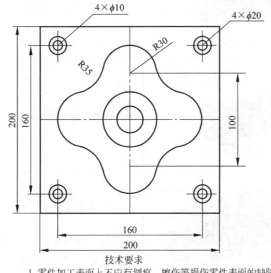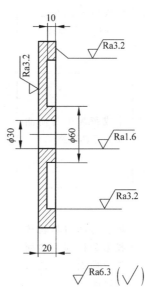

技术要求
1. 零件加工表面上不应有划痕、擦伤等损伤零件表面的缺陷。
2. 经调质处理,50~55 HRC。
3. 未注形状公差应符合GB 1184—80要求。
4. 未注倒角均为C0.5。

图 5-1 端盖零件图

【相关知识】

CAXA 制造工程师为用户提供了功能齐全的加工命令,利用这些命令可以生成复杂零件的加工轨迹。本项目以丰富的实例介绍各种 CAM 加工命令以及典型零件的加工方法,具体加工命令如表 5-1 所示。

表 5-1 典型零件的加工方法

命　　令	功　　能	图　　例	使用注意事项
平面轮廓精加工	生成沿轮廓线切削的平面刀具轨迹		• 两轴半加工方式; • 平面轮廓线可以是封闭的,也可以不封闭; • 主要用于加工外形
平面区域精加工	生成具有多个岛的平面区域的刀具轨迹		• 两轴半加工方式; • 主要用于加工型腔
参数线精加工	生成沿参数线方向的三轴刀具轨迹		• 指定加工方式和退刀方式时要保证刀具不会碰到机床、夹具; • 在切削加工表面时,对可能干涉的表面要做干涉检查; • 对不该切削的表面,要设置限制面,否则会产生过切
曲面轮廓精加工	生成沿轮廓线加工曲面的刀具轨迹		• 生成的刀具轨迹与刀次和行距都关联,当要加工轮廓内的全部曲面时,可以把刀次数设大一点; • 轮廓线既可以封闭,也可以不封闭
曲面区域精加工	生成待加工封闭曲面的刀具轨迹		曲面轮廓线必须封闭
投影加工	将已有的刀具轨迹投影到待加工曲面生成曲面加工的刀具轨迹		• 在投影加工前必须已有加工轨迹; • 待加工曲面可以拾取多个; • 投影加工的加工参数可以与原有刀具轨迹的参数不同

续表

命　令	功　能	图　例	使用注意事项
曲线式铣槽加工	生成三维曲线刀具轨迹		用于空间沟槽的加工
轮廓导动精加工	生成轮廓线沿导动线运动的刀具轨迹		• 轮廓线既可以封闭,也可以不封闭;导动线必须开放; • 导动线必须在轮廓线的法平面
等高线粗加工	生成按等高距离下降,大量去除毛坯材料的刀具轨迹		顶层高度是等高线刀具轨迹的最上层的高度值
等高线精加工	生成等高线粗加工未加工区域的刀具轨迹		用于陡面的精加工
自动区域加工	自动生成曲面区域的刀具轨迹		实质是曲面区域精加工
知识加工	针对三维造型自动生成一系列的刀具轨迹		• 为用户提供整体加工思路,快速完成加工过程; • 在使用前一般要针对已有机床进行知识加工库参数设置
钻孔	生成钻孔的刀具轨迹		• 钻孔方式的实现与机床无关; • 系统中钻孔指令的格式只针对FANUC系统

1. 平面区域粗加工

单击加工生成栏中的"平面区域粗加工"图标,弹出"平面区域粗加工"对话框,如图 5-2 所示。

1) 加工参数

图 5-2 所示对话框中的"加工参数"选项卡用于设定平面区域粗加工的加工参数,生成平面区域粗加工轨迹。

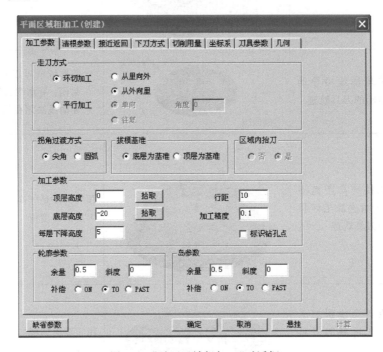

图 5-2 "平面区域粗加工"对话框

(1) 走刀方式。

走刀方式分为环切加工和平行加工两种。

① 环切加工。刀具以环状走刀方式切削工件,可选择从里向外或从外向里的方式。

② 平行加工。刀具以平行走刀方式切削工件,可改变生成的刀位行与 X 轴的夹角,还可选择单向还是往复方式。

a. 单向。刀具以单一的顺铣或逆铣方式加工工件。

b. 往复。刀具以顺逆混合方式加工工件。

(2) 拐角过渡方式。

在切削过程中遇到拐角时的处理方式,有以下两种情况。

① 尖角。刀具从轮廓的一边到另一边的过程中,以两条边延长后相交的方式连接。

② 圆弧。刀具从轮廓的一边到另一边的过程中,以圆弧的方式过渡,过渡半径=刀具半径+余量。

(3) 拔模基准。

当加工的工件带有拔模斜度时,工件底层轮廓与顶层轮廓的大小不同。

① 底层为基准。加工中所选的轮廓是工件底层的轮廓。

② 顶层为基准。加工中所选的轮廓是工件顶层的轮廓。

(4) 区域内抬刀。

在加工有岛屿的区域时,选择轨迹过岛屿时是否抬刀。选择"否"就是在岛屿处不抬刀;选择"是"就是在岛屿处直接抬刀连接。此项只对平行加工的单向有用。

(5) 加工参数。

加工切削的具体坐标及切削量。

① 顶层高度。零件加工时起始高度的高度值,一般来说,也就是零件的最高点,即 Z 坐标最大值。

② 底层高度。零件加工时,所要加工到的深度,即 Z 坐标最小值。

③ 每层下降高度。刀具轨迹层与层之间的高度差,即层高。每层的高度从输入的顶层高度开始计算。

④ 行距。与加工轨迹相邻两行刀具轨迹之间的距离。

⑤ 加工精度。在此输入模型的加工精度。加工精度越大,模型形状的误差越大,模型表面越粗糙;加工精度越小,模型形状的误差越小,模型表面越光滑。

⑥ 标识钻孔点。

选中该复选框会自动显出下刀打孔的点。

(6) 轮廓参数。

要加工轮廓的边界。

① 余量。给轮廓加工预留的切削量。

② 斜度。以多大的拔模斜度来加工。

③ 补偿。有 3 种方式:ON 表示刀心线与轮廓重合;TO 表示刀心未到轮廓,距离为刀具的半径值;PAST 表示刀心线超过轮廓一个刀具半径。

(7) 岛参数。

在型腔内部出现的凸台类形状。

① 余量。给轮廓加工预留的切削量。

② 斜度。以多大的拔模斜度来加工。

③ 补偿。有 3 种方式:ON 表示刀心线与岛屿线重合;TO 表示刀心线超过岛屿线一个刀具半径;PAST 表示刀心线未到岛屿线一个刀具半径。

2) 清根参数

单击"清根参数"标签,进入如图 5-3 所示的"平面区域粗加工"对话框的"清根参数"选项卡,该选项卡用于设定平面区域粗加工的清根参数。

(1) 轮廓清根。

选择轮廓清根,在区域加工完之后,刀具对轮廓进行清根加工,相当于最后的精加工,对轮廓还可以设置清根余量。

① 不清根。不进行最后轮廓清根加工。

② 清根。进行轮廓清根加工,要设置相应的清根余量。

③ 轮廓清根余量。设定轮廓加工的预留量值。

(2) 岛清根。

选择岛清根,在区域加工完之后,刀具对岛进行清根加工。

① 不清根。不进行岛清根加工。

② 清根。进行岛清根加工,要设置相应的清根余量。

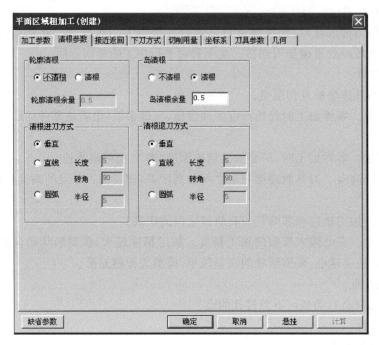

图 5-3 "清根参数"选项卡

③ 岛清根余量。设定岛清根加工的余量。

(3) 清根进刀方式。

在做清根加工时,可选择清根轨迹的进刀方式。

① 垂直。刀具在工件的第一个切削点处直接开始切削。

② 直线。刀具按给定长度以相切方式向工件的第一个切削点前进。

③ 圆弧。刀具按给定半径以 1/4 圆弧向工件的第一个切削点前进。

(4) 清根退刀方式。

在做清根加工时,可选择清根轨迹的退刀方式。

① 垂直。刀具从工件的最后一个切削点直接退刀。

② 直线。刀具按给定长度以相切方式从工件的最后一个切削点退刀。

③ 圆弧。刀具从工件的最后个切削点按给定半径以 1/4 圆弧退刀。

3) 接近返回

单击"接近返回"标签,进入如图 5-4 所示的"平面区域粗加工"对话框的"接近返回"选项卡,该选项卡用于设定平面区域粗加工的接近返回方式。

(1) 接近方式。

设定接近回返的切入切出方式。一般情况下,接近指从刀具起始点快速移动后以切入方式逼近切削点的那段切入轨迹,返回指从切削点以切出方式离开切削点的那段切出轨迹。

① 不设定。不设定接近返回的切入切出。

② 直线。刀具按给定长度以直线方式向切削点平滑切入或从切削点平滑切出。长度指直线切入切出的长度,角度不使用。

③ 圆弧。以 1/4 圆弧向切削点平滑切入或从切削点平滑切出。半径指圆弧切入或切出的半径,转角指圆弧的圆心角,延长量不使用。

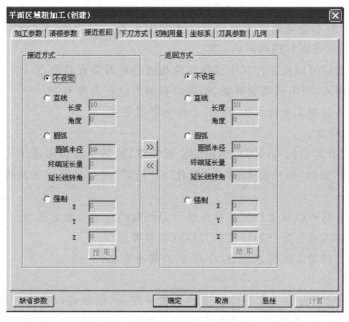

图 5-4 "接近返回"选项卡

④ 强制。强制从指定点直线切入到切削点或强制从切削点直线切出到指定点。X、Y、Z 用于指定点空间位置的三分量。

（2）返回方式。

返回方式内容同接近方式。

4）下刀方式

单击"下刀方式"标签，进入如图 5-5 所示的"平面区域粗加工"对话框的"下刀方式"选项卡，该选项卡用于设定平面区域粗加工的下刀方式。

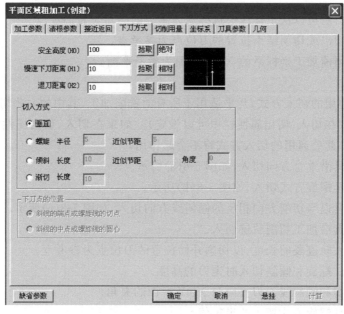

图 5-5 "下刀方式"选项卡

(1) 安全高度。

刀具快速移动而不会与毛坯或模型发生干涉的高度,有"拾取"和"绝对"两种模式,单击"拾取"或"绝对"按钮可以实现两者的互换。

① 拾取。单击后可以从工作区中选择安全高度的绝对位置高度点。

② 相对。以切入、切出或切削开始、结束位置的刀位点为参考点。

③ 绝对。以当前加工坐标系的 XOY 平面为参考平面。

(2) 慢速下刀距离。

在切入或切削开始前的一段刀位轨迹的位置长度,这段轨迹以慢速下刀速度垂直向下进给。它有"相对"和"拾取"两种模式,单击"相对"或"拾取"按钮可以实现两者的互换,如图 5-6 所示。

① 拾取。单击后可以从工作区选择慢速下刀距离的绝对位置高度点。

② 相对。以切入或切削开始位置的刀位点为参考点。

③ 绝对。以当前加工坐标系的 XOY 平面为参考平面。

(3) 退刀距离。

在切出或切削结束后的一段刀位轨迹的位置长度,这段轨迹以退刀速度垂直向上进给。它有"相对"和"拾取"两种模式,单击"相对"或"拾取"按钮可以实现两者的互换,如图 5-7 所示。

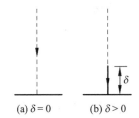
图 5-6　慢速下刀距离 δ 示意图

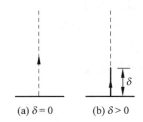
图 5-7　退刀距离 δ 示意图

① 拾取。单击后可以从工作区中选择退刀距离的绝对位置高度点。

② 相对。以切出或切削结束位置的刀位点为参考点。

③ 绝对。以当前加工坐标系的 XOY 平面为参考平面。

(4) 切入方式。

提供了四种通用的切入方式,几乎适用于所有的铣削加工,其中的一些切削加工有其特殊的切入、切出方式(在切入、切出属性栏中可以设定)。如果在切入、切出属性栏中设定了特殊的切入、切出方式,此处通用的切入方式将不会起作用。

① 垂直。刀具沿垂直方向切入,如图 5-8(a)所示。

② 螺旋。刀具螺旋方式切入,如图 5-8(b)所示。

③ 倾斜。刀具以与切削方向相反的倾斜线方向切入,如图 5-8(c)所示。

④ 渐切。刀具沿加工切削轨迹切入。

⑤ 长度。切入轨迹段的长度,以切削开始位置的刀位点为参考点。

⑥ 近似节距。螺旋和倾斜切入时走刀的高度。

⑦ 角度。渐切和倾斜线走刀方向与 XOY 平面的夹角。

⑧ 半径。刀具螺旋方式切入的半径值。

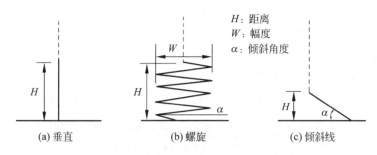

图 5-8 垂直、螺旋、倾斜切入切出示意图

(5) 下刀点的位置。

对于"螺旋"和"倾斜"时的下刀点的位置提供了两种方式。

① 斜线的端点或螺旋线的切点。选择此项后,下刀点位置将在斜线的端点或螺旋线的切点处下刀。

② 斜线的中点或螺旋线的圆心。选择此项后,下刀点位置将在斜线的中点或螺旋线的圆心处下刀。

5) 切削用量

单击"切削用量"标签,进入如图 5-9 所示的"平面区域粗加工"对话框的"切削用量"选项卡,在该选项卡中可设定平面区域粗加工的切削用量。

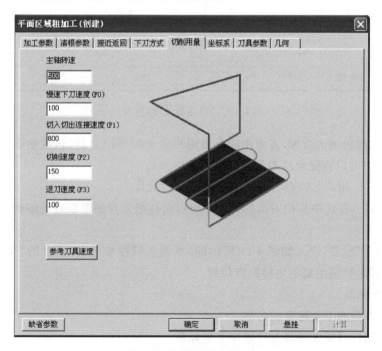

图 5-9 "切削用量"选项卡

① 主轴转速。设定主轴转速的大小,单位为 r/min(转/分)。

② 慢速下刀速度。设定慢速下刀轨迹段的进给速度,单位为 mm/min。

③ 切入切出连接速度。设定切入轨迹段、切出轨迹段、连接轨迹段、接近轨迹段、返回轨迹段的进给速度的大小,单位为 mm/min。

④ 切削速度。设定切削轨迹段的进给速度的大小,单位为 mm/min。

⑤ 退刀速度。设定退刀轨迹段的进给速度的大小,单位为 mm/min。

6) 刀具参数

单击"刀具参数"标签,进入如图 5-10 所示的"平面区域粗加工"对话框的"刀具参数"选项卡,该选项卡设定平面区域粗加工的刀具参数,以生成平面区域粗加工轨迹。

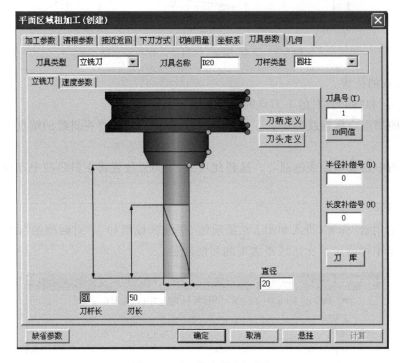

图 5-10 "刀具参数"选项卡

单击"刀库"按钮进入刀库,刀库中能存放用户定义的不同刀具,包括钻头、铣刀(球刀、牛鼻、端刀)等,用户可以方便地从刀库中取出所需的刀具。

① 增加刀具。用户可以在刀库中增加新定义的刀具。

② 编辑刀具。在选中某把刀具后。用户可以对这把刀具的参数进行编辑。

7) 坐标系

单击"坐标系"标签,进入如图 5-11 所示的"平面区域粗加工"对话框的"坐标系"选项卡,该选项卡用于确定轨迹生成的坐标原点位置。

(1) 加工坐标系。

① 名称。刀路加工坐标系的名称。

② 拾取。用户可以在屏幕上拾取加工坐标系。

③ 原点坐标。显示加工坐标系的原点值。

④ Z 轴矢量。显示加工坐标系的 Z 轴方向值。

(2) 使用起始点。

① 使用起始点。决定刀路是否从起始点出发并回到起始点。

② 起始点坐标。显示起始点坐标信息。

③ 拾取。用户可以在屏幕上拾取点作为刀路的起始点。

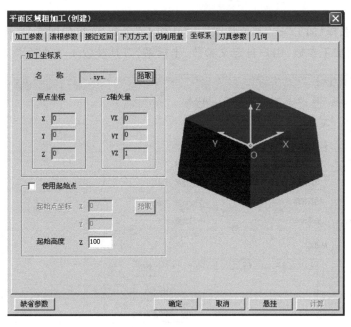

图 5-11 "坐标系"选项卡

④ 起始高度。生成轨迹的起始 Z 向坐标。

8) 几何

单击"几何"标签,进入如图 5-12 所示的"平面区域粗加工"对话框的"几何"选项卡,用于确定要加工图素的边界或轮廓。

① 轮廓曲线。加工图素的外轮廓边界。

② 岛屿曲线。加工图素的内轮廓边界。

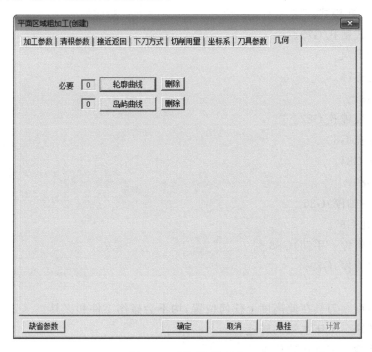

图 5-12 "几何"选项卡

2. 钻孔加工

在菜单栏中选择"加工"→"其他加工"→"孔加工"命令,弹出如图 5-13 所示的"钻孔"对话框,该对话框包括加工参数、用户自定义参数、坐标系、刀具参数 4 个选项卡。

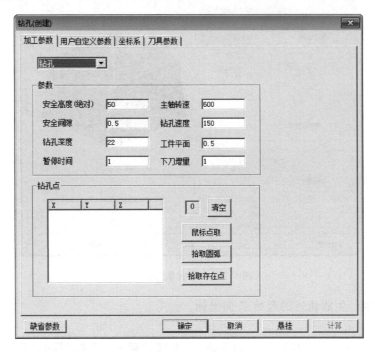

图 5-13 "钻孔"对话框

"加工参数"选项卡中各参数的含义如下。

1) 钻孔模式

提供 12 种钻孔模式。

(1) 高速啄式钻孔 G73。

(2) 左攻丝 G74。

(3) 精镗孔 G76。

(4) 钻孔 G81。

(5) 钻孔+反镗孔 G82。

(6) 啄式钻孔 G83。

(7) 逆攻丝 G84。

(8) 镗孔 G85。

(9) 镗孔(主轴停)G86。

(10) 反镗孔 G87。

(11) 镗孔(暂停+手动)G88。

(12) 镗孔(暂停)G89。

2) 参数

(1) 安全高度。刀具在此高度上任何位置,均不会碰伤工件和夹具。

(2) 主轴转速。机床主轴的转速。

(3) 安全间隙。刀具初始位置。

(4) 钻孔速度。钻孔刀具的进给速度。

(5) 钻孔深度。孔的加工深度。

(6) 工件平面。钻孔时,钻头快速下刀到达的位置,即距离工件表面的距离,由这一点开始按钻孔速度进行钻孔。

(7) 暂停时间。攻丝时刀在工件底部的停留时间。

(8) 下刀增量。孔钻时每次钻孔深度的增量值。

3) 钻孔位置定义

钻孔位置定义有以下两种选择方式。

(1) 输入点位置。可以根据需要,输入点的坐标,确定孔的位置。

(2) 拾取存在点。拾取屏幕上的存在点,确定孔的位置。

"坐标系"选项卡中参数的含义如下。

(1) 加工坐标系。生成轨迹所在的局部坐标系,单击"加工坐标系"按钮,可以从工作区中拾取。

(2) 起始点。刀具的初始位置和沿某轨迹走刀结束后的停留位置,单击"起始点"按钮可以从工作区中拾取。

3. 平面轮廓精加工

在菜单栏中选择"加工"→"常用加工"→"平面轮廓精加工"命令,或单击加工工具栏中的"平面轮廓精加工" 图标,弹出如图 5-14 所示的"平面轮廓精加工"对话框。

"平面轮廓精加工"对话框中包括加工参数、接近返回、下刀方式、切削用量、坐标系、刀具参数、几何 7 个选项卡,其中接近返回、下刀方式、切削用量、刀具参数、几何在前面已经介绍。平面轮廓精加工的"加工参数"选项卡中包括加工参数、拐角过渡方式、走刀方式、行距定义方式、拔模基准、层间走刀等内容,每一项中又有其各自的参数,各种参数的含义如下。

1) 走刀方式

走刀方式指刀具轨迹行与行之间的连接方式,本系统提供了单向和往复两种方式。

(1) 单向。抬刀连接,刀具加工到一行刀位的终点后抬到安全高度,再沿直线快速走刀到下一行首点所在位置的安全高度,垂直进刀,然后沿相同的方向进行加工。

(2) 往复。直线连接,与单向不同的是在进给完一个行距后刀具沿着相反的方向进行加工,行间不抬刀。

2) 拐角过渡方式

拐角过渡方式就是在切削过程中遇到拐角时的处理方式,本系统提供了尖角和圆弧两种拐角过渡方式。

(1) 尖角。刀具在从轮廓的一边到另一边的过程中,以两条边延长后相交的方式连接。

(2) 圆弧。刀具在从轮廓的一边到另一边的过程中,以圆弧的方式过渡,过渡半径=刀具半径+余量。

3) 加工参数

加工参数包括一些参考平面的高度参数(高度指 Z 向的坐标值),当需要进行一定的锥度加工时,还需要给定拔模斜度和每层下降的高度。

(1) 顶层高度。被加工工件生成刀具轨迹线的最高高度。

(2) 底层高度。加工的最后一层所在的高度。

(3) 每层下降高度。每层之间的间隔高度。

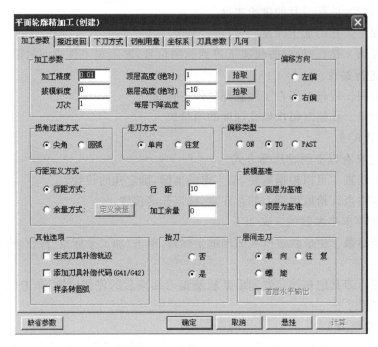

图 5-14 "平面轮廓精加工"对话框

(4) 拔模斜度。加工完成后,轮廓所具有的倾斜度。

(5) 刀次。生成的刀位的行数。

4) 行距定义方式

确定加工刀次后,刀具加工的行距可用以下方式确定。

(1) 行距方式。确定最后加工完工件的余量及每次加工之间的行距,也可以称作等行距加工。

(2) 余量方式。定义每次加工完所留的余量,也可以称为不等行距加工。余量的次数在"刀次"中定义,最多可定义 10 次加工的余量。

(3) 行距。每一行刀位之间的距离

(4) 加工余量。给轮廓留出的预留量。

5) 拔模基准

当加工的工件带有拔模斜度时,工件顶层轮廓与底层轮廓的大小不一样。在用"平面轮廓"功能生成加工轨迹时只需画出工件顶层或底层的一个轮廓形状,无须画出两个轮廓。"拔模基准"用来确定轮廓是工件的顶层轮廓还是底层轮廓。

(1) 底层为基准。加工中所选的轮廓是工件底层的轮廓。

(2) 顶层为基准。加工中所选的轮廓是工件顶层的轮廓。

6) 偏移类型

(1) ON:刀心线与轮廓重合。

(2) TO:刀心线未到轮廓一个刀具半径。

(3) PAST:刀心线超过轮廓一个刀具半径。

注意:补偿是左偏还是右偏取决于加工的是内轮廓还是外轮廓。

7) 其他选项——添加刀具补偿代码(G41/G42)

选择该项机床会自动偏置刀具半径,那么在输出的代码中会自动加上 G41/G42(左偏/右偏)、G40(取消补偿),在输出代码中是自动加 G41 还是 G42 与拾取轮廓时的方向有关。

【任务分析】

在加工技术文件中要考虑精度和效率两个主要方面。理论的加工工艺必须符合图样要求,同时又能充分、合理地发挥机床的性能。

1. 图样分析

图样分析主要包括零件轮廓形状、尺寸精度、技术要求和定位基准等。从零件图可以看出,加工表面包括型腔、$\phi60$ 凸台、$\phi30$ 孔、$4\times\phi10$ 通孔、$4\times\phi20$ 深度为 8 的孔。图中尺寸精度和表面粗糙度要求较高的是 $\phi30$ 孔和型腔表面,对于这几项大家在加工过程中应重点保证。

2. 定位基准的选择

在选择定位基准时,要全面考虑各个工件的加工情况,保证工件定位准确、装卸方便,能迅速完成工件的定位和夹紧,保证各项加工的精度,应尽量选择工件上的设计基准作为定位基准。根据以上原则和图样分析,首先以底面为基准加工型腔和 $\phi60$ 凸台,然后依次加工 $\phi30$ 孔和 $\phi10$ 的沉头孔。以底面定位,一次装夹,将所有表面和轮廓全部加工完成,保证零件的尺寸精度和位置精度要求。

3. 工件的装夹

零件毛坯为长方体,加工表面包括型腔、$\phi60$ 凸台、$\phi30$ 孔、$4\times\phi10$ 孔、$4\times\phi20$ 孔,采用平口虎钳装夹。

4. 确定编程坐标系和对刀位置

根据工艺分析,工件坐标系编程原点设在 $\phi30$ 孔上表面的中心。在确定编程原点后,对刀位置与工件坐标系编程原点重合,对刀方法可根据机床选择,选用手动对刀。

5. 确定加工所用的各种工艺参数

切削条件的好坏直接影响加工的效率和经济型,这主要取决于:编程人员的经验;工件材料及性质;刀具的材料及形状;机床、刀具、工件的刚性;加工精度、表面质量要求;冷却系统等。具体参数如表 5-2 和表 5-3 所示。

表 5-2 刀具参数表

序号	刀具名称	规格	用途	刀具材料
1	立铣刀	$\phi20$	铣削、$\phi60$ 凸台、$\phi30$ 孔	硬质合金
2	钻头	$\phi10$	锪孔	高速钢
3	锪孔钻	$\phi20$	锪孔	高速钢

表 5-3 端盖零件加工参数表

工步	加工内容	刀具编号	刀具名称	规格	主轴转速 /(r·min^{-1})	进给速度 /(mm·min^{-1})	切削深度 /mm	加工余量 /mm
1	粗铣型腔	T01	立铣刀	$\phi20$	500	150	10	10
2	粗铣 $\phi30$ 孔	T01	立铣刀	$\phi20$	500	150	10	15
3	钻孔	T02	钻头	$\phi10$	600	150	5	5
4	锪孔	T03	锪孔钻头	$\phi20$	500	150	5	5
5	精铣型腔	T01	立铣刀	$\phi20$	1000	100	1	1
6	精铣 $\phi30$ 孔	T01	立铣刀	$\phi20$	1000	100	1	1

【任务实施】

1. 零件造型

由端盖零件图可知,端盖的形状主要由圆弧和直线组成,因此在构造实体模型时使用拉伸增料生成实体特征,然后绘制型腔和孔的草图,利用除料拉伸生成各个表面,重点是绘制封闭草图、增料和除料拉伸,最后利用相关线生成加工边界。

1) 绘制端盖

(1) 单击状态树中的"平面 XY",确定绘制草图的基准面。在屏幕绘图区中显示一个虚线框,表明该平面被拾取到。单击"绘制草图" 图标,进入绘制草图状态。

(2) 单击"矩形"图标,在立即菜单中选择"中心_长_宽"方式,输入长度为 200mm、宽度为 200mm,如图 5-15 所示,按回车键确定。在绘图区中选择矩形中心,单击原点确定,右击,结束绘图命令,生成的矩形如图 5-16 所示,然后按 F2 键退出草图。

图 5-15 矩形立即菜单

图 5-16 矩形

(3) 单击"拉伸增料" 图标,弹出"拉伸增料"对话框,如图 5-17 所示。在"深度"中输入 20mm,拉伸方向选择反向拉伸(因为编程原点在上表面),然后单击"确定"按钮,按 F8 键,切换到轴测方式,生成的实体如图 5-18 所示。

图 5-17 "拉伸增料"对话框

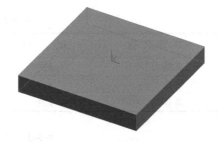
图 5-18 拉伸增料

2) 绘制型腔

(1) 单击上表面,选择端盖上表面,确定绘制草图的基准面。然后单击"绘制草图" 图标,进入绘制草图状态。

(2) 按 F5 键,切换到俯视图方式,单击"整圆" 图标,弹出整圆立即菜单,选择"圆心_半径"方式,如图 5-19 所示,按回车键输入圆心坐标"0,50",再按回车键输入半径 30mm,按回车键确定,右击,结果如图 5-20 所示。

图 5-19　整圆立即菜单　　　　　图 5-20　绘制图

(3) 单击"阵列" 图标,弹出阵列立即菜单,选择"圆形""均布",输入份数 4,如图 5-21 所示。选择 R30 圆,用鼠标右键确认,单击原点作为阵列中心,右击,结果如图 5-22 所示。

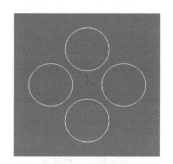

图 5-21　阵列立即菜单　　　　　图 5-22　阵列结果

(4) 单击"整圆" 图标,弹出整圆立即菜单,选择"两点_半径"方式,按空格键,弹出工具菜单,选择"切点"命令,如图 5-23 所示。单击选择相邻 R30 圆,按回车键输入半径 35mm,按回车键确定,右击,结果如图 5-24 所示。

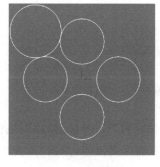

图 5-23　工具点菜单　　　　　图 5-24　绘制圆

(5) 单击"阵列" 图标,弹出阵列立即菜单,选择"圆形""均布",份数输入 4,如图 5-25 所示。单击选择 R35 圆,用鼠标右键确定阵列对象,单击原点作为阵列中心,右击,结果如图 5-26 所示。

(6) 单击"曲线裁剪" 图标,弹出曲线裁剪立即菜单,选择"快速裁剪""正常裁剪"方式,如图 5-27 所示,裁剪多余圆弧,结果如图 5-28 所示。

 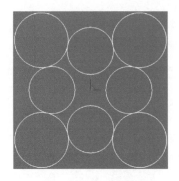

图 5-25 阵列立即菜单　　　　　　　图 5-26 阵列结果

 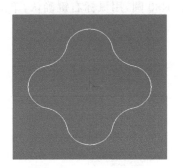

图 5-27 曲线裁剪立即菜单　　　　　图 5-28 裁剪结果

(7) 单击"整圆"图标,弹出整圆立即菜单,选择"圆心_半径"方式,如图 5-29 所示,单击原点,按回车键,输入半径 30mm,再按回车键确定,右击,结果如图 5-30 所示。

 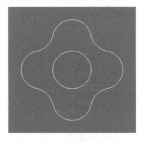

图 5-29 整圆立即菜单　　　　　　　图 5-30 绘制圆

(8) 单击"拉伸除料"图标,弹出"拉伸除料"对话框,如图 5-31 所示,在"深度"中输入 10mm,拉伸方向取消反向拉伸,单击"确定"按钮,按 F8 键,切换到轴测方式,结果如图 5-32 所示。

3) 绘制 ϕ30 孔

(1) 单击凸台上表面,确定绘制草图的基准面,然后用鼠标右键选择"创建草图"命令。

(2) 单击"整圆"图标,弹出整圆立即菜单,选择"圆心_半径"方式,如图 5-33 所示,单击原点,按回车键输入半径 15mm,再按回车键确定,右击,结果如图 5-34 所示。

(3) 单击"拉伸除料"图标,弹出"拉伸除料"对话框,如图 5-35 所示,在"深度"中输入 20mm,单击"确定"按钮,结果如图 5-36 所示。

图 5-31 "拉伸除料"对话框 1

图 5-32 拉伸除料结果 1

图 5-33 整圆立即菜单

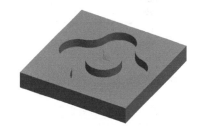

图 5-34 绘制圆

图 5-35 "拉伸除料"对话框 2

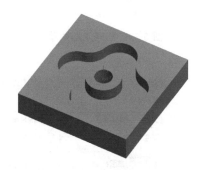

图 5-36 拉伸除料结果 2

4) 绘制 $\phi 10$ 孔

(1) 单击端盖上表面,确定绘制草图的基准面,然后单击"绘制草图"图标进入绘制草图状态。

(2) 单击"整圆"图标,弹出整圆立即菜单,选择"圆心_半径"方式,如图 5-37 所示,按回车键输入圆心坐标"80,80",按回车键输入半径 5mm,再按回车键确定,右击,结果如图 5-38 所示。

(3) 单击"阵列"图标,弹出阵列立即菜单,选择"矩形",行数输入 2、行距输入 −160、列数输入 2、列距输入 −160、角度输入 0,如图 5-39 所示。选择 R5 圆,右击,结果如图 5-40 所示。

(4) 单击"拉伸除料"图标,弹出"拉伸除料"对话框,如图 5-41 所示,在"深度"框中输入 20mm,单击"确定"按钮,结果如图 5-42 所示。

图 5-37 整圆立即菜单

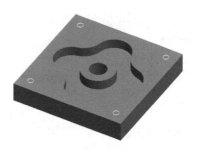

图 5-38 绘制圆

图 5-39 阵列立即菜单

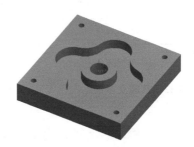

图 5-40 阵列结果

图 5-41 "拉伸除料"对话框

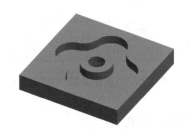

图 5-42 拉伸除料结果

5) 绘制 φ20 孔

(1) 单击端盖上表面,确定绘制草图的基准面,然后单击"绘制草图"图标,进入绘制草图状态。

(2) 单击"整圆"图标,弹出整圆立即菜单,选择"圆心_半径"方式,如图 5-43 所示,按回车键输入圆心坐标"80,80",按回车键输入半径 10mm,再按回车键确定,右击,结果如图 5-44 所示。

(3) 单击"阵列"图标,弹出阵列立即菜单,选择"矩形",行数输入 2、行距输入 -160、列数输入 2、列距输入 -160、角度输入 0,如图 5-45 所示。选择 R10 圆,右击,结果如图 5-46 所示。

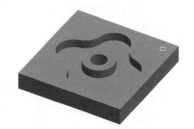

图5-43 整圆立即菜单　　　　　图5-44 绘制圆

图5-45 阵列立即菜单　　　　　图5-46 阵列结果

（4）单击"拉伸除料" 图标，弹出"拉伸除料"对话框，如图5-47所示，在"深度"框中输入8mm，单击"确定"按钮，结果如图5-48所示。

图5-47 "拉伸除料"对话框　　　　图5-48 拉伸除料结果

2．加工设置

1）设定加工刀具

（1）在特征树的轨迹管理栏中双击刀具库，弹出"刀具库"对话框，如图5-49所示。

（2）单击"增加"按钮，在对话框中输入铣刀名称D20，增加一个区域式加工需要的铣刀，设定增加的铣刀的参数。在"刀具库"对话框中输入准确的数值，其中的刃长和刀杆长与仿真有关，而与实际加工无关。其他定义需要根据实际加工刀具来完成，如图5-50所示。

（3）同理增加$\phi 10$和$\phi 20$的在钻头，如图5-51和图5-52所示。

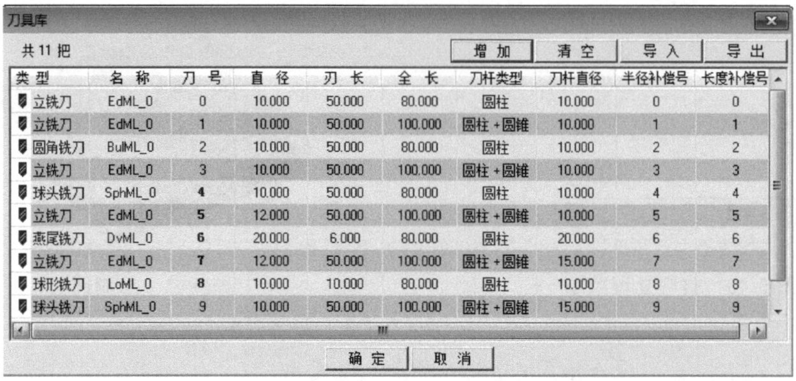

类型	名称	刀号	直径	刃长	全长	刀杆类型	刀杆直径	半径补偿号	长度补偿号
立铣刀	EdML_0	0	10.000	50.000	80.000	圆柱	10.000	0	0
立铣刀	EdML_0	1	10.000	50.000	100.000	圆柱+圆锥	10.000	1	1
圆角铣刀	BulML_0	2	10.000	50.000	80.000	圆柱	10.000	2	2
立铣刀	EdML_0	3	10.000	50.000	100.000	圆柱+圆锥	10.000	3	3
球头铣刀	SphML_0	4	10.000	50.000	80.000	圆柱	10.000	4	4
立铣刀	EdML_0	5	12.000	50.000	100.000	圆柱+圆锥	10.000	5	5
燕尾铣刀	DvML_0	6	20.000	6.000	80.000	圆柱	20.000	6	6
立铣刀	EdML_0	7	12.000	50.000	100.000	圆柱+圆锥	15.000	7	7
球形铣刀	LoML_0	8	10.000	10.000	80.000	圆柱	10.000	8	8
球头铣刀	SphML_0	9	10.000	50.000	100.000	圆柱+圆锥	15.000	9	9

图 5-49 "刀具库"对话框

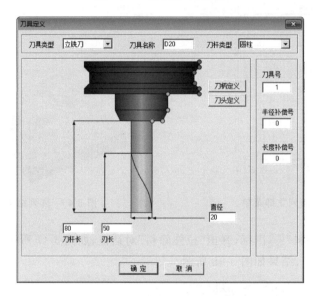

图 5-50 定义 φ20 立铣刀的对话框

图 5-51 定义 φ10 钻头的对话框

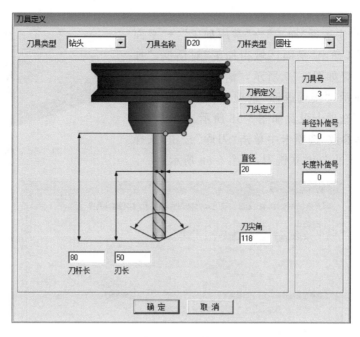

图 5-52 定义 $\phi 20$ 立铣刀的对话框

2) 设定加工毛坯

(1) 双击特征树的轨迹管理栏中的毛坯,弹出"毛坯定义"对话框,选择"参照模型"方式,在系统给出的尺寸中进行调整,单击"确定"按钮生成毛坯,如图 5-53 所示。

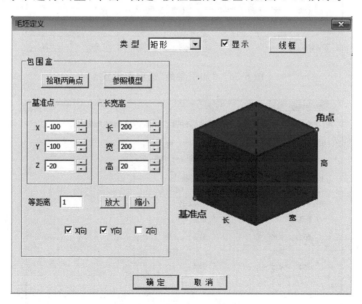

图 5-53 "毛坯定义"对话框

(2) 右击选取特征树的加工管理栏中的毛坯,选择"隐藏毛坯"命令,可以将毛坯隐藏。

3) 粗铣型腔和 $\phi 60$ 凸台

(1) 确定区域式加工的轮廓边界。单击"相关线"图标,弹出相关线立即菜单,选择"实体边界"方式,拾取型腔边界、$\phi 60$ 凸台边界、$\phi 30$ 孔边界,生成 3 条曲线,作为加工边界,如图 5-54

所示。

(2) 在菜单栏中选择"加工"→"常用加工"→"平面区域粗加工"命令,弹出"平面区域粗加工"对话框,"加工参数"选项卡设置如图 5-55 所示,"清根参数"选项卡设置如图 5-56 所示,"接近返回"选项卡设置如图 5-57 所示,"切削用量"选项卡设置如图 5-58 所示。

(3) 在"刀具参数"选项卡中单击"刀库"按钮,选择增加的刀具号为 1 的 D20 立铣刀,如图 5-59 所示。

图 5-54　相关线

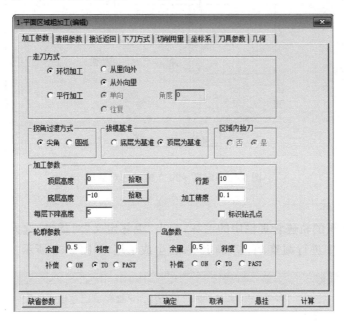

图 5-55　"加工参数"选项卡设置

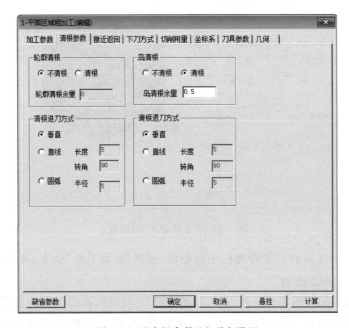

图 5-56　"清根参数"选项卡设置

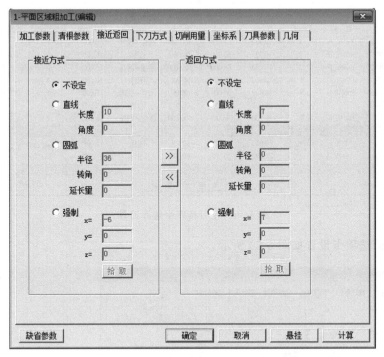

图 5-57 "接近返回"选项卡设置

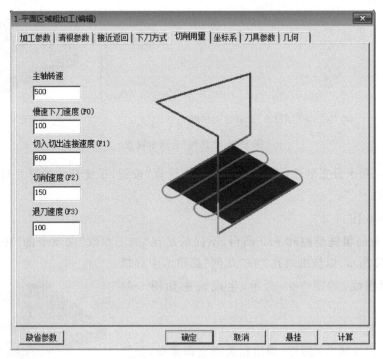

图 5-58 "切削用量"选项卡设置

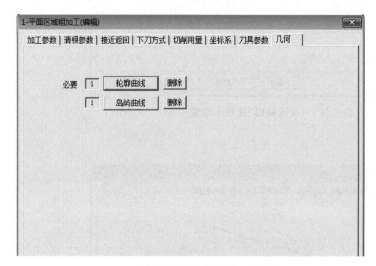

图 5-59 在刀具库中选择刀具

(4)"几何"选项卡设置如图 5-60 所示。

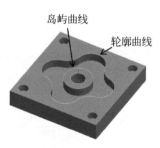

(a)"1-平面区域粗加工(编辑)"对话框　　　　　　(b)选取轮廓、岛屿曲线

图 5-60 "几何"选项卡设置

(5)其余选项卡设置默认,设置完成后单击"计算"按钮,系统开始计算并得到加工轨迹,如图 5-61 所示。

4)粗铣 $\phi30$ 孔

其切削参数同粗铣型腔和 $\phi60$ 凸台,不同的是在"加工参数"选项卡的"底层高度"输入 -20,如图 5-62 所示,以铣出通孔;在"几何"选项卡中选择 $\phi30$ 孔的轮廓曲线,如图 5-63 所示,生成轨迹如图 5-64 所示。

5)钻 $\phi10$ 孔

(1)单击"相关线"图标,弹出相关线立即菜单,选择"实体边界"方式,拾取 $\phi20$ 孔边界,生成 4 条圆弧曲线,作为孔加工边界,如图 5-65 所示。

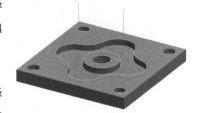

图 5-61 型腔和凸台粗加工轨迹

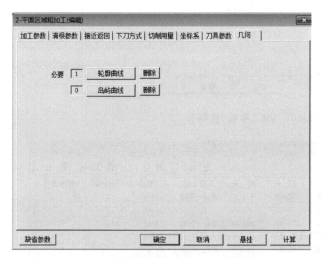

图 5-62 "加工参数"选项卡设置

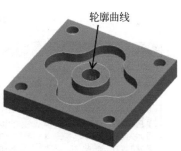

(a) "2-平面区域粗加工(编辑)"对话框　　　　(b) 选取轮廓曲线

图 5-63 "几何"选项卡设置

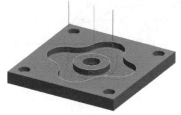

图 5-64 生成轨迹

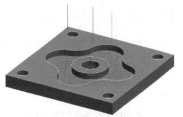

图 5-65 相关线

（2）在菜单栏中选择“加工”→“其他加工”→ “孔加工”命令，弹出孔加工菜单，在“加工参数”选项卡中输入主轴转速 600 r/min、钻孔速度 150mm/ min、钻孔深度 20mm，为保证钻透，可以输入 22mm，单击“拾取圆弧”按钮，拾取刚创建的 4 条 $\phi20$ 圆弧曲线，如图 5-66 所示；在“刀具参数”选项卡中单击“刀库”按钮选择 2 号刀，即 $\phi10$ 钻头，如图 5-67 所示，单击“确定”按钮，系统开始计算得到加工轨迹，如图 5-68 所示。

图 5-66　“加工参数”选项卡

类型	名称	刀号	直径	刃长	全长	刀杆类型	刀杆直径	半径补偿号	长度补偿号
立铣刀	EdML_0	1	10.000	50.000	100.000	圆柱＋圆锥	15.000	1	1
圆角铣刀	BulML_0	2	10.000	50.000	80.000	圆柱	10.000	2	2
圆角铣刀	BulML_0	3	10.000	50.000	100.000	圆柱＋圆锥	15.000	3	3
球头铣刀	SphML_0	4	10.000	50.000	80.000	圆柱	10.000	4	4
球头铣刀	SphML_0	5	10.000	50.000	100.000	圆柱＋圆锥	15.000	5	5
燕尾铣刀	DvML_0	6	20.000	6.000	80.000	圆柱	20.000	6	6
燕尾铣刀	DvML_0	7	20.000	6.000	100.000	圆柱＋圆锥	15.000	7	7
立铣刀	D20	1	20.000	50.000	80.000	圆柱	20.000	0	0
钻头	D10	2	10.000	50.000	80.000	圆柱	10.000	0	0
钻头	D20	3	20.000	50.000	80.000	圆柱	20.000	0	0

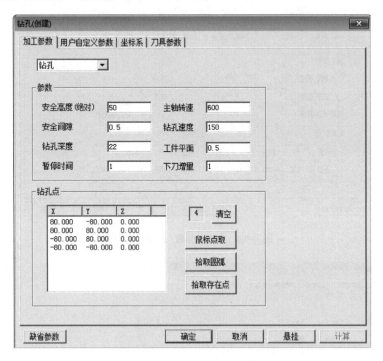

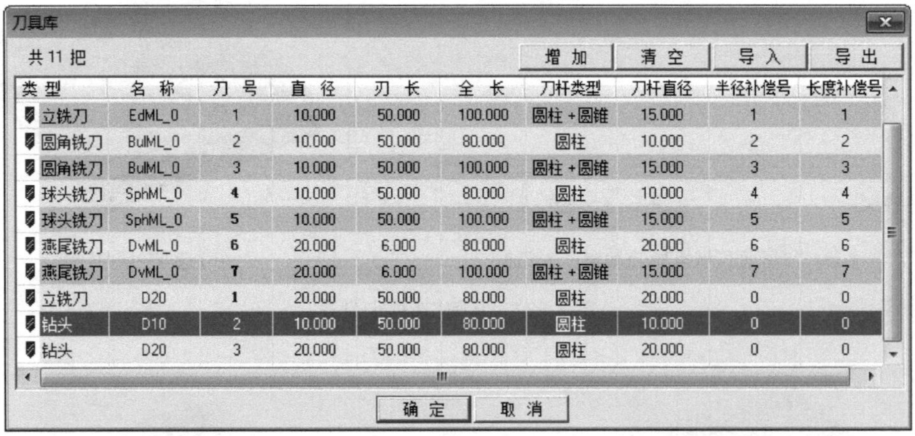

图 5-67　选择刀具

6）锪 $\phi20$ 孔

锪 $\phi20$ 孔切削参数同钻 $\phi10$ 孔，在“加工参数”选项卡中输入钻孔深度 8mm；在“刀具参数”选项卡中，单击“刀库”按钮，选择 3 号刀，即 $\phi20$ 钻头，单击“确定”按钮，系统开始计算得到加工轨迹，如图 5-68 所示。

7) 精铣型腔和 φ60 凸台，精铣 φ30 孔

(1) 右击选取轨迹管理栏中的"刀具轨迹"选项，选择"全部隐藏"命令，以便于观察精加工轨迹。

(2) 在菜单栏中选择"加工"→"常用加工"→"平面轮廓精加工"命令，弹出"平面轮廓精加工"对话框，"加工参数"选项卡设置如图 5-69 所示，"接近返回"选项卡设置如图 5-70 所示，"切削用量"选项卡设置如图 5-71 所示。对于"刀具参数"从刀具库中选择 1 号刀，即 D20 立铣刀。

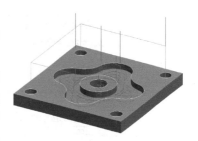

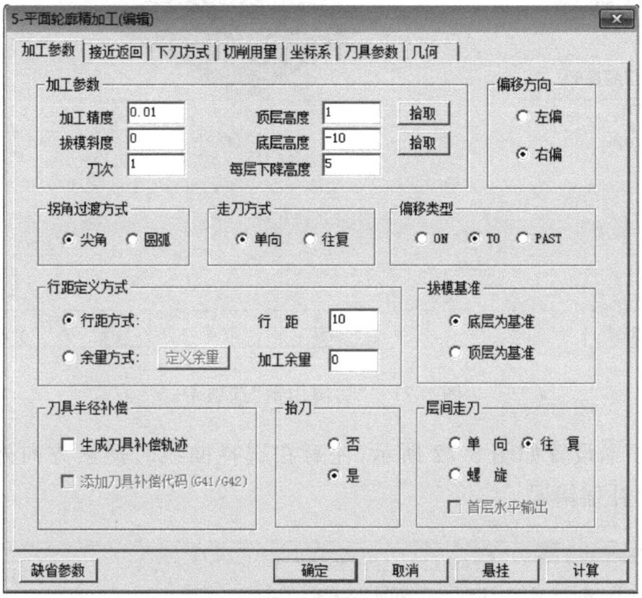

图 5-68　生成轨迹

图 5-69　"加工参数"选项卡

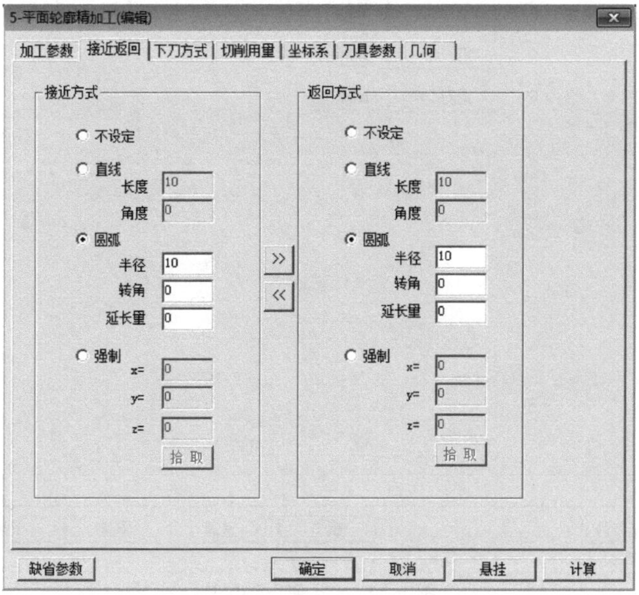

图 5-70　"接近返回"选项卡

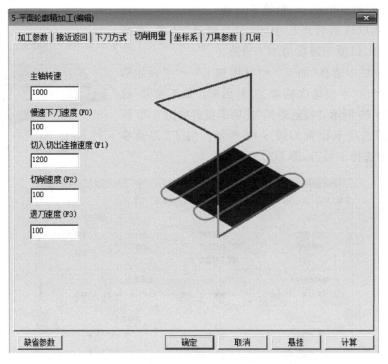

图 5-71 "切削用量"选项卡

(3)"几何"选项卡设置如图 5-72 所示,注意在选择曲线时搜索方向外边界顺时针、内边界逆时针,否则刀具补偿错误。

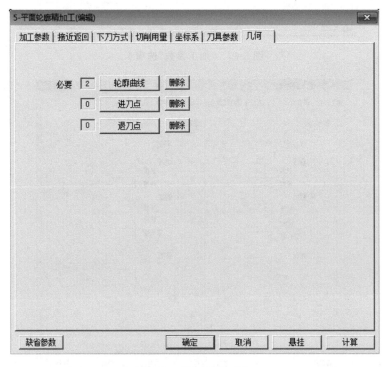

图 5-72 "几何"选项卡

(4) 其余选项卡设置默认,单击"确定"按钮,系统开始计算得到加工轨迹,如图 5-73 所示。

3. 轨迹生成与验证

(1) 右击选取轨迹树中的"刀具轨迹",选择"全部显示"命令,显示所有已生成的加工轨迹,如图 5-74 所示。

(2) 右击选取轨迹树中的"刀具轨迹",选中生成的全部加工轨迹,如图 5-75 所示。再右击"刀具轨迹",选择"实体仿真",系统进入加工仿真界面,如图 5-76 所示。

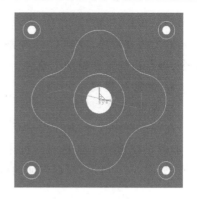

图 5-73 生成轨迹

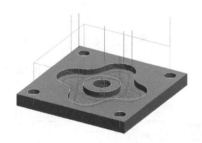

图 5-74 生成的加工轨迹

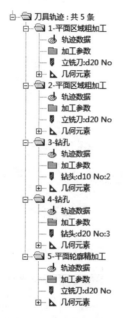

图 5-75 选中加工轨迹

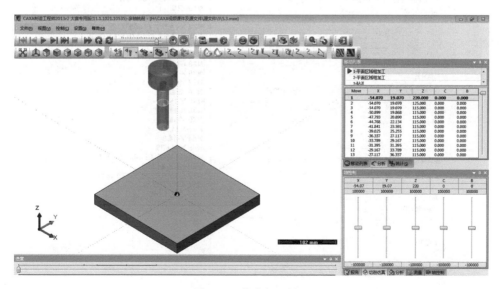

图 5-76 仿真加工界面

(3) 单击"开始" ▶ 按钮，系统进入仿真加工状态，加工结果如图 5-77 所示。仿真检验无误后退出仿真程序，回到 CAXA 制造工程师 2013 的主界面，在菜单栏中选择"文件"→"保存"命令，保存粗加工和精加工轨迹。

4. 生成 G 代码

1) 后置设置

在菜单栏中选择"加工"→"后置处理"→"后置设置"命令，弹出"选择后置配置文件"对话框，如图 5-78 所示；选择当前机床类型为 fanuc，单击"编辑"按钮，打开"CAXA 后置配置"对话框，如图 5-79 所示，根据当前的机床设置各参数，然后另存，一般不需要改动。

图 5-77　仿真加工结果

图 5-78　"选择后置配置文件"对话框

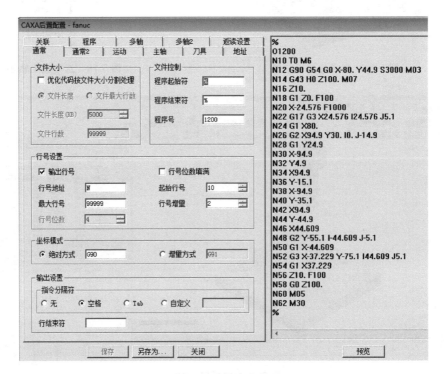

图 5-79　机床参数

2) 生成 G 代码并保存

在菜单栏中选择"加工"→"后置处理"→"生成 G 代码"命令,弹出"生成后置代码"对话框,如图 5-80 所示;选择"代码文件"按钮弹出"另存为"对话框,如图 5-81 所示,填写加工代码文件名"501",单击"保存"按钮。

图 5-80 "生成后置代码"对话框

图 5-81 "另存为"对话框

3) 生成工艺清单

右击选取轨迹树中的"刀具轨迹",选中生成的全部加工轨迹,再右击"刀具轨迹",选择"工艺清单",弹出"工艺清单"对话框,如图 5-82 所示,单击"确定"按钮即可生成工艺清单。至此,该零件的造型、生成加工轨迹、加工轨迹仿真检查、生成 G 代码程序及工艺清单的工作已经全部完成,可以把 G 代码程序通过局域网送到机床中了。

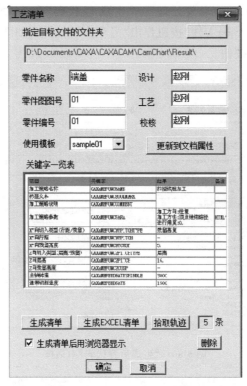

图 5-82 "工艺清单"对话框

【同步训练】

如图 5-83～图 5-85 所示的同步训练,完成零件的造型及代码生成。

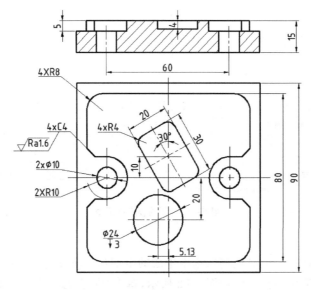

图 5-83 同步训练 1

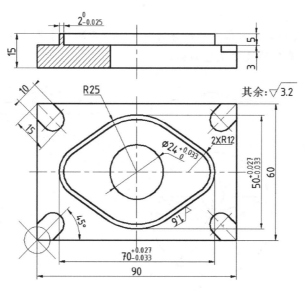

图 5-84　同步训练 2

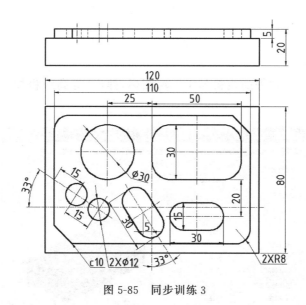

图 5-85　同步训练 3

5.2　任务 2　五角星零件的加工

【学习目标】

(1) 熟悉 CAXA 制造工程师建模及实现加工的步骤。
(2) 熟悉常用的加工方法及参数设置。
(3) 熟悉定位基准的选择及工件的装夹。
(4) 具有零件图的识读能力。
(5) 具有程序生成及后置处理能力。
(6) 具有运用等高线粗加工、扫描线精加工方法加工零件的能力。

【任务描述】

由图 5-86 可知,要加工的五角星零件材料为 45 钢,毛坯尺寸为 $\phi110\text{mm}\times20\text{mm}$,完成如图 5-86 所示的五角星零件的实体造型和加工。

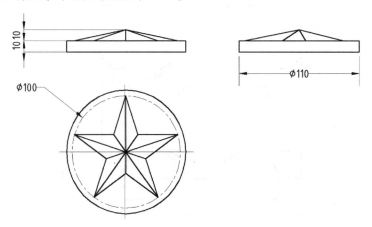

图 5-86 五角星零件图

【相关知识】

1. 等高线粗加工

单击加工工具栏中的"等高线粗加工" 图标,弹出"等高线粗加工"对话框,如图 5-87 所示。

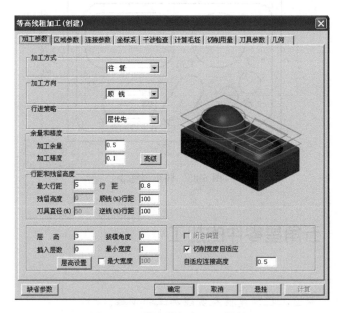

图 5-87 "等高线粗加工"对话框

1) 加工参数

"加工参数"选项卡中的部分选项说明如下。

(1) 加工方向。

加工方向设定有顺铣和逆铣两种选择。

(2) 行进策略。

行进策略设定有区域优先和层优先两种选择。

(3) 其他相关选项。

① 层高。Z 向每加工层的切削深度。

② 行距。输入 XY 方向的切入量。

③ 插入层数。两层之间的插入轨迹。

④ 拔模角度。加工轨迹会出现角度。

⑤ 切削宽度自适应。内部自动计算切削宽度。

(4) 余量和精度。

① 加工余量。输入相对加工区域的残余量,也可以输入负值。加工余量的含义如图 5-88(b) 所示。

② 加工精度。输入模型的加工精度,计算模型的加工轨迹的误差小于此值。加工精度越大,模型形状的误差越大,模型表面越粗糙;加工精度越小,模型形状的误差越小,模型表面越光滑,但是,轨迹段的数目增多,轨迹数据量会变大。加工精度的含义如图 5-88(a) 所示。

(a) 加工精度的含义　　　　　　　　　　(b) 加工余量的含义

图 5-88　加工精度和加工余量

2) 区域参数

(1) 加工边界。

勾选"使用"可以拾取已有的边界曲线,如图 5-89 所示。

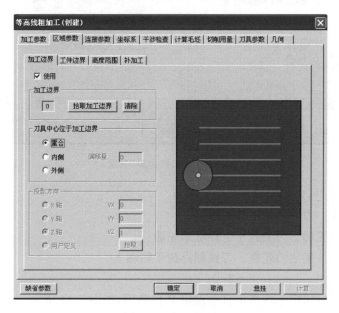

图 5-89　加工边界

"刀具中心位于加工边界"有重合、内侧、外侧 3 种方式。

① 重合。刀具位于边界上，如图 5-90 所示。

② 内侧。刀具位于边界的内侧，如图 5-91 所示。

③ 外侧。刀具位于边界的外侧，如图 5-92 所示。

(2) 工件边界。

勾选"使用"后以工件本身为边界，如图 5-93 所示。

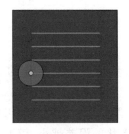  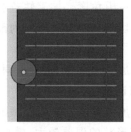

图 5-90　重合　　　　　　图 5-91　内侧　　　　　　图 5-92　外侧

图 5-93　"工件边界"选项

"工件边界定义"可以使用偏移量进行调整。

① 工件的轮廓。刀心位于工件轮廓上。

② 工件底端的轮廓。刀尖位于工件底端轮廓。

③ 刀触点和工件确定的轮廓。刀接触点位于轮廓上。

(3) 高度范围。

① 自动设定。以给定毛坯高度自动设定 Z 的范围，如图 5-94 所示。

② 用户设定。用户自定义 Z 的起始高度和终止高度。

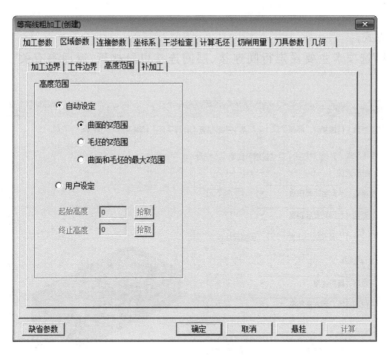

图 5-94 "高度范围"选项卡

(4) 补加工。

勾选"使用"可以自动计算前一把刀加工后的剩余量,从而进行补加工,如图 5-95 所示。

① 粗加工刀具直径。填写前一把刀的直径。
② 粗加工刀具圆角半径。填写前一把刀的刀角半径。
③ 粗加工余量。填写粗加工的余量。

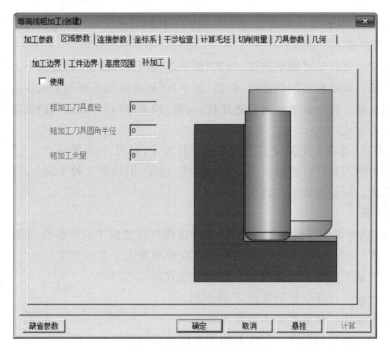

图 5-95 "补加工"选项卡

3) 连接参数

(1) 连接方式。

"连接方式"选项卡主要设定行间连接、层间连接以及接近/返回等有关参数,如图 5-96 所示。

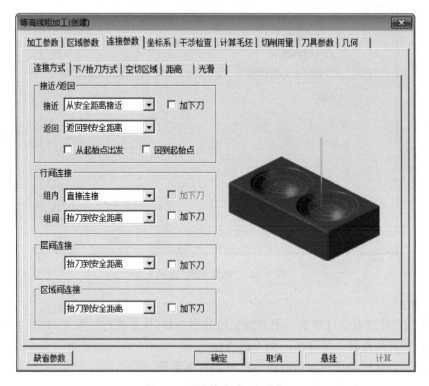

图 5-96 "连接方式"选项卡

① 接近/返回。从设定的高度接近工件和从工件回到设定高度,勾选"加下刀"后可以加入所选定的下刀方式。

② 行间连接。每行轨迹间的连接,勾选"加下刀"后可以加入所选定的下刀方式。

③ 层间连接。每层轨迹间的连接,勾选"加下刀"后可以加入所选定的下刀方式。

④ 区域间连接。两个区域间的轨迹连接,勾选"加下刀"后可以加入所选定的下刀方式。

(2) 下/抬刀方式。

"下/抬刀方式"选项卡主要设定下刀及抬刀的方式,如图 5-97 所示。

① 中心可切削刀具。可选择自动、直线、螺旋、往复、沿轮廓 5 种下刀方式。

② 预钻孔点。标识需要钻孔的点。

(3) 空切区域。

"空切区域"选项卡主要设定安全平面、光滑连接以及法向平面等参数,如图 5-98 所示。

① 安全高度。刀具快速移动而不会与毛坯或模型发生干涉的高度。

② 平面法矢量平行于。目前软件只支持主轴方向。

③ 平面法矢量。目前软件只支持 Z 轴正向。

④ 圆弧光滑连接。拾取后加入圆角半径。

⑤ 保持刀轴方向直到距离。保持刀轴的方向达到所设定的距离。

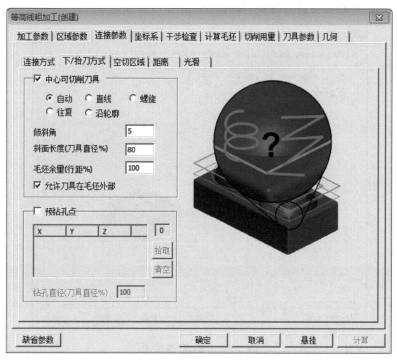

图 5-97 "下/抬刀方式"选项卡

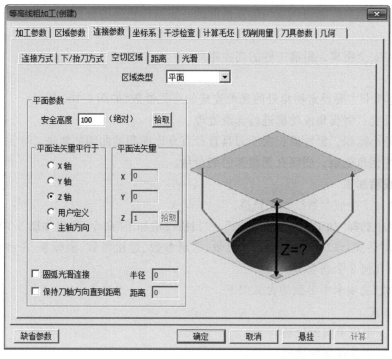

图 5-98 "空切区域"选项卡

(4) 距离。

其主要设定安全距离及进刀和退刀的距离,如图5-99所示。

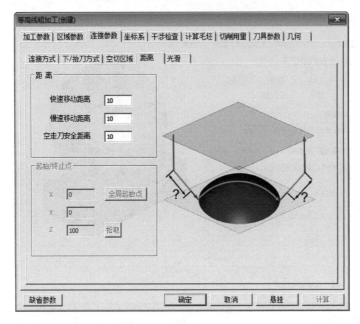

图5-99 "距离"选项卡

① 快速移动距离。在切入或切削开始前的一段刀位轨迹的位置长度,这段轨迹以快速移动方式进给。

② 慢速移动距离。在切入或切削开始前的一段刀位轨迹的位置长度,这段轨迹以慢速下刀速度进给。

③ 空走刀安全距离。距离工件的高度距离。

(5) 光滑。

"光滑"选项卡主要设定拐角处的光滑连接的有关参数,如图5-100所示。

① 光滑设置。将拐角或轮廓进行光滑处理。

② 删除微小面积。删除面积大于刀具直径百分比面积的曲面的轨迹。

③ 消除内拐角剩余。删除在拐角部的剩余量。

2. 扫描线精加工

扫描线精加工生成参数线加工轨迹。

在菜单栏中选择"加工"→"常用加工"→"扫描线精加工"命令,弹出如图5-101所示的"扫描线精加工"对话框,该对话框包括加工参数、区域参数、连接参数、坐标系、干涉检查、切削用量、刀具参数、几何8个选项卡。

"加工参数"选项卡中参数的含义如下。

1) 加工方式

(1) 单向。生成单向的轨迹。

(2) 往复。生成往复的轨迹。

(3) 向上。生成向上的扫描线精加工轨迹。

(4) 向下。生成向下的扫描线精加工轨迹。

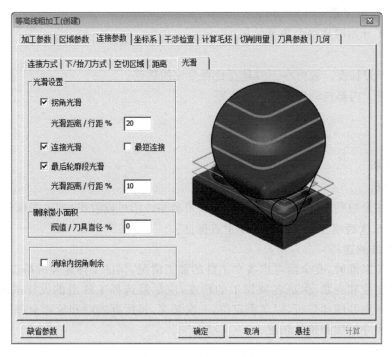

图 5-100 "光滑"选项卡

图 5-101 "扫描线精加工"对话框

2) 加工方向
(1) 顺铣。生成顺铣的轨迹。
(2) 逆铣。生成逆铣的轨迹。

3) 加工开始角位置

设定在加工开始时从哪个角开始加工。

4) 其他

（1）裁剪刀刃长度。裁剪小于刀具直径百分比的轨迹。

（2）自适应。内部自动计算适应的行距。

【任务实施】

1. 工艺分析

1) 图样分析

图样分析主要包括零件轮廓形状等。从五角星零件图可以看出，加工表面包括10处斜面和 $\phi 100$ 处平面，这两项在加工过程中应重点保证。

2) 定位基准的选择

在选择定位基准时，要全面考虑各个工件的加工情况，保证工件定位准确、装卸方便，能迅速完成工件的定位和夹紧，保证各项加工的精度，应尽量选择工件上的设计基准作为定位基准。根据以上原则和图样分析，以底面定位，一次装夹，将所有表面和轮廓全部加工完成，保证了图样要求的尺寸精度和位置精度。

3) 工件的装夹

该零件毛坯为圆柱体，采用三爪卡盘装夹。在采用三爪卡盘装夹工件时，工件被加工部分要高出钳口，以避免刀具与钳口发生干涉，夹紧工件时注意工件上浮。

4) 确定工件坐标系及对刀位置

根据工艺分析，工件坐标编程原点设在 $\phi 110$ 的中心，Z 点设在上表面。编程原点确定后，编程坐标、对刀位置与工件坐标原点重合，对刀方法可根据机床选用手动对刀。

5) 确定加工所用的各种工艺参数

切削条件的好坏直接影响加工的效率和经济性，这主要取决于编程人员的经验、工件的材料及性质、刀具的材料及形状、机床、刀具及工件的刚性、加工精度、表面质量要求、冷却系统等，具体参数如表5-4和表5-5所示。

表5-4 刀具参数表

序 号	刀具名称	规 格	用 途	刀具材料
1	立铣刀	$\phi 6$	成型面粗加工	硬质合金
2	球头铣刀	R3	成型面精加工	硬质合金

表5-5 五角星零件加工参数表

工步	加工内容	刀具编号	刀具名称	规格	主轴速度 /(r·min^{-1})	进给速度 /(mm·min^{-1})	切削深度 /mm	加工余量 /mm
1	粗铣	T01	立铣刀	$\phi 6$	3000	1200	1	1
2	精铣	T02	球头铣刀	R3	3500	700	1	0

2. 零件造型

五角星主要是由多个空间面构成的，因此在构造实体时首先应使用空间曲线构造实体的空间线架，然后利用直纹面生成曲面，在生成曲面时可以逐个生成也可以将生成的一个角的曲面进行圆形阵列，从而生成所有的曲面，最后使用曲面裁剪实体的方法生成实体，完成造型。

1)绘制五角星零件的框架

(1)五边形的绘制。单击曲线生成工具栏上的"正多边形"◎图标,在特征树下方的立即菜单中选择"中心"定位,输入边数5,选择内接方式,右击,按系统提示选择中心点,输入边起点为50(输入方法与圆的绘制相同),右击结束该五边形的绘制,如图5-102所示。

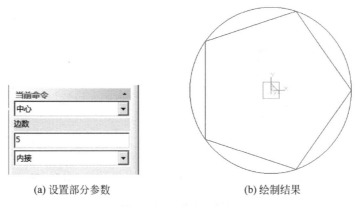

(a)设置部分参数　　　　(b)绘制结果

图5-102　五边形的绘制(1)

(2)绘制五角星的轮廓线。通过图5-102的操作获得了五角星的5个角点,单击曲线生成工具栏上的"直线"/图标,在特征树下方的立即菜单中选择"两点线""连续""非正交"方式,将五角星的各个角点连接起来,如图5-103所示。

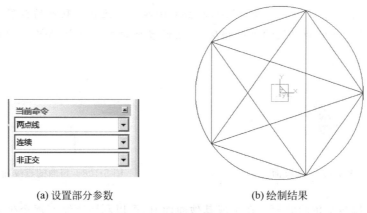

(a)设置部分参数　　　　(b)绘制结果

图5-103　五角星的绘制(2)

(3)选择"删除"✍图标将多余的线段删除,单击拾取多余的线段,拾取的线段会变成红色,右击,结果如图5-104所示。

(4)单击线面编辑栏中的"曲线裁剪"图标,在特征树下方的立即菜单中选择"快速裁剪""正常裁剪"方式,单击剩余的线段即可进行曲线的裁剪,结果如图5-105所示。

(5)绘制五角星的空间线架。在构造空间线架时需要五角星的一个顶点,因此需要在五角星的高度方向上绘制一点(0,0,10),以便通过两点连线实现五角星的空间线架构造。

(6)单击曲线生成栏上的"直线"/图标,在特征树下方的立即菜单中选择"两点线""连续""非正交",单击五角星的任一个角点,然后按空格键,输入顶点坐标(0,0,10),按回车键完成,绘制五角星各个角点与顶点的连线,完成五角星的空间线架,如图5-106所示。

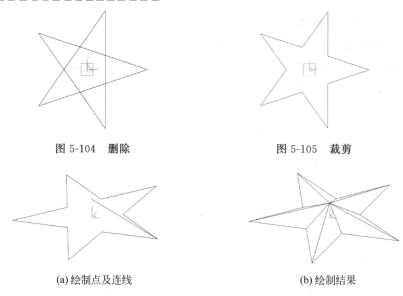

图 5-104　删除　　　　　　　图 5-105　裁剪

(a) 绘制点及连线　　　　　　　(b) 绘制结果

图 5-106　五角星的空间线架

2) 五角星曲面的生成

(1) 使用直纹面生成曲面。单击曲面生成栏中的"直纹面" 图标，在特征树下方的立即菜单中选择以"曲线＋曲线"的方式生成直纹面，然后单击拾取与该角相邻的两条直线完成曲面，如图 5-107 所示。

注意：当生成方式为"曲线＋曲线"时，在拾取曲线时应注意拾取点的位置，应拾取曲线同侧的对应位置，否则将使两曲线的方向相反，生成的直纹面发生扭曲，如图 5-108 所示。

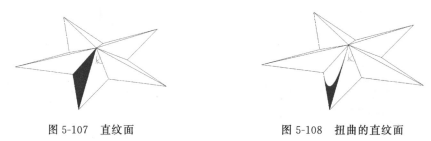

图 5-107　直纹面　　　　　　　图 5-108　扭曲的直纹面

(2) 生成其他各个角的曲面。在生成其他曲面时，可以利用直纹面逐个生成曲面，也可以使用阵列功能对已有一个角的曲面进行圆形阵列来实现五角星的曲面构成。

(3) 单击几何变换栏中的"阵列" 图标，在特征树下方的立即菜单中选择"圆形"阵列方式、"均布"，份数输入 5，然后单击拾取一个角上的两个曲面，右击，并根据提示输入中心点坐标(0,0,0)，也可以直接用单击拾取坐标原点，系统会自动生成各角的曲面，如图 5-109 所示。

在使用圆形阵列时要注意阵列平面的选择，否则曲面会发生阵列错误，因此，在本例中使用阵列前最好按一下 F5 键，用来确定阵列平面为 XOY 平面。

(4) 生成五角星的加工轮廓平面。首先以原点(0,0,0)为圆心做半径为 55 的圆，如图 5-110 所示。

(5) 单击曲面生成栏中的"平面" 图标，在特征树下方的立即菜单中选择"裁剪平面"。

(6) 单击拾取平面的外轮廓线，确定链搜索方向(用单击点取箭头)，系统会提示拾取第一个内轮廓线，再单击拾取五角星底边的一条线，然后确定链搜索方向(单击点取箭头)，右击，完成加工轮廓平面的创建,如图 5-111 所示。

(a) 设置部分参数　　　　(b) 阵列结果

图 5-109　阵列　　　　　　　　　图 5-110　五角星的加工轮廓平面

3) 生成加工实体

(1) 按 F2 键,进入草图绘制状态,单击曲线生成栏上的"曲线投影"图标,再单击拾取已有的 R55 外轮廓圆,将圆投影到草图上,如图 5-112 所示。

图 5-111　加工轮廓面　　　　　　　图 5-112　曲线投影

(2) 单击特征生成栏上的"拉伸增料"图标,在"拉伸增料"对话框中选择相应的选项,如图 5-113 所示,单击"确定"按钮完成。

(a) 设置参数　　　　　　　(b) 拉伸增料结果

图 5-113　实体的生成

(3) 利用曲面裁剪除料生成实体。单击特征生成栏上的"曲面裁剪除料"图标,用鼠标左键框选所有曲面,并且选择除料方向,如图 5-114 所示,单击"确定"按钮完成。

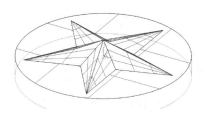
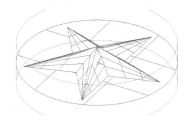

(a) 选择曲面　　　　　　　　(b) 裁剪除料结果

图 5-114　曲面裁剪除料

(4) 在菜单栏中选择"设置"选项,选择"拾取过滤设置"命令,在弹出的对话框中勾选"空间点""空间曲面""空间曲线";再单击"编辑",选择"隐藏"命令,用鼠标左键框选所有,右击,则实体上的曲面即被全部隐藏,如图 5-115 所示。

注意:由于在实体加工中有些曲线和曲面是需要保留的,因此不要随便删除。

3. 加工设置

1) 设定加工刀具

在轨迹管理栏中双击"刀具库",弹出"刀具库"对话框,如图 5-116 所示,单击"增加"按钮,弹出"刀具定义"对话框,如图 5-117 所示。

图 5-115 曲面隐藏效果

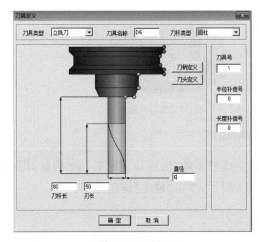

图 5-116 "刀具库"对话框

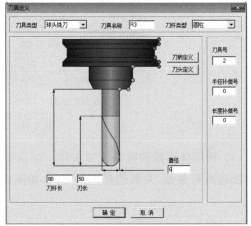

(a) 设置刀具D6的参数　　(b) 设置刀具R3的参数

图 5-117 定义刀具 D6 和 R3

此处增加一个粗加工需要的铣刀 D6,设定增加的铣刀的参数,在"刀具定义"对话框中输入正确的数值,刀具定义即可完成。同理增加一把球头铣刀 R3,其中的刃长和刀杆长与仿真有关,与实际加工无关,在实际加工中要正确选择吃刀量和吃刀深度,以免损坏刀具。

2) 设定加工毛坯

(1) 单击"相关线" 图标,选择"实体边界",然后单击实体底面棱边投出 R55 圆弧,如图 5-118 所示。

(2) 在特征树的轨迹管理栏中双击"毛坯",弹出"毛坯定义"对话框,在"类型"中选择"柱面",单击"拾取平面轮廓",选择刚生成的相关线,"高度"输入 25,单击"线框"按钮,显示真实感,结果如图 5-119 所示。

图 5-118　相关线

(3) 单击"确定"按钮后生成毛坯,如图 5-120 所示。

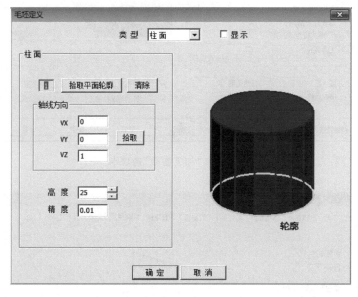

图 5-119　"毛坯定义"对话框

(4) 用鼠标右键选取特征树的轨迹管理栏中的"毛坯",选择"隐藏毛坯"命令,可以将毛坯隐藏。

3) 五角星常规加工

加工思路:主要使用等高线粗加工、扫描线精加工。

五角星的整体形状较为平坦,因此整体加工时应该选择等高线粗加工,在精加工时应采用扫描线精加工。

(1) 等高线粗加工刀具轨迹设置步骤。

① 设置粗加工参数。单击"等高线粗加工" 图标,在弹出的"等高线粗加工"对话框中设置等高线粗加工的"加工参数",如图 5-121 所示。

② 设置等高线粗加工的"切削用量",如图 5-122 所示。

③ 设置等高线粗加工的"刀具参数"。单击"刀库"按钮,选择增加的刀具号为 1 的 D6 立铣刀,如图 5-123 所示。

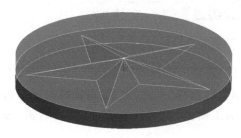

图 5-120　毛坯效果

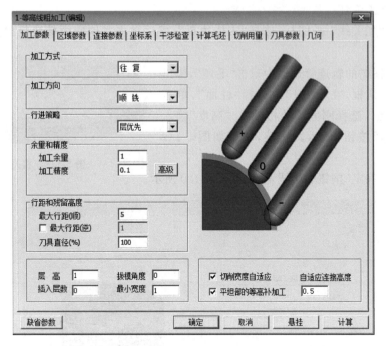

图 5-121 "加工参数"选项卡

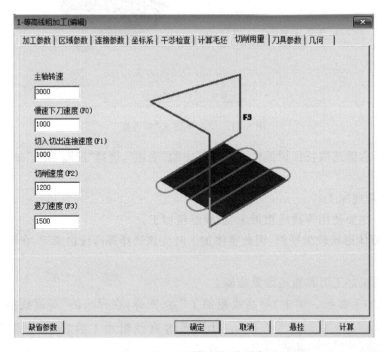

图 5-122 "切削用量"选项卡

④ 设置等高线粗加工的"几何"。在菜单栏中选择"设置",选择"拾取过滤设置"命令,在弹出的对话框中单击"选中所有类型"按钮,再单击"编辑",选择"可见"命令,用鼠标左键框选所有,右击,则实体上的曲面即被全部显示。单击"加工曲面"框选所有曲面,然后右击,如图 5-124 所示。

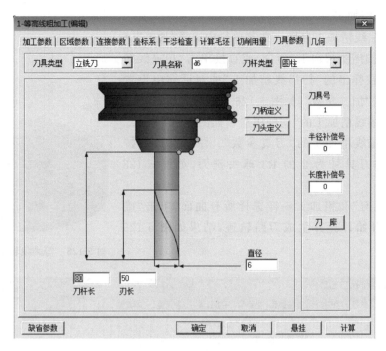

图 5-123 "刀具参数"选项卡

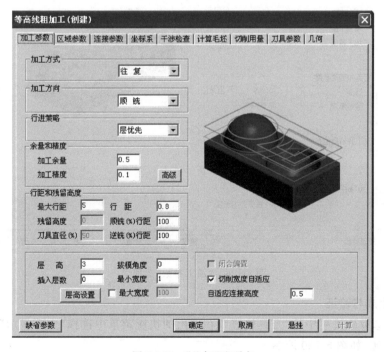

图 5-124 "几何"选项卡

⑤ 单击"确定"按钮,系统开始计算并生成粗加工刀路轨迹,这个过程根据计算机的配置情况不同所用的时间有所不同,结果如图 5-125 所示。

⑥ 隐藏生成的粗加工轨迹。在轨迹管理栏中用鼠标右键选取"等高线粗加工",选择"隐藏"命令,隐藏生成粗加工轨迹,以便于下一步操作。

(2) 扫描线精加工。

① 设置扫描线精加工参数。在菜单栏中选择"加工"→"常用加工"→"扫描线精加工"命令,或直接单击"扫描线精加工"图标,在弹出的"扫描线精加工"的对话框中设置扫描线精加工的"加工参数",如图 5-126 所示。

② 设置扫描线精加工的"切削用量",如图 5-127 所示。

③ 设置扫描线精加工的"刀具参数"。单击"刀库"按钮,选择增加的刀具号为 2 的 R3 球头铣刀,如图 5-128 所示。

④ 设置"几何"和粗加工一样选择所有曲面,单击"确定"按钮,系统开始计算并生成刀路轨迹,结果如图 5-129 所示。

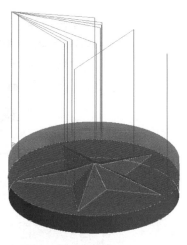

图 5-125 等高线粗加工刀路轨迹

图 5-126 "加工参数"选项卡

4. 轨迹生成与验证

(1) 右击选取轨迹树中的"刀具轨迹",在弹出的快捷菜单中选择"全部显示",显示所有已生成的加工轨迹,如图 5-130 所示。

(2) 右击轨迹树中的"刀具轨迹",选中生成的全部加工轨迹,再右击"刀具轨迹",选择"实体仿真",系统进入加工仿真界面,如图 5-131 所示。

(3) 单击"开始"按钮,系统进入仿真加工状态,加工结果如图 5-132 所示。仿真检验无误后退出仿真程序,回到 CAXA 制造工程师 2013 的主界面,在菜单栏中选择"文件"→"保存"命令,保存粗加工和精加工轨迹。

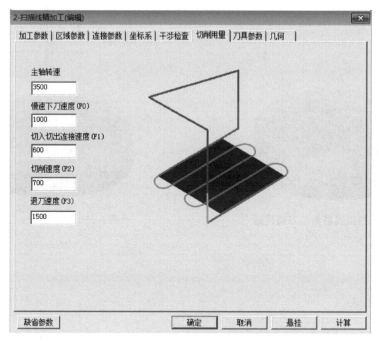

图 5-127 "切削用量"选项卡

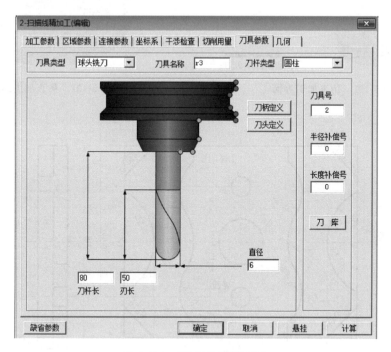

图 5-128 "刀具参数"选项卡

【同步训练】

如图 5-133~图 5-135 所示的同步训练,完成零件的造型及代码生成。

图 5-129 扫描线精加工刀路轨迹

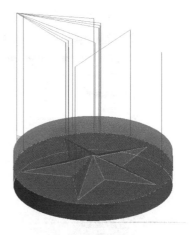

图 5-130 生成的加工轨迹

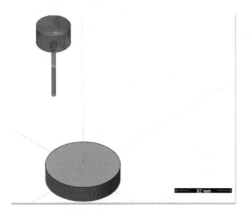

图 5-131 仿真加工界面

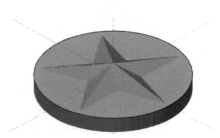

图 5-132 仿真加工结果

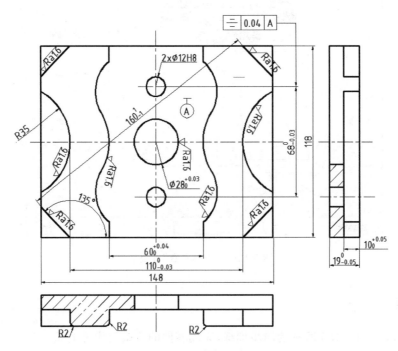

图 5-133 同步训练 1

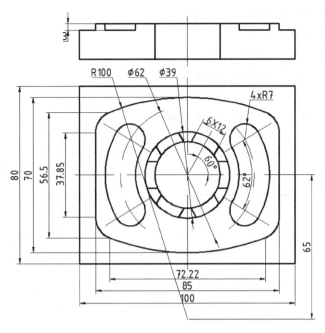

图 5-134　同步训练 2

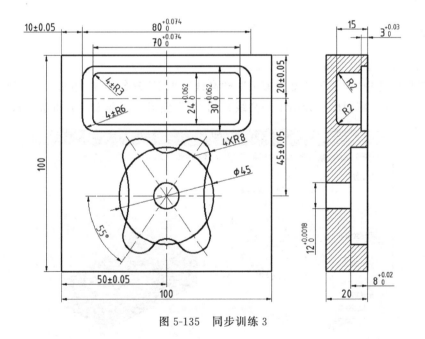

图 5-135　同步训练 3

5.3　任务 3　鼠标零件的加工

【学习目标】

(1) 熟悉 CAXA 制造工程师建模及实现加工的步骤。

(2) 熟悉常用的加工方法及参数设置。

(3) 熟悉定位基准的选择及工件的装夹。
(4) 具有零件图的识读能力。
(5) 具有程序生成及后置处理能力。
(6) 具有运用等高线精加工方法加工零件的能力。

【任务描述】

完成如图 5-136 所示的鼠标的实体造型和加工。

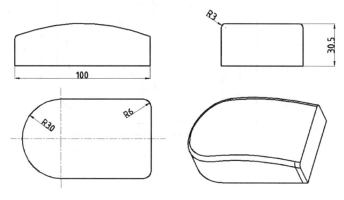

图 5-136 鼠标零件图

【相关知识】

等高线精加工生成等高线加工轨迹。

在菜单栏中选择"加工"→"常用加工"→"高线精加工"命令,弹出如图 5-137 所示的"等高线精加工"对话框。前面已经介绍了等高线粗加工,下面只介绍前面没有讲解的选项。

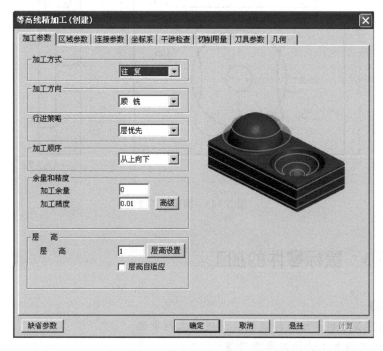

图 5-137 "等高线精加工"对话框

1. 加工参数

（1）加工方向。

加工方向设定有顺铣和逆铣两种选择。

（2）行进策略。

行进策略有两种选择：区域优先和层优先。

（3）层高。

Z向每个加工层的切削深度。

2. 区域参数

在"区域参数"选项卡中增加了坡度范围、下刀点、圆角过渡及分层选项。

（1）坡度范围。选择使用后能够设定斜面角度范围和加工区域，如图5-138所示。

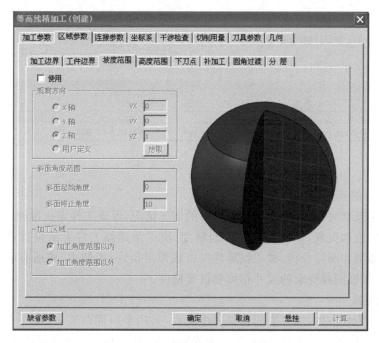

图 5-138　"坡度范围"选项卡

① 斜面角度范围。在斜面的起始和终止角度内填写数值来完成坡度的设定。

② 加工区域。选择所要加工的部位是在加工角度以内还是在加工角度以外。

（2）下刀点。选择使用后能够拾取开始点和在后续层开始点选择的方式，如图5-139所示。

① 开始点。加工时加工的起始点。

② 在后续层开始点选择的方式。在移动给定的距离后的点下刀。

【任务实施】

1. 工艺分析

1）图样分析

图样分析主要包括零件的轮廓形状、精度、技术要求和定位基准等。从鼠标零件图可以看出，加工表面主要是鼠标曲面。

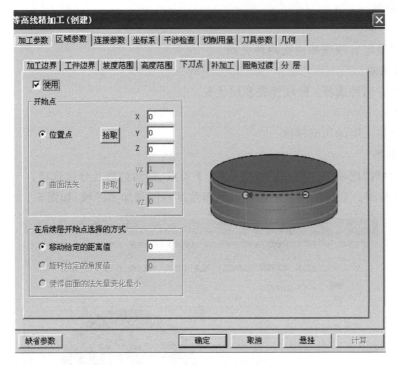

图 5-139 "下刀点"选项卡

2) 定位基准的选择

在选择定位基准时,要全面考虑各个工件的加工情况,保证工件定位准确、装卸方便,能迅速完成工件的定位和夹紧,保证各项加工的精度,应尽量选择工件上的设计基准作为定位基准。根据以上原则和图样分析,加工该零件时以底面定位,一次装夹,将所有表面和轮廓全部加工完成,从而保证图样要求的尺寸精度和位置精度。

3) 工件的装夹

该零件毛坯为长方体,加工表面包括各个曲面,采用平口虎钳装夹,在用平口虎钳装夹工件时,应首先找正虎钳固定钳口,注意工件应安装在钳口中间部位,下表面由支承板找正,工件被加工部分要高出钳口,以避免刀具与虎钳发生干涉,夹紧工件时,注意工件上浮。

4) 确定工件坐标系及对刀位置

根据工艺分析,工件坐标系编程原点设在上表面 R30 圆弧的中心,对刀位置与工件坐标系原点重合,对刀方法可根据机床选用手动对刀。

5) 确定加工所用的各种工艺参数

切削条件的好坏直接影响加工的效率和经济性,这主要取决于编程人员的经验、工件的材料及性质、刀具的材料及形状、机床、加工精度、表面质量要求、冷却系统等,具体参数如表 5-6 和表 5-7 所示。

表 5-6 刀具参数表

序号	刀具名称	规　　格	用　　途	刀具材料
1	立铣刀	φ10	鼠标曲面粗加工及侧面精加工	硬质合金
2	球头铣刀	R5	鼠标曲面精加工	硬质合金

表 5-7 鼠标加工参数表

工步	加工内容	刀具编号	刀具名称	规格	主轴转速 /(r·min^{-1})	进给速度 /(mm·min^{-1})	切削深度 /mm	加工余量 /mm
1	粗铣所有面	T01	立铣刀	φ10	1500	200	1	1
2	粗铣所有面	T02	球头铣刀	R5	2000	150	1	0
3	精铣侧面	T01	立铣刀	φ10	2000	150	5	0

2. 零件造型

1) 创建鼠标底面草图

(1) 单击特征树中的"平面 XY",确定绘制草图的基准面,在屏幕绘图区中显示一个虚线框,表明该平面被拾取到。单击"绘制草图"图标,进入绘制草图状态。

(2) 单击"矩形"图标,在立即菜单中选择"中心_长_宽"方式,在长度和宽度中分别输入 100mm 和 60mm,如图 5-140 所示,按回车键确定。在绘图区中选择矩形中心,单击原点确定,右击,矩形如图 5-141 所示,然后按 F2 键退出草图。

图 5-140 矩形立即菜单

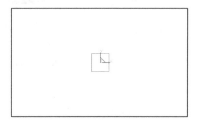

图 5-141 矩形

(3) 单击"圆弧"图标,在立即菜单中选择"三点圆弧",按空格键选择"切点",在矩形右侧生成内切半圆弧,右击,圆弧如图 5-142 所示。

(4) 单击"曲线裁剪"图标,选择需要裁剪的线条,右击,再单击"删除"图标删除多余的线条,如图 5-143 所示,按 F2 键退出草图绘制状态。

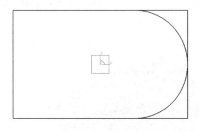

图 5-142 三点圆弧

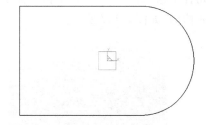

图 5-143 曲线编辑

2) 创建鼠标基本体

(1) 按 F8 键显示轴测图,单击"拉伸增料"图标,在弹出的对话框中输入深度 40,单击拾取草图,生成实体,如图 5-144 所示。

(2) 单击"过渡"图标,对话框中输入半径 6,按对话框提示拾取"需过渡的元素",单击"确定"按钮生成实体,如图 5-145 所示。

(a) "拉伸增料"对话框　　　　　　　　　　(b) 设计结果

图 5-144　"拉伸增料"对话框及设计结果

(a) "过渡"对话框　　　　　　　　　　(b) 设计结果

图 5-145　"过渡"对话框及设计结果

3) 创建鼠标顶面

(1) 单击"样条线" 图标,按回车键,弹出"输入坐标"对话框,依次输入坐标点"-50,0,15""0,0,30.5""50,0,15",输入 3 点后按回车键,右击,生成的样条线如图 5-146 所示。

(2) 单击"扫描面" 图标,在立即菜单中输入"起始距离"为-40、"扫描距离"为 80,按左下角提示输入扫描方向,按空格键弹出方向工具菜单,选择"Y 轴正向",拾取曲线,右击,生成一张曲面,如图 5-147 所示。

图 5-146　样条线　　　　　　　　　　图 5-147　扫描面

(3) 单击"曲面裁剪除料" 图标,选择刚生成的扫描面,在对话框中勾选"除料方向选择",单击"确定"按钮,完成曲面裁剪除料,如图 5-148 所示。

(4) 用鼠标左键分别拾取曲面和样条线,右击,在弹出的快捷菜单中选择"隐藏"命令,隐藏曲面和样条线。

项目5 基于CAXA的自动编程 263

(a)"曲面裁剪除料"对话框

(b)裁剪图1

(c)裁剪图2

图 5-148 曲面裁剪除料

(5) 单击"过渡"图标,在弹出的对话框中输入半径为3,依次拾取曲面交线,单击"确定"按钮,生成实体圆弧过渡,如图5-149所示。

(a)"过渡"对话框

(b)设计结果

图 5-149 圆弧过渡

3.加工设置

1)设置加工刀具

在轨迹管理栏中双击"刀具库",弹出"刀具库"对话框,如图5-150所示。

类型	名称	刀号	直径	刃长	全长	刀杆类型	刀杆直径	半径补偿号	长度补偿号
立铣刀	EdML_0	0	10.000	50.000	80.000	圆柱	10.000	0	0
立铣刀	EdML_0	1	10.000	50.000	100.000	圆柱+圆锥	15.000	1	1
圆角铣刀	BulML_0	2	10.000	50.000	80.000	圆柱	10.000	2	2
圆角铣刀	BulML_0	3	10.000	50.000	100.000	圆柱+圆锥	15.000	3	3
球头铣刀	SphML_0	4	10.000	50.000	80.000	圆柱	10.000	4	4
球头铣刀	SphML_0	5	10.000	50.000	100.000	圆柱+圆锥	15.000	5	5
燕尾铣刀	DvML_0	6	20.000	6.000	80.000	圆柱	20.000	6	6
燕尾铣刀	DvML_0	7	20.000	6.000	100.000	圆柱+圆锥	15.000	7	7
立铣刀	EdML_0	1	20.000	50.000	80.000	圆柱	20.000	0	0
钻头	Drl_0	2	10.000	50.000	80.000	圆柱	10.000	0	0

图 5-150 "刀具库"对话框

单击"增加"按钮,弹出"刀具定义"对话框,如图5-151所示。此处增加一个粗加工需要的铣刀D10,并设定增加的铣刀参数,在"刀具定义"对话框中输入正确的数值,刀具定义即可完成。同理增加一把球头铣刀R5,其中的刃长和刀杆长与仿真有关,与实际加工无关,在实际加工中要正确选择吃刀量和吃刀深度,以免损坏刀具。

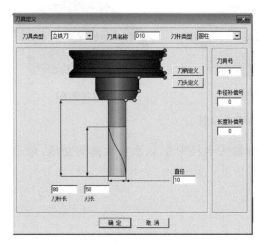 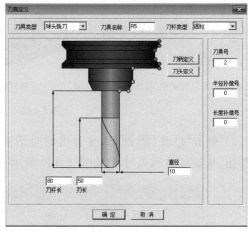

(a) 设置刀具D10的参数　　　　　　(b) 设置刀具R5的参数

图 5-151　定义刀具 D10 和 R5

2) 设定加工毛坯

(1) 双击特征树的轨迹管理栏中的"毛坯",弹出"毛坯定义"对话框,单击"参照模型",在系统给出的尺寸中进行调整,如图 5-152 所示。

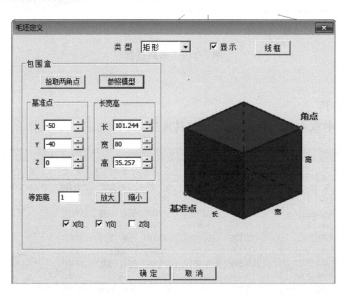

图 5-152　"毛坯定义"对话框

(2) 单击"确定"按钮,生成毛坯,如图 5-153 所示。

(3) 用鼠标右键选取特征树的轨迹管理栏中的"毛坯",选择"隐藏毛坯"命令,可以将毛坯隐藏。

3) 鼠标的常规加工

加工思路:主要使用等高线粗加工、等高线精加工和平面轮廓精加工。

(1) 等高线粗加工刀具轨迹。

图 5-153　毛坯生成效果

① 设置粗加工参数。单击"等高线粗加工" 图标,在弹出的"等高线粗加工"对话框中设置加工参数,如图5-154所示。

② 设置连接参数,如图5-155所示。

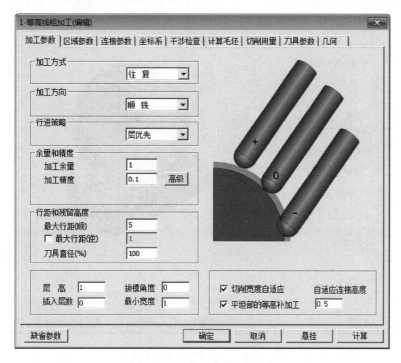

图 5-154 "加工参数"选项卡

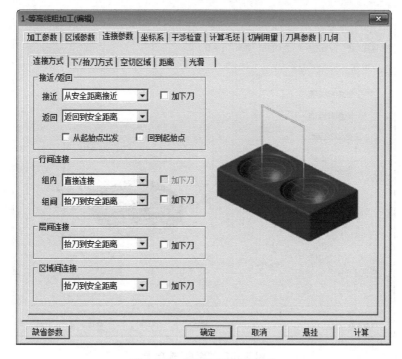

图 5-155 "连接参数"选项卡

③ 设置下/抬刀方式参数,如图 5-156 所示。

④ 设置距离参数,如图 5-157 所示。

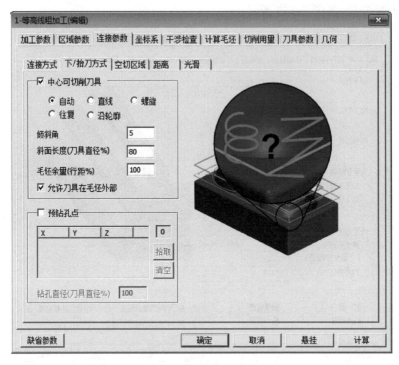

图 5-156 "下/抬刀方式"选项卡

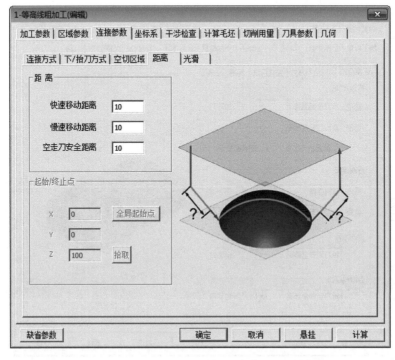

图 5-157 "距离"选项卡

⑤ 设置切削用量参数,如图 5-158 所示。

⑥ 设置刀具参数。单击"刀库"按钮,选择增加的刀具号为 1 的 D01 立铣刀,如图 5-159 所示。

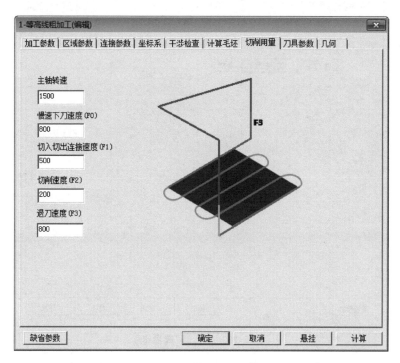

图 5-158 "切削用量"选项卡

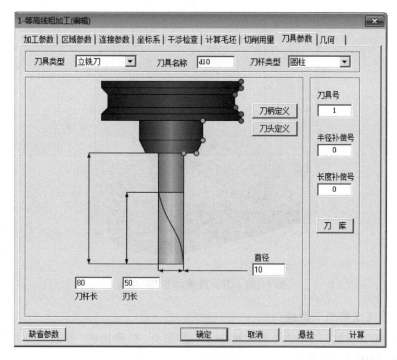

图 5-159 "刀具参数"选项卡

⑦ 设置几何参数。单击"加工曲面"按钮,根据左下角提示拾取加工对象,用鼠标左键选取鼠标实体,右击,如图 5-160 所示。

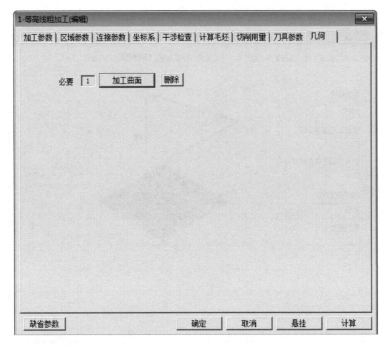

图 5-160　"几何"选项卡

⑧ 单击"确定"按钮,系统开始计算并生成等高线粗加工轨迹,如图 5-161 所示。

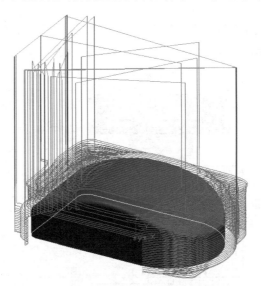

图 5-161　等高线粗加工轨迹生成

(2) 鼠标等高线精加工轨迹。

① 设置精加工参数。单击"等高线精加工" 图标,在弹出的"等高线精加工"对话框中设置加工参数,如图 5-162 所示。

② 设置切削用量参数,如图 5-163 所示。

图 5-162 "加工参数"选项卡

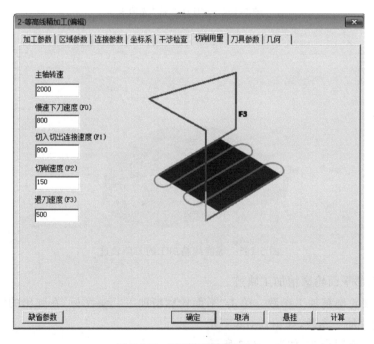

图 5-163 "切削用量"选项卡

③ 设置刀具参数。单击"刀库"按钮,选择增加的刀具号为 2 的 R5 球头铣刀,如图 5-164 所示。

④ 其他参数同粗加工。

⑤ 拾取完鼠标的曲面后单击"确定"按钮,系统开始计算并生成刀路轨迹,结果如图 5-165 所示。

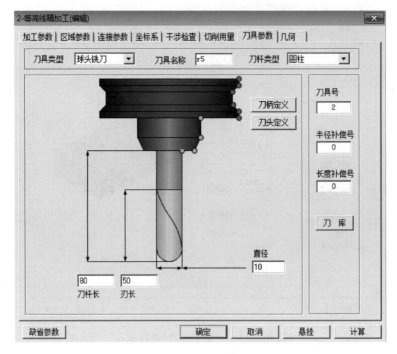

图 5-164 "刀具参数"选项卡

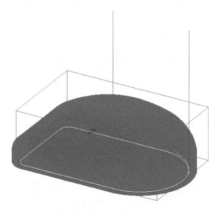

图 5-165 等高线精加工的刀路轨迹

(3) 鼠标底部平面轮廓精加工轨迹。

① 设置平面轮廓精加工参数。单击"平面轮廓精加工"图标,在弹出的"平面轮廓精加工"对话框中设置加工参数,如图 5-166 所示。

② 设置接近返回参数,如图 5-167 所示。

③ 设置下刀方式参数,如图 5-168 所示。

④ 设置切削用量参数,如图 5-169 所示。

⑤ 设置刀具参数。单击"刀库"按钮,选择增加的刀具号为 1 的 D10 立铣刀。

⑥ 设置几何参数。如图 5-170 所示,单击"轮廓曲线"按钮。单击"相关线"图标,在立即菜单中选择"实体边界",拾取底面轮廓线,右击,如图 5-171 所示,单击"确定"按钮,系统开始计算并生成刀路轨迹,结果如图 5-172 所示。

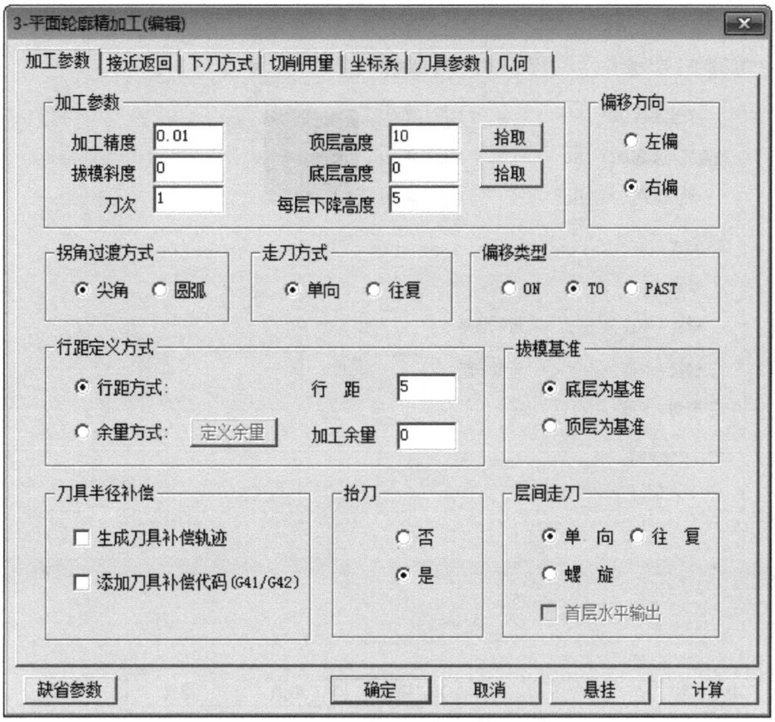

图 5-166 “加工参数”选项卡

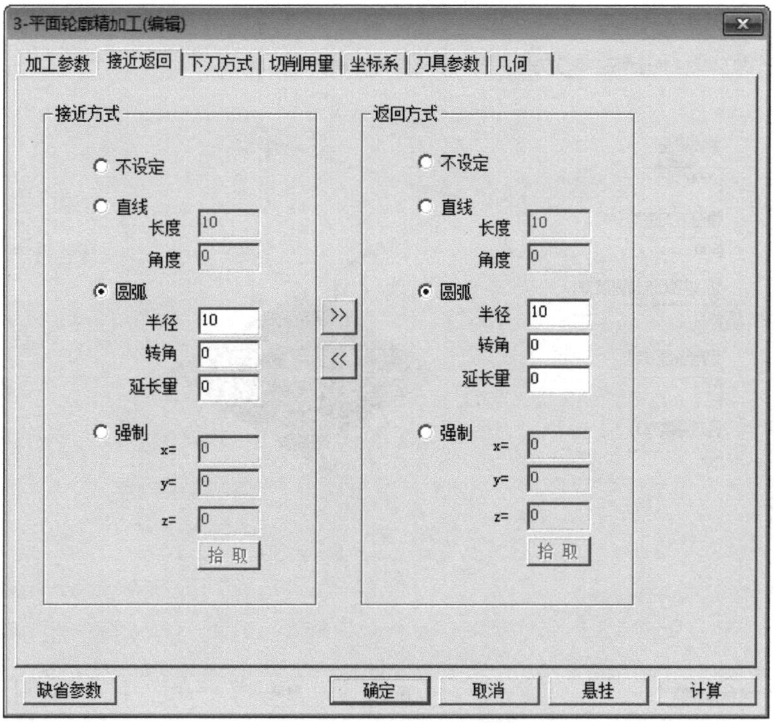

图 5-167 “接近返回”选项卡

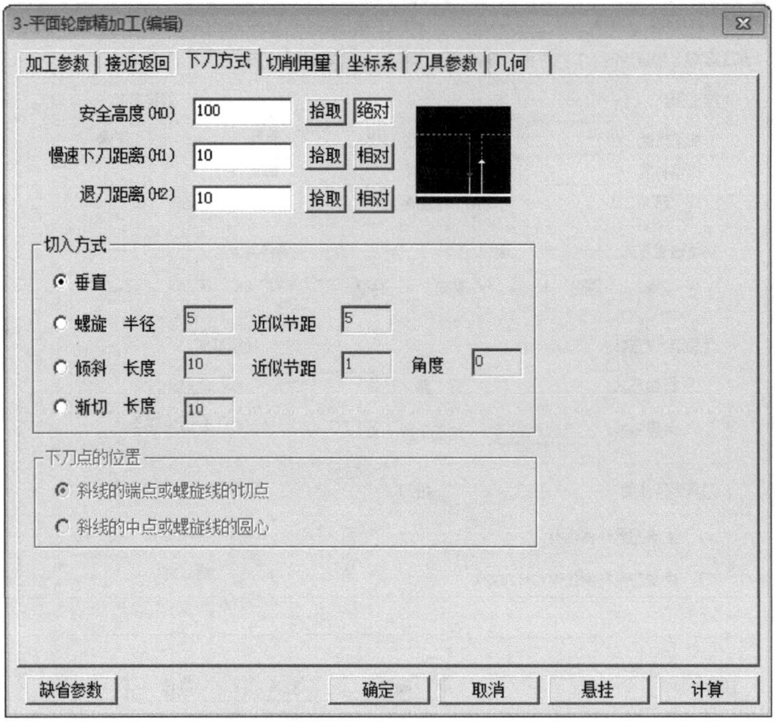

图 5-168 "下刀方式"选项卡

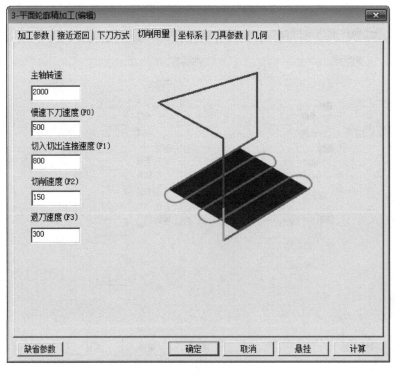

图 5-169 "切削用量"选项卡

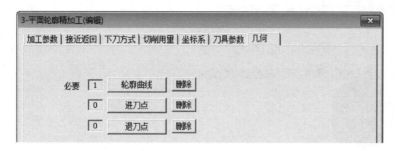

图 5-170 "几何"选项卡

图 5-171 相关线

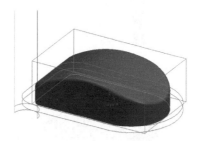

图 5-172 平面轮廓精加工的刀路轨迹

4. 轨迹生成与验证

（1）用鼠标右键选取轨迹树中的"刀具轨迹"，选择"全部显示"，显示所有已生成的加工轨迹，如图 5-173 所示。

（2）用鼠标右键选取轨迹树中的"刀具轨迹"，选中生成的全部加工轨迹，如图 5-174 所示。再右击"刀具轨迹"，选择"实体仿真"，系统进入加工仿真界面，如图 5-175 所示。

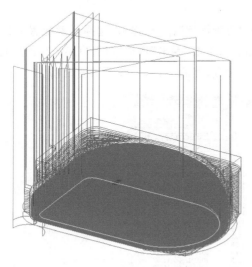

图 5-173 生成的加工轨迹

图 5-174 选中加工轨迹

（3）单击"开始" ▶ 按钮，系统进入仿真加工状态，加工结果如图 5-176 所示。仿真检验无误后退出仿真程序，回到 CAXA 制造工程师 2013 的主界面，在菜单栏中选择"文件"→"保存"命令，保存粗加工和精加工轨迹。

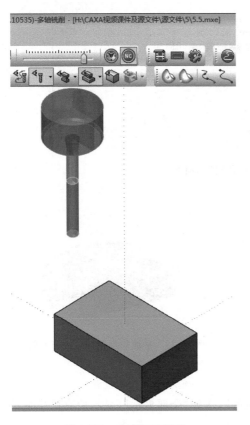

图 5-175　仿真加工界面　　　　　　　　图 5-176　仿真加工结果

5. 生成 G 代码

1）后置设置

在菜单栏中选择"加工"→"后置处理"→"后置设置"命令,弹出"选择后置配置文件"对话框,如图 5-177 所示。选择当前机床类型为 fanuc,单击"编辑"按钮,打开"CAXA 后置配置"对话框,如图 5-178 所示,根据当前的机床设置各参数,然后另存,一般不需要改动。

图 5-177　"选择后置配置文件"对话框图

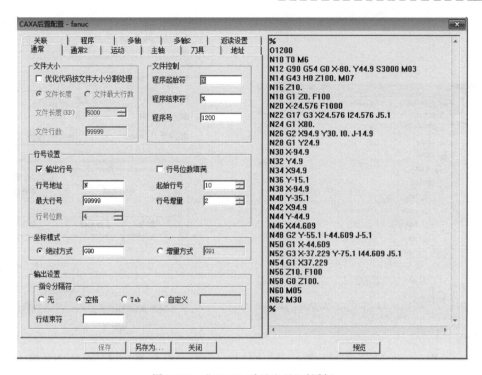

图 5-178 "CAXA 后置配置"对话框

2) 生成 G 代码并保存

在菜单栏中选择"加工"→"后置处理"→"生成 G 代码"命令,弹出"生成后置代码"对话框,如图 5-179 所示。单击"代码文件"按钮,弹出"另存为"对话框,如图 5-180 所示,填写加工代码文件名"503",单击"保存"按钮。

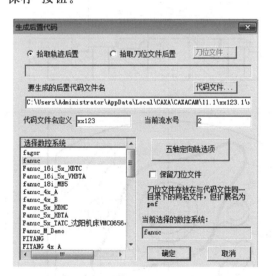

图 5-179 "生成后置代码"对话框

3) 生成工艺清单

用鼠标右键选取轨迹树中的"刀具轨迹",选中生成的全部加工轨迹,再右击"刀具轨迹",选择"工艺清单",弹出"工艺清单"对话框,如图 5-181 所示,单击"确定"按钮即可生成工艺清单。

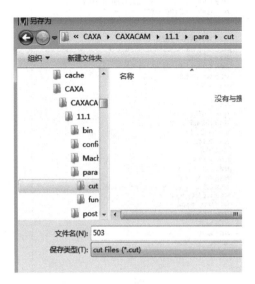
图 5-180 "另存为"对话框

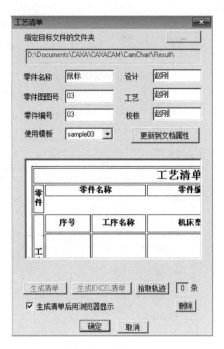
图 5-181 "工艺清单"对话框

【同步训练】

如图 5-182 和图 5-183 所示的同步训练,完成零件的造型及代码生成。

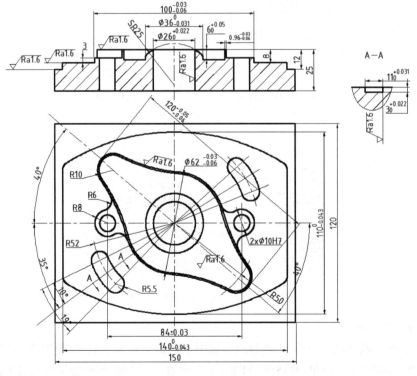
图 5-182 同步训练 1

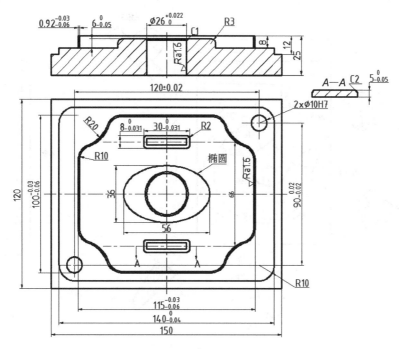

图 5-183 同步训练 2

5.4 任务 4 吊钩零件的加工

【学习目标】

(1) 熟悉 CAXA 制造工程师建模及实现加工的步骤。
(2) 熟悉常用的加工方法及参数设置。
(3) 熟悉定位基准的选择及工件的装夹。
(4) 具有零件图的识读能力。
(5) 具有程序生成及后置处理能力。
(6) 具有运用参数线精加工方法加工零件的能力。

【任务描述】

如图 5-184 所示,要加工的吊钩零件的材料为 45 毛坯,尺寸为 40mm×200mm×150mm,完成吊钩零件的实体造型和加工。

【相关知识】

参数线精加工生成沿参数线加工轨迹。

在菜单栏中选择"加工"→"常用加工"→"参数线精加工"命令,弹出如图 5-185 所示的"参数线精加工"对话框,该对话框包括加工参数、接近返回、下刀方式、切削用量、坐标系、刀具参数、几何 7 个选项卡,其中接近返回、下刀方式、切削用量、坐标系、刀具参数、几何在前面已经介绍。

"加工参数"选项卡中参数的含义如下。

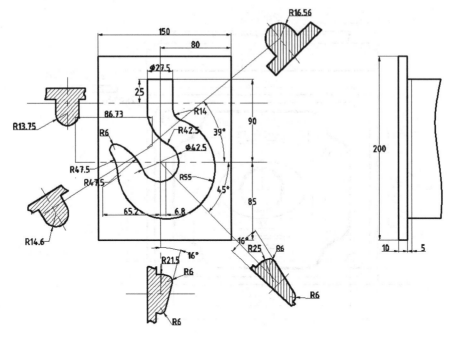

图 5-184 吊钩零件图

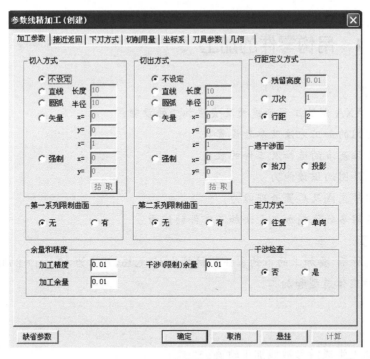

图 5-185 "参数线精加工"对话框

1. 切入方式和切出方式

（1）不设定。不使用切入切出。

（2）直线。沿直线垂直切入切出。"长度"指直线切入切出的长度。

（3）圆弧。沿圆弧切入切出。"半径"指圆弧切入切出的半径。

(4) 矢量。沿矢量指定的方向和长度切入切出。X、Y、Z 是矢量的 3 个分量。

(5) 强制。强制从指定点直线水平切入到切削点,或强制从切削点直线水平切出到指定点。X 和 Y 指与切削点相同高度的指定点的水平位置分量。

具体切入切出选项轨迹如图 5-186 所示。

(a) 直线　　　　(b) 圆弧　　　　(c) 矢量　　　　(d) 强制

图 5-186　切入切出轨迹示意图

2. 行距定义方式

(1) 残留高度。切削行间残留量距加工曲面的最大距离。

(2) 刀次。切削行的数目。

(3) 行距。相邻切削行的间隔。

3. 遇干涉面

(1) 抬刀。通过抬刀快速移动,下刀完成相邻切削行间的连接。

(2) 投影。在需要连接的相邻切削行间生成切削轨迹,通过切削移动完成连接。

4. 限制曲面

限制加工曲面范围的边界面,其作用类似于加工边界,通过定义第一和第二系列限制曲面可以将加工轨迹限制在一定的加工区域内。

(1) 第一系列限制曲面。定义是否使用第一系列限制曲面。

① 无。不使用第一系列限制曲面。

② 有。使用第一系列限制曲面。

(2) 第二系列限制曲面。定义是否使用第二系列限制曲面。

① 无。不使用第二系列限制曲面。

② 有。使用第二系列限制曲面。

5. 走刀方式

(1) 往复。生成往复的加工轨迹。

(2) 单向。生成单向的加工轨迹。

6. 干涉检查

定义是否使用干涉检查,防止过切。

(1) 否。不使用干涉检查。

(2) 是。使用干涉检查。

7. 余量和精度

(1) 加工精度。输入模型的加工精度,计算模型的轨迹的误差小于此值。加工精度越大,模型形状的误差越大,模型表面越粗糙;加工精度越小,模型形状的误差越小,模型表面越光滑,但是轨迹段的数目增多,轨迹数据量变大。

(2) 加工余量。相对模型表面的残留高度,可以为负值,但不要超过刀角半径。

(3) 干涉(限制)余量。处理干涉面或限制曲面时采用的加工余量。

【任务实施】

1. 工艺分析

1) 图样分析

图样分析主要包括零件的轮廓形状、精度、技术要求和定位基准等内容。从吊钩零件图可以看出，加工表面主要是吊钩曲面，可以采用参数线精加工。

2) 定位基准的选择

在选择定位基准时，要全面考虑各个工件的加工情况，保证工件定位准确、装卸方便，能迅速完成工件的定位和夹紧，保证各项加工的精度，应尽量选择工件上的设计基准作为定位基准。根据以上原则和图样分析，在加工该零件时以下底面为基准定位，一次装夹，将所有表面和轮廓全部加工完，从而保证图样要求的尺寸精度和位置精度。

3) 工件的装夹

根据工艺分析，该零件毛坯为长方体，加工表面包括各个曲面，采用平口虎钳装夹，在用平口虎钳装夹工件时首先用百分表找正虎钳固定钳口，注意工件应安装在钳口中间部位，下表面由支承板找正，工件被加工部分要高出钳口，以避免刀具与虎钳发生干涉，夹紧工件时，注意工件上浮。

4) 确定工件坐标系及对刀位置

根据工艺分析，工件坐标系编程原点设在吊钩上表面 $\phi42.5$ 圆弧的中心，对刀位置与工件坐标系原点重合，对刀方法可根据机床选择手动对刀。

5) 确定加工所用的各种工艺参数

切削条件的好坏直接影响加工的效率和经济性，这主要取决于编程人员的经验、工件的材料及性质、刀具的材料及形状、机床、加工精度、表面质量要求、冷却系统等，具体参数如表 5-8 和表 5-9 所示。

表 5-8 刀具参数表

序号	刀具名称	规 格	用 途	刀具材料
1	立铣刀	$\phi10$	粗曲面加工	硬质合金
2	球头铣刀	R3	粗曲面加工	硬质合金

表 5-9 吊钩加工参数表

工步	加工内容	刀具编号	刀具名称	规格	主轴速度 /(r·min^{-1})	进给速度 /(mm·min^{-1})	切削深度 /mm	加工余量 /mm
1	粗铣	T01	立铣刀	$\phi10$	2000	250	1	0.5
2	粗铣	T02	球头铣刀	R3	2500	100	1	0

2. 零件造型

1) 制作吊钩平面轮廓曲线

(1) 建立新文件，按 F5 键将绘图平面切换到 XY 平面。

(2) 单击曲线生成栏中的"直线"图标，在立即菜单中选择"水平/铅垂线""水平＋铅垂"方式，输入长度 200，单击拾取坐标原点，绘制中心线。

(3) 圆的绘制。单击曲线生成栏上的"整圆"图标，在立即菜单中选择"圆心点_半径"，然后按照提示单击选取坐标系原点,按回车键,在弹出的对话框内输入半径 21.25 并确认,右击结束该圆的绘制。

(4) 单击曲线生成栏中的"等距线"图标,在立即菜单中输入距离 13.75,拾取竖直中心线,分别选择向左、向右箭头为等距方向,生成距离为 27.5 的等距线。

(5) 在立即菜单中输入距离 90,拾取水平中心线,选择向上箭头为等距方向,生成距离为 90 的等距线,如图 5-187 所示。

(6) 绘制 R55 圆弧。单击"直线"图标,在立即菜单中选择"角度线",与 X 轴夹角为 45°。单击曲线生成栏中的"等距线"图标,在立即菜单中输入距离 6.8,拾取竖直中心线,选择向右箭头为等距方向,生成距离为 6.8 的等距线。单击曲线生成栏上的"整圆"图标在立即菜单中选择"圆心点_半径",然后按照提示单击选取−45°的直线与 6.8 的等距线的交点作为圆心,输入半径 55 并确认,右击结束该圆的绘制,如图 5-188 所示。

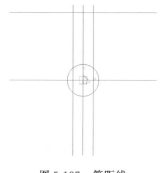

图 5-187　等距线

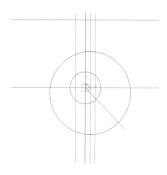

图 5-188　绘制 R55 圆

(7) 单击"曲线过渡"图标,选择"圆弧过渡"方式,半径为 14,对右侧 13.75 的等距线和 R55 圆弧进行过渡;同样选择"圆弧过渡"方式,半径为 42.5,对左侧 13.75 的等距线和 R21.25 圆弧进行过渡;选择"尖角"方式,分别选取 90 的等距线和 13.75 的等距线,如图 5-189 所示。

(8) 单击"曲线拉伸"图标,对 R21.25 圆弧和 R55 圆弧进行拉伸,如图 5-190 所示。

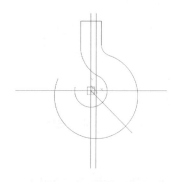

图 5-189　曲线过渡

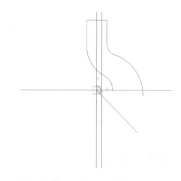

图 5-190　曲线拉伸

(9) 单击"删除"图标,拾取 6.8 的等距线,然后右击确认。

(10) 单击曲线生成栏中的"等距线"图标,在立即菜单中输入距离为 65.2,拾取竖直中心线,选择向左箭头为等距方向,生成距离为 65.2 的等距线。

(11) 单击曲线生成栏上的"整圆" ⊙ 图标,在立即菜单中选择"圆心点_半径",然后按照提示单击选取坐标系原点,半径为 68.75。仍然选择"圆心点_半径",按照提示单击选取 65.2 的等距线与 R68.75 圆下面的交点作为圆心,半径为 47.5 并确认,右击结束该圆的绘制,如图 5-191 所示。

(12) 单击曲线生成栏中的"等距线" 图标,在立即菜单中输入距离为 95.7,拾取竖直中心线,选择向左箭头为等距方向,生成距离为 95.7 的等距线。

(13) 单击曲线生成栏上的"整圆" ⊙ 图标,在立即菜单中选择"圆心点_半径",按照提示单击选取 R55 圆的圆心作为圆心,输入半径 102.5,右击确认。仍然选择"圆心点_半径",按照提示单击选取 95.7 的等距线与 R102.5 圆的交点作为圆心,输入半径为 47.5,右击结束该圆的绘制,如图 5-192 所示。

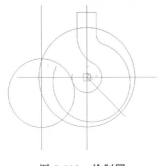 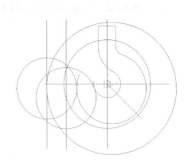

图 5-191　绘制圆　　　　　　　　　　图 5-192　绘制圆

(14) 单击"曲线过渡" 图标,选择"圆弧过渡"方式,半径为 6,对两个 R47.5 的圆弧进行过渡,如图 5-193 所示。

(15) 单击"删除" 图标,拾取要删除的元素,右击确认。单击"曲线过渡" 图标,选择"尖角"方式,修剪多余的曲线,如图 5-194 所示。

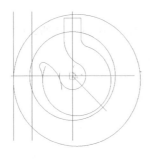 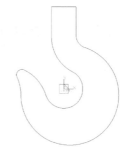

图 5-193　曲线过渡　　　　　　　　　图 5-194　曲线裁剪

2) 绘制吊钩截面线

(1) 绘制截面线 1。单击曲线生成栏中的"等距线" 图标,在立即菜单中输入距离 25,拾取上部直线,选择向下箭头为等距方向,生成距离为 25 的等距线。

(2) 单击曲线生成栏上的"整圆" ⊙ 图标,在立即菜单中选择绘圆方式"圆心点_半径",按照提示单击选取 25 的等距线的中点为圆心,中点到端点的距离为半径,右击结束该圆的绘制。单击"曲线裁剪" 图标,拾取下部分圆弧,右击确认,如图 5-195 所示。

(3) 绘制截面线 2。单击"直线" ╱ 图标，在立即菜单中选择"角度线"，与 X 轴夹角为 45°，如图 5-196 所示。

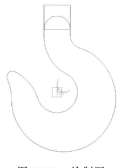
图 5-195　绘制图

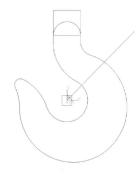
图 5-196　角度线

(4) 单击"曲线裁剪" 图标，裁剪掉不需要的部分；单击曲线生成栏上的"整圆" ⊙ 图标，在立即菜单中选择绘圆方式"圆心点_半径"，按照提示单击选取截面线 2 的中点为圆心，中点到端点的距离为半径，右击结束该圆的绘制，单击"曲线裁剪" 图标，拾取下部分圆弧，右击确认，如图 5-197 所示。

(5) 绘制截面线 3。单击"曲线裁剪" 图标，修剪－45°直线的两端部分；单击曲线生成栏上的"整圆" ⊙ 图标，在立即菜单中选择绘圆方式"两点_半径"，按照提示单击分别选取 R47.5 圆弧的切点和－45°线的左侧端点，半径为 25，右击结束该圆的绘制；同样在立即菜单中选择绘圆方式"两点_半径"，按照提示单击分别选取 R55 圆弧的切点和－45°线的右侧端点，半径为 6，右击结束该圆的绘制，如图 5-198 所示。

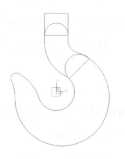
图 5-197　绘制圆

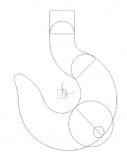
图 5-198　绘制截面线

(6) 单击"直线" ╱ 图标，在界面左侧的立即菜单中选择"角度线"，与直线夹角为－16°，选取－45°线作为参照直线，R6 圆弧的切点为直线的起始点，任意选取缺省点为终点，如图 5-199 所示。

(7) 单击"曲线过渡" 图标，选择"圆弧过渡"方式，半径为 6，对直线 R25 圆弧进行过渡；同样选择"尖角"方式，分别选择－16°直线和 R6 的圆弧，如图 5-200 所示。

(8) 绘制截面线 4。单击"曲线裁剪" 图标，修剪铅垂线的两端部分；单击曲线生成栏上的"整圆" ⊙ 图标，在立即菜单中选择"两点_半径"，按照提示单击分别选取 R47.5 圆弧的切点和铅垂线的上侧端点，半径为 21.5，右击结束该圆的绘制；同样在立即菜单中选择"两点_半径"，按照提示单击分别选取 R55 圆弧的切点和铅垂线的下侧端点，半径为 6，右击结束该圆的绘制，如图 5-201 所示。

(9) 单击"直线" / 图标,在界面左侧的立即菜单中选择"角度线",与直线的夹角为-16°,选取铅垂线作为参照直线,R6 圆弧的切点为直线的起始点,任意选取缺省点为终点,如图 5-202 所示。

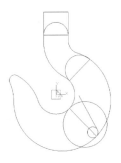

图 5-199 绘制直线

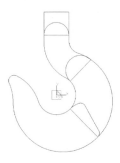

图 5-200 曲线过渡

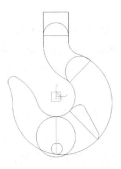

图 5-201 绘制截面

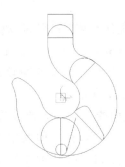

图 5-202 绘制直线

(10) 单击"曲线过渡" 图标,选择"圆弧过渡"方式,半径为 6,对直线和 R25 圆弧进行过渡;同样选择"尖角"方式,分别选择-16°的直线和 R6 的圆弧,如图 5-203 所示。

(11) 绘制截面线 5。单击"直线" / 图标,在界面左侧的立即菜单中选择"两点线",分别选择钩头 R6 圆弧的两个端点。

(12) 单击曲线生成栏上的"整圆" 图标,在立即菜单中选择绘圆方式"圆心点_半径",按照提示单击选取截面线 5 的中点为圆心,中点到端点的距离为半径,右击结束该圆的绘制;单击"曲线裁剪"图标,拾取下部分圆弧,右击确认,如图 5-204 所示。

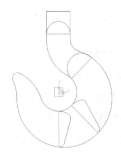

图 5-203 曲线过渡

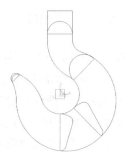

图 5-204 曲线裁剪

3) 对截面线进行空间变换

(1) 按 F8 键进入轴侧图状态,需要对图中 6 处截面线进行绕轴旋转,使它们都能垂直于

XY 平面。需要注意的是,中段截面线在旋转前需要先用组合曲线命令将截面 3 和截面 4 的曲线组合成一条样条线。单击"曲线组合"图标,拾取截面线,并选择方向,将其组合成样条曲线,如图 5-205 所示。

(2) 单击"曲线旋转"图标,采用移动方式旋转 90°,系统会提示拾取旋转轴的两个端点。注意旋转轴的指向(始点向终点)和旋转方向符合右手法则,各段曲线旋转后的结果如图 5-206 所示。

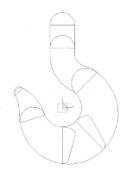 

图 5-205 曲线组合(1)　　　　　　图 5-206 曲线组合(2)

(3) 对底面轮廓线曲线进行组合。将 1、2 两点之间的曲线组合成一条样条线,将 3、4 两点之间的曲线组合成一样条线。

4) 生成曲面

(1) 单击曲面生成栏中的"网格面"图标,依次拾取 U 截面线共两条,右击确认;再依次拾取 V 截面线共 7 条,右击确认,稍等片刻后曲面生成,如图 5-207 所示。

(2) 单击曲面生成栏中的"平面"图标,在特征树下方的立即菜单中选择"裁剪平面"。单击拾取钩上部直线和圆弧作为平面的外轮廓线,确定链搜索方向(单击选取箭头),右击确认,如图 5-208 所示。

图 5-207 网格面　　　　　　图 5-208 裁剪平面图

(3) 单击曲面生成栏中的"扫描面"图标,选择在 Z 轴负方向,扫描距离为 5,扫描曲线为底部轮廓线,如图 5-209 所示。

(4) 生成吊钩头部的球面。单击曲线生成栏中的"直线"图标,在界面左侧的立即菜单中选择"两点线",选择吊钩头部 R6 圆弧的端点做直线,接着重复单击"直线"图标,过该直线和 R6 圆弧的中点做直线。单击"曲线裁剪"图标,拾取 R6 圆弧的右侧圆弧,右击确认。应用旋转面命令,以刚做的直线为旋转轴,R6 圆弧为母线旋转 180°,生成的曲面如图 5-210 所示。

图 5-209　扫描面　　　　　　　　图 5-210　吊钩头部球面

(5) 单击"相关线"图标,在立即菜单中选择"曲面边界""单根",拾取刚生成的扫描面的下边缘,即生成封闭的轮廓曲线。

(6) 单击曲面生成栏中的"平面"图标,并在特征树下方的立即菜单中选择"裁剪平面"。单击拾取钩上部的直线和圆弧作为平面的外轮廓线,确定链搜索方向(单击选取箭头),右击确认,将曲线隐藏,如图 5-211 所示。

(7) 换 F5 键,在特征树中单击"XY 平面",利用"直线"工具和"等距线"工具绘制如图 5-212 所示的图形。

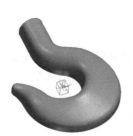
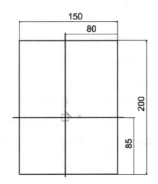

图 5-211　裁剪平面　　　　　　　　图 5-212　直线

(8) 单击"平移"图标,选择吊钩底部轮廓线和矩形边框线,在界面左侧的立即菜单中选择"偏移量"和"拷贝"选项,设置 $DX=0$、$DY=0$、$DZ=-5$,右击确认,如图 5-213 所示。

(9) 单击曲面生成栏中的"平面"图标,拾取平移后的矩形边框线和轮廓线,确定链搜索方向,右击确认,如图 5-214 所示。

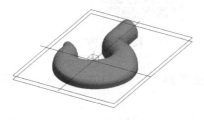
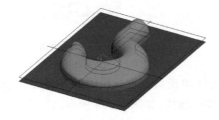

图 5-213　曲线平移　　　　　　　　图 5-214　平面

(10) 单击"平移"图标,选择首次绘制的矩形边框线,在界面左侧的立即菜单中选择"偏移量"和"拷贝"选项,设置 $DX=0$、$DY=0$、$DZ=-15$,右击确认,如图 5-215 所示。

(11) 通过直纹面生成曲面。单击曲面生成栏中的"直纹面"图标,在特征树下方的立即菜单中选择"曲线＋曲线"方式生成直纹面,单击拾取相距 10 的两个矩形轮廓线完成曲面,如图 5-216 所示。

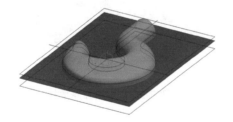
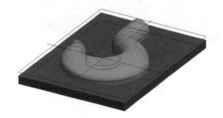

图 5-215　曲线平移　　　　　　　　图 5-216　直纹面

注意:在拾取相邻直线时,单击拾取位置应该尽量保持一致(相对应的位置),这样才能保证得到正确的直纹面。

(12)在菜单栏中选择"设置"→"拾取过滤设置"命令,在弹出的对话框中取消"图形元素的类型"中的"空间曲面"项,如图 5-217 所示。选择菜单栏中的"编辑"→"隐藏"命令,框选所有曲线,右击确认,将线框全部隐藏,结果如图 5-218 所示。

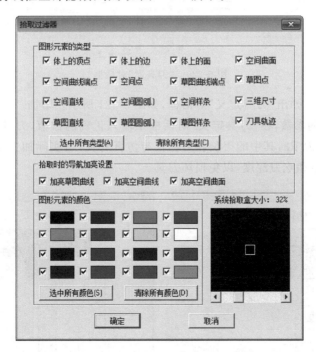

图 5-217　拾取过滤设置

3. 加厚成实体

单击"曲面加厚增料"图标,选择"闭合曲面填充",设置精度为 0.1,拾取所有曲面,单击"确定"按钮。选择菜单栏中的"编辑"→"隐藏"命令,框选所有曲面,右击确认,将曲面全部隐藏,结果如图 5-219 所示。

4. 加工设置

1) 设定加工刀具

在轨迹管理栏中双击"刀具库",弹出"刀具库"对话框,如图 5-220 所示。

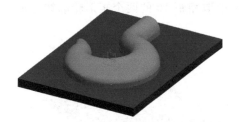
图 5-218 隐藏线框

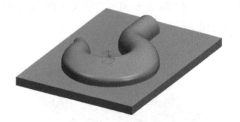
图 5-219 曲面加厚增料

图 5-220 "刀具库"对话框

单击"增加"按钮,弹出"刀具定义"对话框,如图 5-221 所示。增加一个粗加工需要的铣刀 D10,设定增加铣刀的参数,在"刀具定义"对话框中输入正确的数值,刀具定义即可完成。同理,增加一把球头铣刀 R3,其中的刃长和刀杆长与仿真有关,与实际加工无关,在实际加工中要正确地选择吃刀量和吃刀深度,以免损坏刀具。

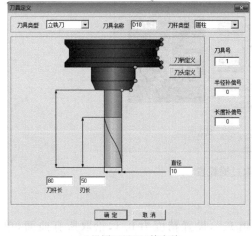
(a) 设置刀具D10的参数

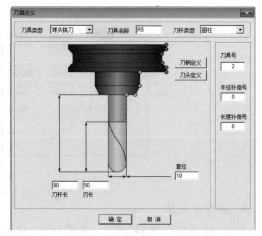
(b) 设置刀具R5的参数

图 5-221 定义刀具 D10 和 R3

2) 设定加工毛坯

(1) 双击特征树的轨迹管理栏中的"毛坯",弹出"毛坯定义"对话框,单击"参照模型",在系统给出的尺寸中进行调整,如图 5-222 所示。

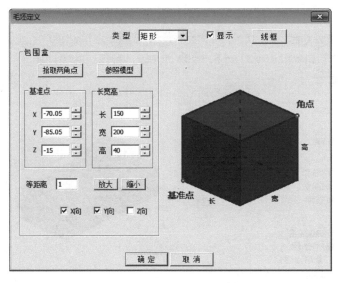

图 5-222 "毛坯定义"对话框

(2) 单击"确定"按钮,生成毛坯,效果如图 5-223 所示。

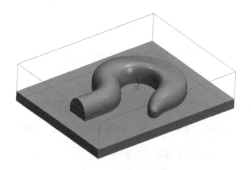

图 5-223 毛坯生成效果

(3) 用鼠标右键选取特征树的轨迹管理栏中的"毛坯",选择"隐藏毛坯"命令,可以将毛坯隐藏。

3) 设定加工坐标系

用鼠标右键选取设计树中"sys 坐标系",选择"创建",输入"0,0,25",输入坐标系名称 1,即创建完成,系统自动设定为当前坐标系。

4) 吊钩的常规加工

(1) 吊钩的等高线粗加工。

① 设置粗加工参数。单击"等高线粗加工"图标,在弹出的"等高线粗加工"对话框中设置加工参数,如图 5-224 所示。

② 设置连接参数,如图 5-225 所示。

③ 设置下/抬刀方式参数,如图 5-226 所示。

④ 设置距离参数,如图 5-227 所示。

⑤ 设置切削用量参数,如图 5-228 所示。

⑥ 设置刀具参数。单击"刀库"按钮,选择增加的刀具号为 1 的 D10 立铣刀,如图 5-229 所示。

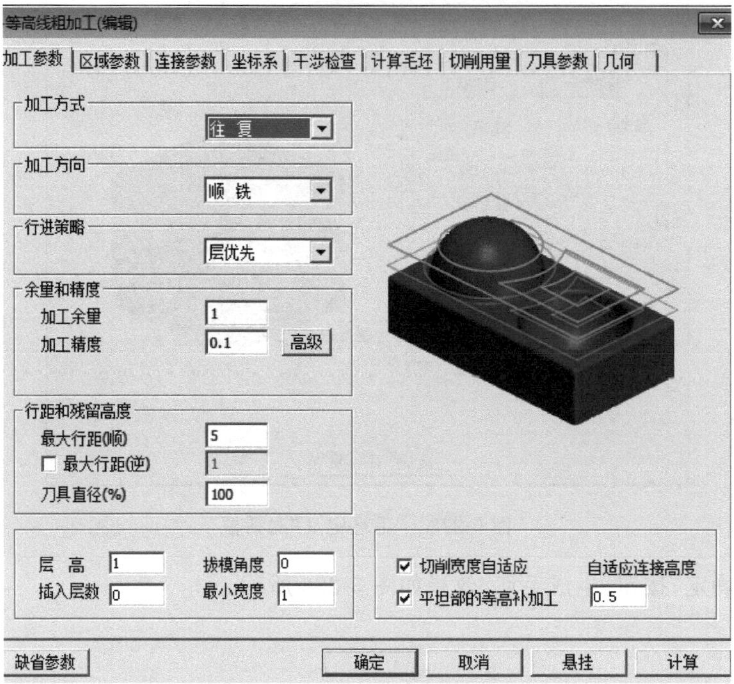

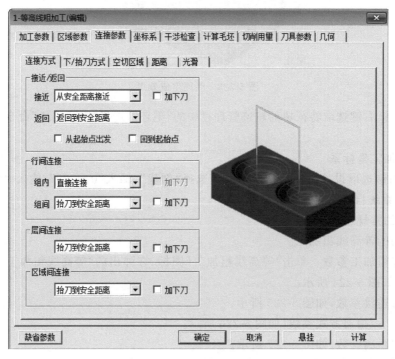

图 5-224 "加工参数"选项卡

图 5-225 "连接参数"选项卡

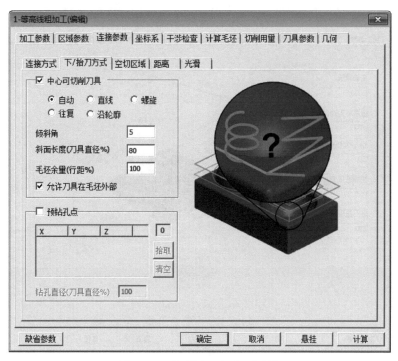

图 5-226 "下/抬刀方式"选项卡

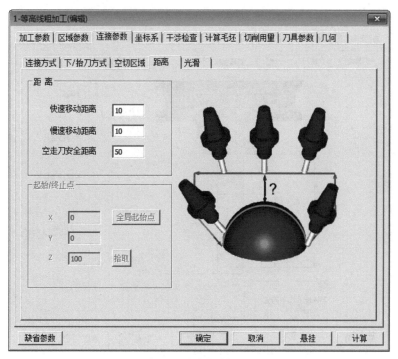

图 5-227 "距离参数"选项卡

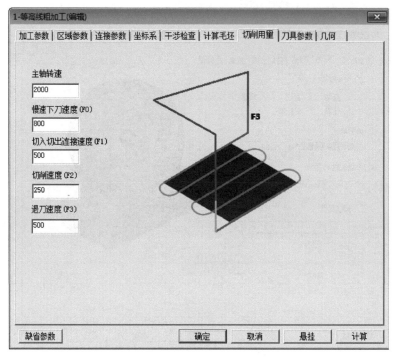

图 5-228 "切削用量"选项卡

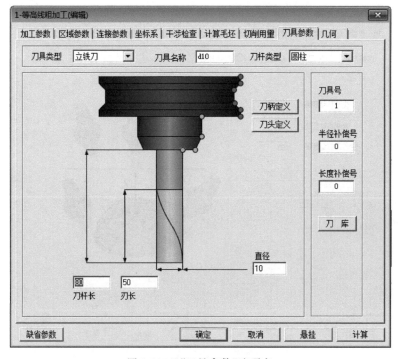

图 5-229 "刀具参数"选项卡

(7) 设置几何参数。单击"加工曲面"按钮，根据左下角提示拾取加工对象，用鼠标左键选取吊钩的上表面和侧面（共 6 个曲面），右击，如图 5-230 所示。

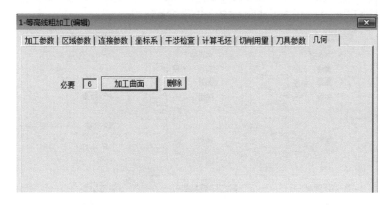

图 5-230 "几何"选项卡

(8) 单击"确定"按钮，系统开始计算并生成等高线加工轨迹，如图 5-231 所示。

图 5-231 等高线粗加工轨迹生成

5) 吊钩的参数线精加工

(1) 设置精加工参数。单击"参数线精加工"图标，在弹出的"参数线精加工"对话框中设置加工参数，如图 5-232 所示。接近返回和下刀方式参数默认即可。

(2) 设置切削用量参数，如图 5-233 所示。

(3) 设置坐标系参数，使用新创建的名称为"1"的坐标系，如图 5-234 所示。

(4) 设置刀具参数。单击"刀库"按钮，选择增加的刀具号为 2 的 R3 球头铣刀。

(5) 设置几何参数。单击"加工曲面"按钮，根据左下角提示拾取加工对象，用鼠标左键选取吊钩的上表面，右击，如图 5-235 所示。

(6) 单击"确定"按钮，系统开始计算并生成参数线精加工轨迹，如图 5-236 所示。

5. 轨迹生成与验证

(1) 右击选取轨迹树中的"刀具轨迹"，选择"全部显示"命令，显示所有已生成的加工轨迹，如图 5-237 所示。

(2) 右击选取轨迹树中的"刀具轨迹"，选中生成的全部加工轨迹，如图 5-238 所示。再右击"刀具轨迹"，选择"实体仿真"，系统进入仿真加工界面，如图 5-239 所示。

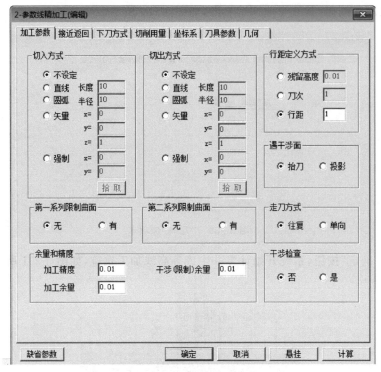

图 5-232 "加工参数"选项卡

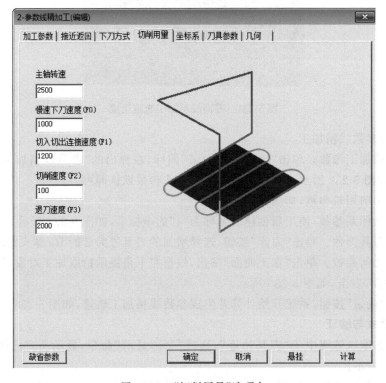

图 5-233 "切削用量"选项卡

项目5 基于CAXA的自动编程

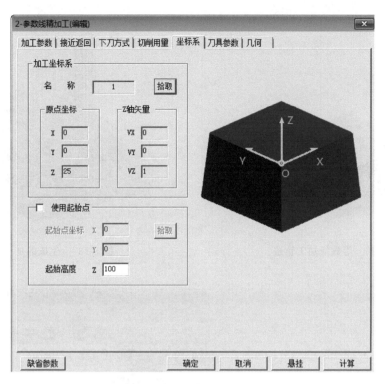

图 5-234 "坐标系"选项卡

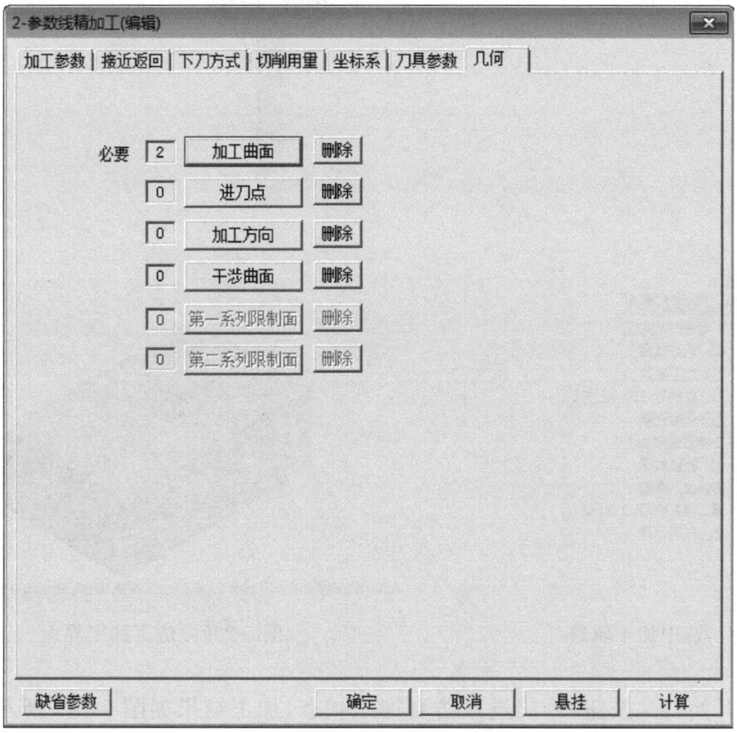

图 5-235 "几何"选项卡

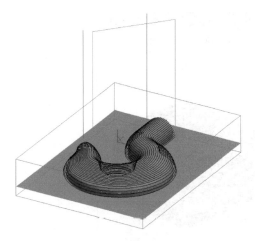
图 5-236 等数线加工轨迹

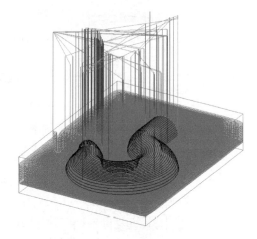
图 5-237 生成的加工轨迹

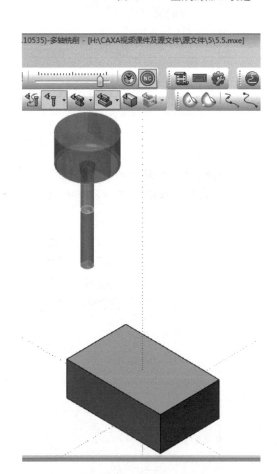

图 5-238 选中加工轨迹　　　　图 5-239 仿真加工界面

（3）单击"开始" 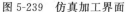 按钮，系统进入仿真加工状态，加工结果如图 5-240 所示。仿真检验无误后退出仿真程序，回到 CAXA 制造工程师 2013 的主界面，在菜单栏中选择"文件"→"保存"命令，保存粗加工和精加工轨迹。

6. 生成 G 代码

1) 后置设置

在菜单栏中选择"加工"→"后置处理"→"后置设置"命令,弹出"选择后置配置文件"对话框,如图 5-241 所示。选择当前机床类型为 fanuc,单击"编辑"按钮,打开"CAXA 后置配置"对话框,根据当前的机床设置各参数,保存,一般不需要改动。

2) 生成 G 代码并保存

在菜单栏中选择"加工"→"后置处理"→"生成 G 代码"命令,弹出"生成后置代码"对话框,单击"代码文件"按钮,弹出"另存为"对话框,填写加工代码文件名"504",单击"保存"按钮。

3) 生成工艺清单

右击轨迹树中的"刀具轨迹",选中生成的全部加工轨迹,再右击"刀具轨迹",选择"工艺清单",弹出"工艺清单"对话框,如图 5-242 所示,单击"确定"按钮生成工艺清单。

图 5-240 仿真加工结果

图 5-241 "选择后置配置文件"对话框

图 5-242 "工艺清单"对话框

【同步训练】

如图 5-243~图 5-246 所示的同步训练,完成零件的造型及代码生成。

图 5-243　同步训练 1

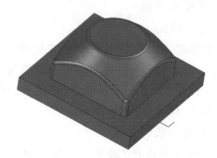
图 5-244　同步训练 2

图 5-245　同步训练 3

图 5-246　同步训练 4

参 考 文 献

[1] 李东君.数控加工技术项目教程[M].北京:北京大学出版社,2010.
[2] 邓奕.现代数控机床及应用[M].北京:国防工业出版社,2008.
[3] 赵先仲,程俊兰.数控加工工艺与编程[M].北京:电子工业出版社,2011.
[4] 张洪江,侯书林.数控机床与编程[M].北京:北京大学出版社,2012.
[5] 李桂云.数控编程与加工技术[M].大连:大连理工大学出版社,2011.
[6] 关跃奇.数控加工实用技术[M].北京:电子工业出版社,2014.
[7] 张永春.数控加工技术[M].北京:北京航空航天大学出版社,2013.
[8] 廖慧勇.数控加工实训教程[M].成都:西南大学出版社,2007.
[9] 李进生.数控加工与编程项目化教程[M].西安:西北工业大学出版社,2013.
[10] 陈蔚芳,王宏涛.机床数控技术及应用[M].3版.北京:科学技术出版社,2016.